AI 加持！Google Sheets 超級工作流

AI 加持！Google Sheets 超級工作流

Google Sheets 超級工作流

AI 加持！

<請下載 QR Code App 來掃描>

- FB 官方粉絲專頁:旗標知識講堂

- 歡迎訂閱「科技旗刊」電子報:
  flagnewsletter.substack.com

- 旗標「線上購買」專區:您不用出門就可選購旗標書!

- 如您對本書內容有不明瞭或建議改進之處,請連上旗標網站,點選首頁的 聯絡我們 專區。

  若需線上即時詢問問題,可點選旗標官方粉絲專頁留言詢問,小編客服隨時待命,盡速回覆。

  若是寄信聯絡旗標客服email, 我們收到您的訊息後, 將由專業客服人員為您解答。

  我們所提供的售後服務範圍僅限於書籍本身或內容表達不清楚的地方,至於軟硬體的問題,請直接連絡廠商。

學生團體　訂購專線：(02)2396-3257 轉 362
　　　　　傳真專線：(02)2321-2545

經銷商　　服務專線：(02)2396-3257 轉 331
　　　　　將派專人拜訪
　　　　　傳真專線：(02)2321-2545

國家圖書館出版品預行編目資料

AI 加持! Google Sheets 超級工作流 / 杜昕 Mic Tu 著. --
臺北市：旗標科技股份有限公司, 2025.08
　面；　公分

ISBN 978-986-312-843-4(平裝)

1.CST: 網際網路　2.CST: 搜尋引擎　3.CST: 文書處理

312.1653　　　　　　　　　　　　　114010581

作　　者／杜昕 Mic Tu

發 行 所／旗標科技股份有限公司
　　　　　台北市杭州南路一段15-1號19樓

電　　話／(02)2396-3257(代表號)

傳　　真／(02)2321-2545

劃撥帳號／1332727-9

帳　　戶／旗標科技股份有限公司

監　　督／陳彥發

執行企劃／劉冠岑

執行編輯／劉冠岑

美術編輯／林美麗

封面設計／陳憶萱

校　　對／劉冠岑

新台幣售價：599 元

西元 2025 年 8 月 初版

行政院新聞局核准登記-局版台業字第 4512 號

ISBN 978-986-312-843-4

Copyright © 2025 Flag Technology Co., Ltd.
All rights reserved.

本著作未經授權不得將全部或局部內容以任何形式重製、轉載、變更、散佈或以其他任何形式、基於任何目的加以利用。

本書內容中所提及的公司名稱及產品名稱及引用之商標或網頁,均為其所屬公司所有,特此聲明。

作者介紹——杜昕 Mic Tu

- 臺大會計學系、商學研究所畢業，累積 5+ 種程式語言、10+ 項數據專案經驗
- 現任國泰金控策略儲備幹部，協助數據與數位轉型等公司策略推動
- 曾任 PChome 商業與數據分析師，資料上雲、自動化流程建立與決策數據賦能
- 深耕全臺大專院校會計學系 Google Sheets 教學，教材應用至 10+ 所大學、2,000+ 名學生
- 中華民國會計師考試及格

作者序——生成式 AI 世代下，職場技能的變與不變

自 2022 年末生成式 AI 進入大眾的視野後，便以前所未有的速度滲透生活與工作的每一個角落，從數據分析、程式碼撰寫，到文案研擬、研究報告與創意靈感生成，生成式 AI 都可以作為最強力的後盾，大幅增加生活與工作的效率。然而，在效率提升的背後，也引發了職場工作者的集體焦慮：我的技能會被取代嗎？未來，到底需要什麼樣的能力？

而作者認為，答案並非簡單的是或否。事實上，生成式 AI 崛起帶來的是一場職場技能的「價值重估」。有些技能的價值正在快速衰退，而另一些過往被低估的能力，正躍升為時代的黃金技能。而領悟生成式 AI 帶來的「變」與「不變」，是我們在當下及未來十年立足職場的關鍵。

● **生成式 AI 時代的「變」：從「技能執行」到「人機協作」的價值轉移**

過去，職場價值的很大一部分體現在「技能的熟練執行」，例如繪圖軟體的操作、外語的翻譯能力，還是撰寫基礎程式碼的技巧等。然而，生成式 AI 的出現，正對這類「執行型」技能造成巨大衝擊。這場價值轉移，具體展現在以下幾個關鍵的變化上：

- ☑ **基礎執行技能的商品化**：過往需要數小時的資料整理、程式撰寫、簡報製作等，生成式 AI 能以成本極低的方式在幾分鐘內就能完成初稿。也意味著技能養成的重點由「熟練工具」，轉為「結合 AI 發揮價值」。

- ☑ **學習知識的方法轉變**：過往的技能養成需要長時間的學習與經驗積累。如今，即使是初階人員也能透過生成式 AI 快速獲取資深前輩才能洞察的市場趨勢，或運用自己不熟悉的程式語言解決問題。

- ☑ **對「人機協作」能力的全新要求**：生成式 AI 催生了新的核心技能 — 提示工程 (Prompt Engineering)，使用者需要懂得如何對 AI 下達精準的指令、辨別生成內容的真偽優劣，並將 AI 無縫整合進現有工作流，才能最大化生成式 AI 的價值。

● 生成式 AI 時代的「不變」：面對「陌生問題」的思考與解決能力

儘管生成式 AI 在「執行」層面展現出超凡能力，但在更深層次的思維層面，人類的價值不僅沒有消減，反而更加凸顯。這也引出了時代不變的核心鐵則：==思考與理解，永遠無法外包==。這份無法被取代的價值，主要體現在以下三個核心能力上：

☑ ==策略與批判性思考==：儘管生成式 AI 擅長依據指令找答案，但無法判斷「提問本身是否有偏誤」，也無法定義「什麼才是真正值得解決的問題」。唯有人類的策略與批判思維，才能讓我們在規劃時看見全局、設定正確的目標，並在接收 AI 產出時進行有效的事實查核與品質把關。

☑ ==跨領域整合與創造力==：AI 能深入挖掘單一數據庫，卻難以串連不同領域的知識。而人類的價值正在於扮演「知識的橋樑」。例如將心理學的行為理論，應用於解讀網站的使用者點擊數據，這種融會貫通不同領域以創造新觀點的能力，正是 AI 的盲區。

☑ ==同理心與溝通能力==：一個再創新的產品，若缺乏同理心去理解使用者的真實痛點，終將失敗；一個再完美的策略，若沒有溝通能力去說服團隊、凝聚共識，也只是紙上談兵。在日益複雜的專案中，唯有秉持著「以人為本」的核心，透過高效的協作，才能讓冰冷的技術轉化為有溫度的產品，讓絕佳的創意真正落地、產生價值。

● 回歸本書：成為生成式 AI 的「駕馭者」，而非「被取代者」

自作者在大學時首次接觸 Excel / Google Sheets 以來，除了試算表的功能不斷進化外，使用者學習與應用的方式也有所改變，從過往必須從零到一打造複雜的公式與報表，到如今能運用生成式 AI 作為智慧副手，讓我們將心力專注於更重要的策略規劃與流程優化。所謂「戰技」便是順應時代之「變」，學習如何駕馭 Google Sheets 與生成式 AI，將重複性工作最大程度地自動化，讓工具成為你最強的執行後盾。而「戰略」，則是守住價值之「不變」，深入培養「數據導向的策略思考能力」，學習如何梳理流程痛點、定義核心問題，並設計出最佳的優化模式。因此，有別於傳統工具書著重介紹零碎的函式功能，本書將重點放在生成式 AI 尚無法取代人類的兩大核心：一是完整的專案思維，二是跨工具整合能力。為此，書中涵蓋了 5 個從零到一的跨工具實戰案例，帶讀者走過問題梳理、流程設計，到最終活用生成式 AI 實踐的整個過程，讓讀者有效從根源解決問題，掌握實務問題的核心，成為真正「不可取代」的關鍵人才。

杜昕 Mic Tu

推薦序

● AI 時代的會計教育數位轉型指南

文／劉順仁（國立臺灣大學會計學系名譽教授，中華會計教育學會理事長）

當生成式 AI 成為職場新常態，當 Google Sheets 成為團隊協作與自動化的關鍵工具，會計教育也迎來了一次前所未有的轉型契機。《AI 加持！Google Sheets 超級工作流》正是在這個轉折點上，應運而生的一本創新之作。

本書不僅是市面上第一本結合 Google Sheets 與生成式 AI 的實用書籍，更是臺灣會計教育數位轉型的重要推手。全書架構清晰、內容嚴謹，涵蓋原則導入、工具實作到實務案例的完整流程。尤其值得一提的是，這本書在出版前便已歷經嚴格測試──由台大會計系作為教材測試起點，擴大使用於全台十所大專院校學生的「會計學原理」教學，成效斐然。這不僅證明其教學價值，更展現其在學術與實務間搭起橋樑的潛力。

在教學現場，我們不斷追問：「如何讓學生不只學會帳務，更具備資料思維與數位工具的整合能力？」而這本書提供了一個精采的解答──從如何設定資料驗證，到如何讓生成式 AI 協助撰寫 Apps Script，自動產出薪資單、分析 BigQuery 數據，甚至整合 Line 傳送訊息等，讀者將學會的不只是操作技能，更是一套設計流程與創造價值的心法。

我特別欣賞本書作者杜昕所展現的專業深度與跨域視野。他畢業於台大會計學系與商研所，歷經 PChome 資料分析師與國泰金控策略儲備幹部的歷練，又長年投身於 Google Sheets 教學。他所代表的，正是一種值得期待的新世代會計人才典型──深耕專業，擁抱科技，思維開放，懂得用工具放大專業的價值。

閱讀本書，我感受到一股真誠與踏實的力量。這不只是一本資訊科技的工具書，而是一本誠懇為年輕世代與職場工作者所寫的進化指南。它讓我們看見，生成式 AI 並非遙不可及的技術；Google Sheets 也不再只是試算表，而是邁向資料驅動決策、效率導向工作的起點。

我誠摯推薦這本書給所有正在學習、教學或工作現場中與資料為伍的朋友。不論你是會計系學生、企業內部講師、還是初入職場的新鮮人，這本書都將是你建立數位能力、擴展職涯視野的重要夥伴。

推薦人

▶ **國泰世華銀行數據長 梁明喬**

本書提供大量立即可用的 Google Sheets 與 AI 整合技巧，將複雜的數據分析流程化繁為簡。無論是行銷人員、專案經理或教育工作者，都能從中找到顯著提升工作效率的黃金法則。

▶ **前 PChome 財務長 周磊**

AI 時代來臨，善用數據分析和 AI 工具將是職場提升生產力的關鍵技能，本書分享 Google Sheets 實用心法和操作案例，是專業經理人提升工作效率的「神隊友」。

▶ **臺灣大學工商管理學系暨商學研究所教授 黃俊堯**

對於廣大白領工作者而言，本書對於工作環境中如何運用現階段生成式 AI 以提升工作效率，提供了有用的示範與指引。

▶ **元智大學 EMBA 管理碩士在職專班副執行長 柳育德**

本書以 5 個完整的 AI 實作案例和清晰的步驟說明，深入解析 Google Sheets 與生成式 AI 的整合應用，協助讀者循序漸進的建構一套自動化工作流。對於渴望在工作中實踐 AI 自動化、提升自己職場競爭力的的專業人士而言，是不可多得的實用工具書。

目錄

CHAPTER 1　超級工作流的核心！Google Sheets 應用大解析

1.1　**Google Sheets 與 Google 工具簡介** ………… 1-3
1.1.1　Google Sheets 功能簡介 ………………… 1-3
1.1.2　如何建立 / 開啟 Google Sheets ………… 1-4
1.1.3　Google Sheets 與其他工具的搭配 ……… 1-8

1.2　**Google Sheets 學習地圖** ……………………… 1-9
1.2.1　Google Sheets 學習地圖 ………………… 1-9
1.2.2　本書使用指南 …………………………… 1-12

1.3　**Google Sheets 的三大應用場景** ……………… 1-15
1.3.1　使用 Google Sheets 進行專案協作 ……… 1-15
1.3.2　使用 Google Sheets 進行資料分析 ……… 1-18
1.3.3　使用 Google Sheets 進行自動化 ………… 1-21

CHAPTER 2　生成式 AI 上線！超級工作流的智慧加速器

2.1　**生成式 AI 的概念與應用技巧** ………………… 2-3
2.1.1　生成式 AI 的概念與演進 ………………… 2-3
2.1.2　生成式 AI 工具選擇與對話原則 ………… 2-6

2.2　**生成式 AI × Google Sheets 發揮強大潛能** … 2-15
2.2.1　基於 Google Sheets 的生成式 AI 應用 … 2-15
2.2.2　使用生成式 AI 分析 Google Sheets 的資料 … 2-19

CHAPTER 3　不用公式也可以！Google Sheets 內建的資料整理大法

3.1　**儲存格內容設定** ……………………………… 3-3
3.1.1　資料驗證：維護資料的正確性 …………… 3-3
3.1.2　條件式格式設定：讓符合條件的資料更顯眼 … 3-5
3.1.3　尋找與取代：快速修正資料中的錯誤 …… 3-7

3.2	**資料整理與篩選** ………………………………………………	3-9
3.2.1	資料清除：刪除與調整有問題的資料 ………………………	3-9
3.2.2	排序工作表與範圍：讓你的資料井然有序 ………………	3-11
3.2.3	篩選器：快速篩選出你想要的資料 …………………………	3-11
3.2.4	表格：將儲存格範圍快速格式化 ……………………………	3-13
3.3	**使用資料透視表與圖表分析資料** ……………………………	3-16
3.3.1	資料透視表：快速洞悉與統整資料 …………………………	3-16
3.3.2	與資料透視表互動： 篩選器控制項與 GETPIVOTDATA …………………………	3-20
3.3.3	圖表：一眼看出資料的重點 …………………………………	3-22
3.3.4	SPARKLINE：繪製單一儲存格圖表 ………………………	3-26
3.4	**檔案協作與效率優化** …………………………………………	3-27
3.4.1	檔案共用：開啟多人協作的第一步 …………………………	3-27
3.4.2	保護工作表和範圍：限制部分工作表／範圍權限 ………	3-28
3.4.3	備註與註解：在儲存格上留下資訊 …………………………	3-29
3.4.4	鍵盤快速鍵：增加工作效率的不二法門 …………………	3-31

CHAPTER 4　成為大師的第一步！
徹底理解公式的底層邏輯與實務應用

4.1	**公式的基本概念** ………………………………………………	4-4
4.1.1	函式與公式：輸入、處理與輸出的計算流程 ……………	4-4
4.1.2	儲存格的名稱：絕對參照與相對參照 ………………………	4-5
4.1.3	資料型態：儲存格的內容類型 ………………………………	4-7
4.1.4	陣列：高效處理數據的第一步 ………………………………	4-8
4.1.5	如何開始學習 Google Sheets 函式 …………………………	4-9
4.2	**打造自動化試算表必備的進階函式** …………………………	4-12
4.2.1	FILTER：篩選資料的好幫手 …………………………………	4-12
4.2.2	QUERY：一個函式完成資料分析 ……………………………	4-14
4.2.3	ARRAYFORMULA：將公式複用到其他範圍 ……………	4-16
4.2.4	LAMBDA 函式： 將公式複用到其他範圍／完成迴圈計算 …………………	4-18
4.2.5	自定義函式：把複雜的公式運算轉為函式 ………………	4-20

08

4.2.6	LET：將冗長的公式美化	4-24
4.2.7	跨工具串接函式：IMPORTRANGE / GOOGLEFINANCE / GOOGLETRANSLATE	4-25
4.3	**讓公式充滿彈性的必備技能**	**4-29**
4.3.1	萬用字元：完成更進階的篩選	4-29
4.3.2	布林值四則運算：實現複雜條件的和 / 或	4-31
4.3.3	在公式中使用陣列：輕鬆組合計算過程與輸出	4-33
4.3.4	在內建功能中使用公式：實現更客製化的條件設定	4-34

CHAPTER 5　跨工具夢幻連動！整合 Google Workspace 工具的智慧工作術

5.1	**優化工作效率的強大工具**	**5-3**
5.1.1	智慧型方塊	5-3
5.1.2	與 Google 表單、文件、簡報串接	5-5
5.1.3	使用外掛套件	5-9
5.2	**Google Sheets ✕ BigQuery：輕鬆分析巨量資料**	**5-12**
5.2.1	新增一個 BigQuery 專案	5-12
5.2.2	將 Google Sheets 資料串接至 BigQuery	5-15
5.2.3	在 Google Sheets 分析 BigQuery 的資料	5-18
5.3	**Google Sheets ✕ Looker Studio：完成精緻的互動式報表**	**5-22**
5.3.1	新增一個 Looker Studio 專案	5-22
5.3.2	使用 Looker Studio 繪製圖表	5-24
5.3.3	報表共用與資料來源管理	5-27
5.4	**Google Apps Script：打造個人化的跨工具整合流**	**5-29**
5.4.1	第一支 Apps Script 程式	5-29
5.4.2	錄製巨集生成程式碼	5-31
5.4.3	使用生成式 AI 生成程式碼	5-34

CHAPTER 6　告別協作混亂！打造簡潔、高彈性的活動管理模板

- 6.1　**專案痛點與產品初步規劃** ······················ 6-3
  - 6.1.1　專案痛點梳理 ······························ 6-3
  - 6.1.2　產品初步規劃 ······························ 6-5
- 6.2　**打造原型與初始設計** ···························· 6-7
  - 6.2.1　打造原型 ·································· 6-7
  - 6.2.2　初始設計：各版位模板自動化 ·············· 6-10
  - 6.2.3　初始設計：查詢表自動化 ·················· 6-13
- 6.3　**產品驗證、測試與正式上線** ·················· 6-18
  - 6.3.1　驗證與測試 ······························ 6-18
  - 6.3.2　正式上線 ································ 6-21

CHAPTER 7　使用 Google Sheets + 表單 打造客製化的記帳工具

- 7.1　**記帳表單設計** ·································· 7-3
  - 7.1.1　設計的前置準備 ·························· 7-3
  - 7.1.2　表單內容設計 ···························· 7-6
- 7.2　**儀表板原型打造與執行方案規劃** ············ 7-11
  - 7.2.1　打造儀表板原型 ························ 7-11
  - 7.2.2　從原型回推所需表單資訊 ················ 7-12
  - 7.2.3　規劃執行方案 ·························· 7-16
- 7.3　**使用生成式 AI + Apps Script 即時同步表單回應** ··· 7-19
  - 7.3.1　第一輪對話：表單回應輸出 ·············· 7-19
  - 7.3.2　第二、三輪對話：調整至目標格式 ········ 7-24
- 7.4　**資料表格與儀表板建置** ······················ 7-28
  - 7.4.1　資料表格自動化：去年 6 個月支出比較 ···· 7-28
  - 7.4.2　資料表格自動化：每月預算與實際支出 ···· 7-30
  - 7.4.3　儀表板自動化 ·························· 7-35

CHAPTER 8　使用 Google Sheets + 日曆 + Tasks 成為時間與專案管理大師

- 8.1　Google 日曆與 Tasks 功能簡介 ······ 8-3
  - 8.1.1　Google 日曆：追蹤每日時間流向 ······ 8-3
  - 8.1.2　Google Tasks：追蹤工作與專案進度 ······ 8-7
- 8.2　自動匯出 Google 日曆與 Tasks 的紀錄 ······ 8-11
  - 8.2.1　自動化流程設計 ······ 8-11
  - 8.2.2　串接 Google 日曆 ······ 8-13
  - 8.2.3　串接 Google Tasks ······ 8-20
- 8.3　資料表格與儀表板建置 ······ 8-25
  - 8.3.1　原始資料調整 ······ 8-25
  - 8.3.2　週 / 月統計儀表板自動化 ······ 8-28
- 8.4　串接 Line Messaging API 傳送時間使用狀況 ······ 8-33
  - 8.4.1　第一支 Line 商業帳號 × Apps Script 程式 ······ 8-33
  - 8.4.2　傳送每週時間運用統計 ······ 8-35

CHAPTER 9　使用 Google Sheets + Gmail 自動製作並寄送每月薪資單

- 9.1　產品初步規劃與概念驗證 ······ 9-3
  - 9.1.1　專案痛點梳理與初步規劃 ······ 9-3
  - 9.1.2　概念驗證 (PoC) ······ 9-5
- 9.2　打造原型 ······ 9-11
  - 9.2.1　設計薪資單模板 ······ 9-11
  - 9.2.2　設定信件內容與寄送流程 ······ 9-14
- 9.3　原始資料與薪資單公式設計 ······ 9-17
  - 9.3.1　每日出勤紀錄前處理 ······ 9-17
  - 9.3.2　薪資單明細 ······ 9-20
  - 9.3.3　薪資單 ······ 9-24
- 9.4　使用 Apps Script 轉 PDF 並建立副本 ······ 9-26
  - 9.4.1　第一、二輪對話：資料夾與檔案生成 ······ 9-26
  - 9.4.2　第三、四輪對話：寄出 Email 與流程優化 ······ 9-32

CHAPTER 10　使用 Google Sheets 自動分析 BigQuery 數據並製作簡報

- 10.1　分析流程規劃與原型打造 ………………………………… 10-3
  - 10.1.1　資料集與分析議題確認 …………………………… 10-3
  - 10.1.2　資料集結構與可行性評估 ………………………… 10-5
  - 10.1.3　簡報模板製作與自動化流程梳理 ………………… 10-11
- 10.2　產出與串接資料表 …………………………………………… 10-14
  - 10.2.1　第一輪對話：取得 2025 年資料表 ……………… 10-14
  - 10.2.2　第二、三輪對話：自動化所需資料 ……………… 10-17
- 10.3　使用資料表繪製圖表 ………………………………………… 10-23
  - 10.3.1　圖表一：每日溫度 ………………………………… 10-23
  - 10.3.2　圖表二：與過去五年比較 ………………………… 10-26
- 10.4　將圖表輸出至 Google 簡報 ………………………………… 10-28
  - 10.4.1　第一輪對話：貼上第一頁圖表 …………………… 10-28
  - 10.4.2　第二、三輪對話：自動生成簡報 ………………… 10-33

超級工作流的核心！
Google Sheets
應用大解析

「Excel 與 Google Sheets 有什麼差異？」

「如果我已經熟悉 Excel 的各項用法，我是否需要重新學習 Google Sheets？」

「我該如何學習 Google Sheets？」

在踏入 Google Sheets 的學習旅程前，也許你會有很多疑問，而在本章我們將先介紹 Google Sheets 的強大之處，以及可以與 Google 哪些其他工具搭配，讓各位讀者可以掌握 Google Sheets 的學習體系，並根據自身工作與生活所需學習對應的內容！學完本章你將會了解：

- ☑ Google Sheets 與 Excel 的差異與優缺點。
- ☑ 開啟 / 建立 Google Sheets 檔案的方式。
- ☑ 可以和 Google Sheets 搭配的各項工具簡介。
- ☑ 從零開始學習 Google Sheets 的步驟，以及本書對應的章節。
- ☑ 本書的操作方法，包括如何建立自己的檔案副本、如何找到書中的公式、Prompt、程式碼等資訊。
- ☑ Google Sheets 的三大應用場景：專案協作、數據分析、自動化。

1.1 Google Sheets 與 Google 工具簡介

本節將先介紹 Google Sheets 的功能、與 Excel 的比較與建立 Google Sheets 的方式，再圍繞著 Google Sheets「高整合性」的特性，說明有哪些工具可以和 Google Sheets 整合。

● 1.1.1 Google Sheets 功能簡介

▶ Google Sheets 是什麼？

Google Sheets (Google 試算表) 是 Google 提供的一款免費線上試算表工具，屬於 Google Workspace 的一部分，功能類似於 Microsoft 的 Excel，但完全在雲端運作，功能包括：

- ☑ **多樣化的分析圖表**：可以將大量數據轉為表格或圖表，讓資料更易於理解與分析，產生獨特的商業洞察。
- ☑ **豐富的公式與函式**：內建了數百種公式和函式，可以進行各種計算、統計分析、資料處理等。
- ☑ **雲端儲存與協作**：你的試算表會自動儲存在 Google 雲端硬碟上，可以隨時隨地透過電腦、手機或平板來存取和編輯，也可以與他人共享試算表，多人同時編輯也不會衝突，提升團隊合作效率。
- ☑ **整合 Google Workspace**：可以與 Google 文件、Google 簡報等其他 Google Workspace 應用程式無縫整合，方便資料共享和協作。

▶ Google Sheets 與 Excel 的差異

雖然 Google Sheets 功能與 Excel 類似，但兩者的使用環境與操作體驗有顯著不同。Google Sheets 完全運行於雲端，無需安裝軟體，適合需要即時協作與線上存取的使用情境；而 Excel 則在進階分析與大型資料處理上具有優勢。以下就團隊協作、數據分析、學習面向、價格等面向的異同，供讀者參考並綜合工作需求做出更符合自己的需求！

面向	Google Sheets	Excel
協作功能	- 在雲端中操作且隨時儲存在 Google 雲端硬碟，輕鬆支援多人協作 - 可使用瀏覽器、手機 App 讀取與操作	- 資料儲存在本地或網路硬碟，多人協作在存檔時會出現版本衝突，而無法成功儲存所有人的變動 (僅 Microsoft 365 可同時線上協作) - 主要為桌面應用程式，需要安裝在電腦上
數據分析	- 與 Google 其他應用程式 (如：文件、簡報等) 無縫整合 - 可使用 Google Workplace 外掛程式、Google Apps Script 進行自動化操作	- 可支援更龐大的數據量，並搭配 Power Query、Power BI 等工具進行操作 - 工具列、樞紐分析表、圖表等方面可調整更多細節 - 可使用 VBA 進行更進階之操作，運算速度快
安裝與價格	- 無須安裝，隨時有新功能可使用，各作業系統功能相同 - 基本功能免費，可付費購買有更多進階功能的企業版	- 需安裝，不同版本與作業系統 (macOS / Windows) 會有部分差異 - 通常包含在 Microsoft Office 套裝中，需要付費
學習曲線	介面簡潔易上手，學習成本較低	功能較複雜，需投入更多時間學習

透過以上比較，可發現 Excel 更加側重於企業級的數據分析和處理能力，但需要付費且須克服跨版本差異；Google Sheets 則更強調線上協作、跨工具之間的兼容性，但因為在雲端中操作所以運算性能不如 Excel。兩者皆有優缺點，大家可以根據自身習慣與需求選用。若是個人企業、小公司用戶的話，非常建議使用 Google Sheets 作為數據倉儲與分析的工具，待數據分析的需求擴大後，再考慮是否購買企業版或使用 Office 系統即可。

1.1.2 如何建立 / 開啟 Google Sheets

只要有 Google 帳號，就可以在 Google 任何相關的頁面進入並使用，建立或開啟 Google Sheets 的方法很多，以下介紹最常見的幾種方式：

1. **在 Google 試算表中建立 / 開啟檔案**：在任何一個 Google 相關的頁面右上角，都點選「Google 應用程式 → Google 試算表」即可進入 Google Sheets 頁面建立新試算表 / 開啟既有試算表，如下圖：

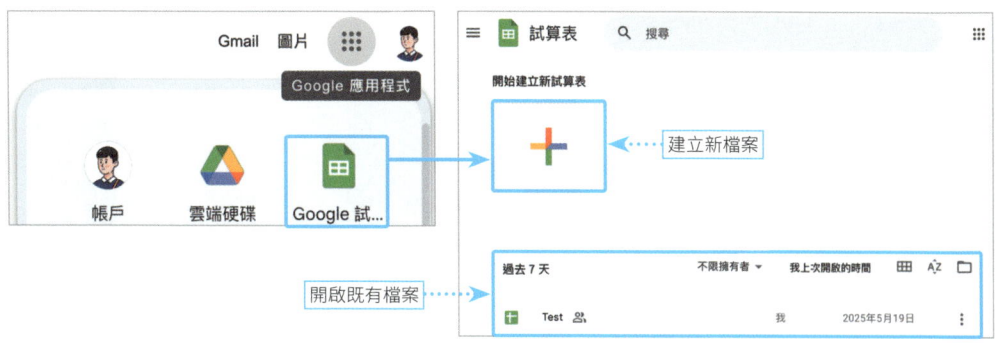

2. **在 Google 雲端建立 / 開啟檔案**：在 Google 雲端硬碟中，點選左上角的「+ 新增」並選擇 Google 試算表就能建立新的檔案，如下圖：

3. **匯入 Excel / CSV 檔案**：如果想開啟電腦中的 Excel / CSV 檔，請先將檔案上傳至雲端硬碟，並分別使用以下方式轉為 Google 試算表：

- **Excel 檔**：將 Excel 檔上傳雲端之後，開啟時會預設使用 Google 試算表開啟，並在檔名旁邊註記「.XLSX」，可以直接在上面編輯，或點選「檔案 → 儲存為 Google 試算表」另存成 Google Sheets 檔案，如右圖：

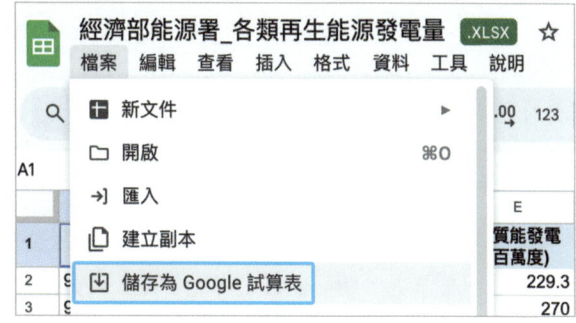

- **匯入 CSV 檔**：若在雲端硬碟中有 CSV 檔，可選擇開啟工具為 Google 試算表，會將 CSV 檔轉為一份新的 Google Sheets 檔。

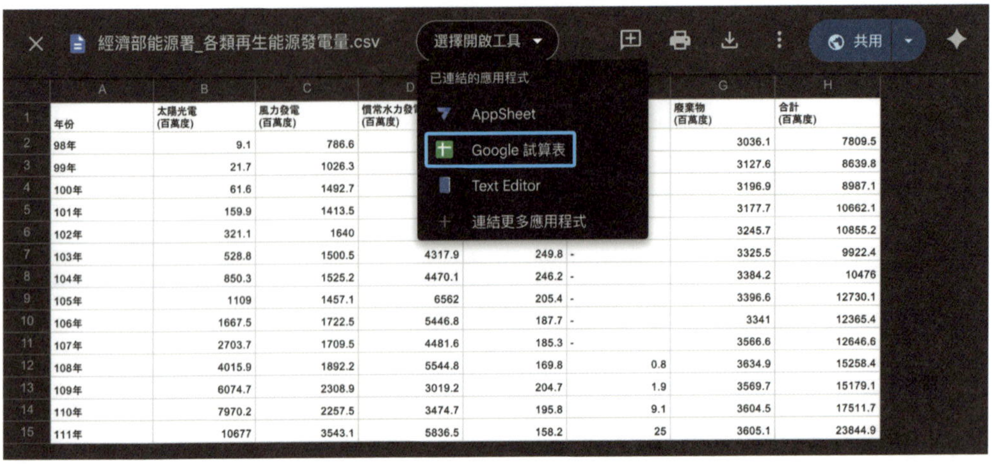

4. **建立 Google Sheets 副本**：若雲端硬碟已經有試算表檔案，但想要建立另一份副本 (拷貝檔) 時，可使用以下兩種方式：

    - **在雲端硬碟建立**：點選「建立副本」，或點選快捷鍵 Ctrl / ⌘ + C、Ctrl / ⌘ + V 即可，如下圖：

    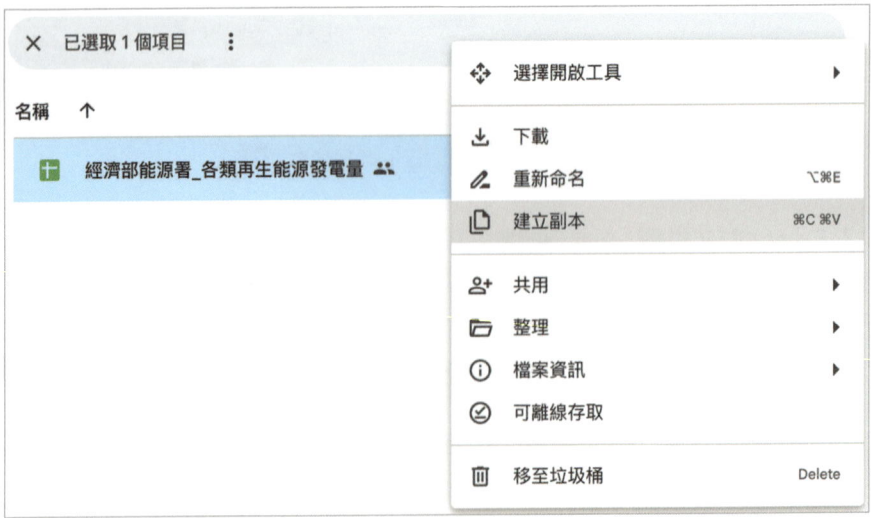

    - **在試算表建立**：點選上方工具列的「檔案 → 建立副本」並設定檔案名稱、雲端位置、權限等，便可在自己的雲端硬碟中找到此份檔案，如下頁圖。

Chapter 3. 不用公式也沒問題！Google S...
檔案 編輯 查看 插入 格式 資料 工具 擴充功能 說明
新文件
開啟
匯入
建立副本

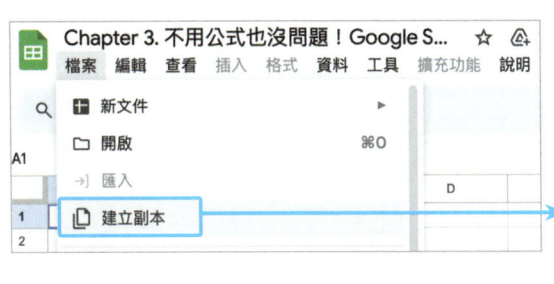

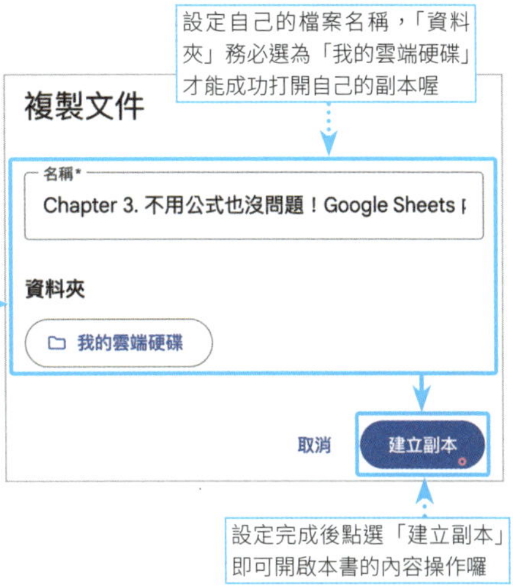

設定自己的檔案名稱，「資料夾」務必選為「我的雲端硬碟」才能成功打開自己的副本喔
複製文件
名稱*
Chapter 3. 不用公式也沒問題！Google Sheets
資料夾
我的雲端硬碟
取消
建立副本
設定完成後點選「建立副本」即可開啟本書的內容操作囉

TIP

提醒：本書提供的範例檔案都是「僅供檢視」模式，無法直接編輯。如果讀者想跟著操作練習，記得在每章開始前，都要先使用上面的方式建立一份自己的副本，這樣才可以在自己的檔案中進行編輯喔！

TIPS

在既有檔案中開啟 CSV 檔案

除了將 CSV 檔案直接上傳並開啟成 Google Sheets 外，還可以將資料複製貼上到既有的試算表中。貼上後，若內容全部集中在一欄，可使用「資料 → 將文字分隔成不同欄」切割，如下圖：

僅貼上值
僅貼上格式
貼上轉成表格
將文字分隔成不同欄
貼上後會自動跳出貼上方式，選擇後便能自動分隔
分隔符：
自動偵測
逗號
分號
句號
空格
自訂
若想調整分隔符號，可選擇點擊「分隔符」設定

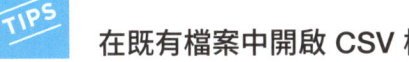

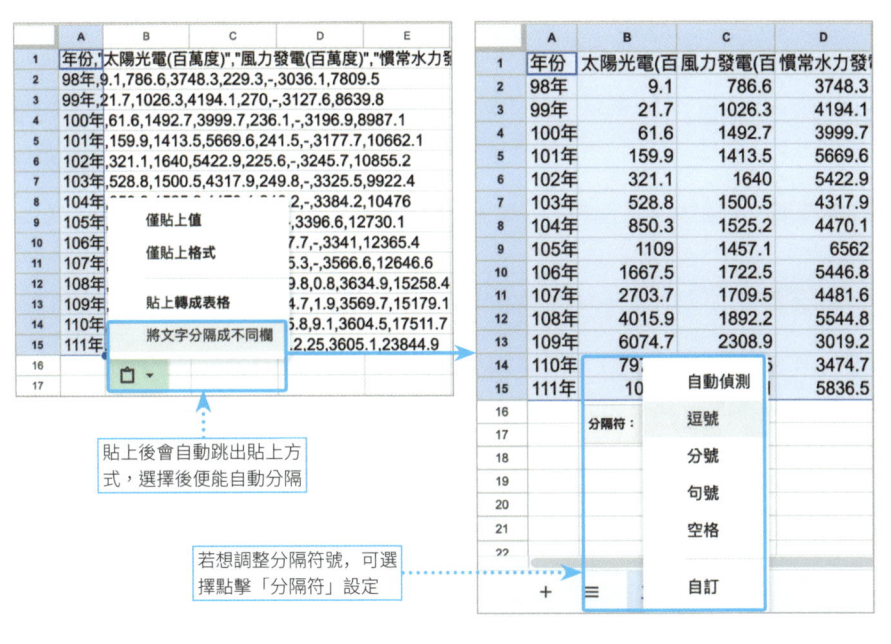

1.1.3　Google Sheets 與其他工具的搭配

在上個小節提到 Google Sheets 相較於 Excel 的一大優勢是「和 Google 其他應用程式無縫整合」，以下列舉幾個常見的工具與功能，以及在本書對應的章節如下表：

工具	可整合功能	本書對應章節
文件 (Docs)	將試算表資料以圖表／表格插入到文件／簡報中，資料變動時可一鍵直接更新	第 5.1.2 小節
簡報 (Slides)		
表單 (Forms)	將表單資訊連結至試算表，有新的表單回覆時可即時更新	
BigQuery	・將試算表作為資料庫匯入至 BigQuery 進行後續分析 ・連接 BigQuery 的資料並查詢，完成後續分析與視覺化	第 5.2 節 第 10 章
Looker Studio	將 Google Sheets 作為資料來源建立動態儀表板	第 5.3 節

而除了上述工具內建的整合功能外，針對要高度客製化的需求，Google 提供一個強大的工具 — Google Apps Script，語法類似 JavaScript、功能類似 Excel 的 VBA，然而卻能整合各式各樣的工具，包括：

- ☑ Google 工具：例如文件、簡報、表單、BigQuery、Google Analytics (GA)、Gmail、日曆等。
- ☑ 其他外部工具：例如 Line Messaging API、Slack 等可以整合 API 的項目。

而在本書的第 5.4 節、第 7~10 章則會介紹 Apps Script 的操作方式與自動化方法，以及如何使用生成式 AI 輔助，讓不熟悉程式基本語法的讀者也能使用 Apps Script 完成各種工具的串接與自動化！

1.2 Google Sheets 學習地圖

至此已經介紹 Google Sheets 的各種功能及其他可整合的工具。然而，對於各項工具都很陌生的初學者而言，也許還是不確定該如何學習 Google Sheets 工作流，因此在深入介紹各項功能與應用之前，將花一些篇幅建構一套有體系的學習地圖及本書對應的章節。已經掌握 Excel / Google Sheets 基本功能的讀者們，也可以直接根據工作與生活所需閱讀對應的章節。

1.2.1　Google Sheets 學習地圖

Google Sheets 的應用場景依據所需的技術深度又可以分成專案協作、數據分析、自動化三種，各場景的所需要的技能如下表 (括號為本書對應的章節)：

學習順序	Google Sheets 技能	基本專案協作	數據分析	自動化
1	基本功能	儲存格內容設定與協作 (3.1 / 3.4)　資料整理與篩選 (3.2)　資料透視表與圖表 (3.3)　基本串接方式 (5.1)		
2	函式基本功		基本常用函式 (僅列舉)　讓公式更彈性的必備技能 (4.3)	
3	自動化必備技能		公式的基本概念 (4.1)　自動化相關進階函式 (4.2)　Apps Script 基本概念 (5.4)　生成式 AI Prompting (2.2 / 5.4)	
4	延伸技能 (視需求)		BigQuery 與串接 (5.2)　Looker Studio 與串接 (5.3)　Apps Script 操作檔案 (7~10)　Apps Script 串接 API (8)	

1. **基本功能：第 3 章、第 5.1 節**

    在學習 Google Sheets 初期建議先理解工具列與儲存格中的各項功能，如條件式格式設定、篩選器、表格、資料透視表與圖表等，並熟悉幾個常用的快捷鍵與外掛工具，讓未來進行數據分析與自動化時能更加敏捷，若是從 Excel 轉換到 Google Sheets 的讀者也可以先熟悉各功能的所在位置與功能差異。

而對 Google Sheets 有基本認識後，可以進一步熟悉如何與 Google 文件、簡報整合，以及雲端硬碟的操作方式，讓自己能更有條理的整理工作 / 生活中的各項數據與資訊。

2. **函式基本功：第 4.1.5 小節、第 4.3 節**

   雖然 Google Sheets 已經內建篩選器、表格、資料透視表與圖表等分析工具，但若要使用 Google Sheets 數據分析，請務必要掌握一些重要函式，並了解一些提升公式彈性的小技巧。各種用途的重要函式可以參閱第 4.1.5 小節的清單，雖然本書不會對每個函式逐一介紹，但每個函式都相對容易上手，有需要的使用者可以進一步查閱官方文件或詢問生成式 AI。

   然而，若是時間有限又想快速上手的讀者，看到第 4.1.5 小節的上百個函式也許已經眼花撩亂，因此在此列出幾個簡單又實用的 10 類函式供大家自行學習用法，讓大家 Day 1 就可以具備基礎的數據分析功能！

條件判斷	IF / IFS / IFNA / IFERROR
基本統計值	SUM / AVERAGE / COUNT / SUMPRODUCT
條件統計值	SUMIF / COUNTIF / SUMIFS / COUNTIFS
垂直查詢	VLOOKUP
水平 / 垂直查詢	INDEX + MATCH
篩選與排序	SORT / FILTER
建立日期	DATE / TODAY / EOMONTH
取得日期資訊	YEAR / MONTH / DAY
文字資料處理	LEFT / RIGHT / MID / & / JOIN
引用其他試算表資料	IMPORTRANGE

3. **自動化必備技能：第 2 章、第 4.1 ~ 4.2 節、第 5.4 節**

   在精熟基礎的協作功能與函式後，若想進一步挑戰更高階的數據分析與自動化任務，關鍵在於深入理解公式的底層運作邏輯與陣列函式的進階應用。這階段最核心的挑戰在於<mark>培養扎實的陣列運算思維</mark>，以及<mark>在不同情境中靈活選擇最適切的處理方式</mark>，例如優化工作表 / 欄位的結構設計、巧妙組合各類函式等，這些能力也直接決定自動化應用的深度與效率，且目前生成式 AI 仍較難取代。若讀者要培養這些技能，除了跟著書中的內容操作並理解外，在實際工作 / 生活中應用公式時，也要持續思考「如何用更聰明的方式達成目標」，例如減少輔助儲存格的使用、讓單一公式能一次輸出完整結果等。透過這樣的刻意練習，逐步提升將複雜流程自動化的能力，讓數據處理更加高效流暢。而第 6 章也會用實務案例說明如何透過熟稔的公式能力與架構化技巧，設計靈活有彈性的模板與自動化流程。

除了函式外，在此階段也可以先熟悉 Apps Script 的用途與語法的基本概念，擴充執行自動化時的選擇。而隨著生成式 AI 的推陳出新，本書不會介紹 Apps Script 的各項語法，而是使用多個案例說明，如何輸入 Prompt 讓生成式 AI 能產出程式碼、除錯與順利執行。

4. **延伸技能：第 5.2 ~ 5.3 節、第 7 ~ 10 章**

若公司主要使用 Google 系統，肯定會使用到 Looker Studio、BigQuery 兩項工具呈現與分析數據，讀者能視需求學習 Google Sheets 如何與兩者整合使用。另外，讀者的工作 / 生活中如果有「在各種 Google 工具定期更新資料」的需求，也可以嘗試使用 Apps Script + 生成式 AI 完成。而第 7 ~ 10 章便是介紹如何與各項工具搭配，其中各章節主題與整合的工具如下表：

章節	自動化主題	整合工具
第 7 章	自動整理 Google 表單資訊，製作成儀表板	Google 表單
第 8 章	每週 / 月自動同步時間與任務紀錄，製作成儀表板並使用 Line 同步資訊	Google 日曆、Google Tasks、Line Messaging API
第 9 章	每月自動製作薪資單並寄送給員工	Google 雲端硬碟、Gmail
第 10 章	自動將 BigQuery 繪製成圖表並貼上至簡報中	BigQuery、Google 簡報

相信各位讀者跟著本書循序漸進的學習，搭配在工作 / 生活中的實戰演練，肯定也能打造強大的超級工作流！

● 1.2.2　本書使用指南

了解如何本書涵蓋的內容後，接下來說明本書的使用方法，包括如何開啟檔案、找到書中提供的公式、Prompt 與程式碼。

▶ 建立副本

從第三章開始每一章都有兩份檔案——空白檔案、完成檔案，如右圖：

第三章示範空白檔案　　　第三章示範完成檔案

以第 3 章完成版為例，掃描 QR Code 後會進入「僅供檢視」的檔案，此時請點選工具列的「檔案 → 建立副本」，並設定檔案的名稱與位置，如下圖：

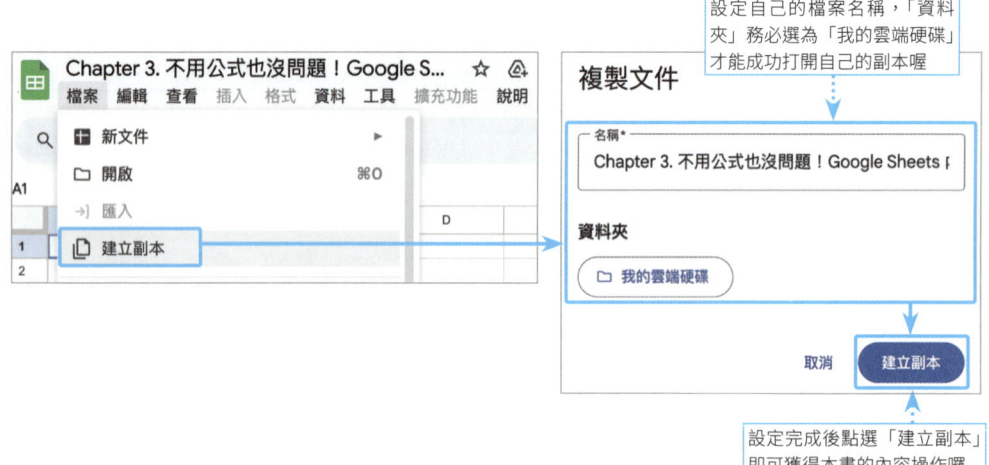

若您想要一次建立所有的檔案，也可以掃描右側的 QR Code 一次取得所有章節的檔案，並在雲端硬碟中建立副本，作法如下頁圖：

全書的示範檔案
(包含空白 & 完整檔案)

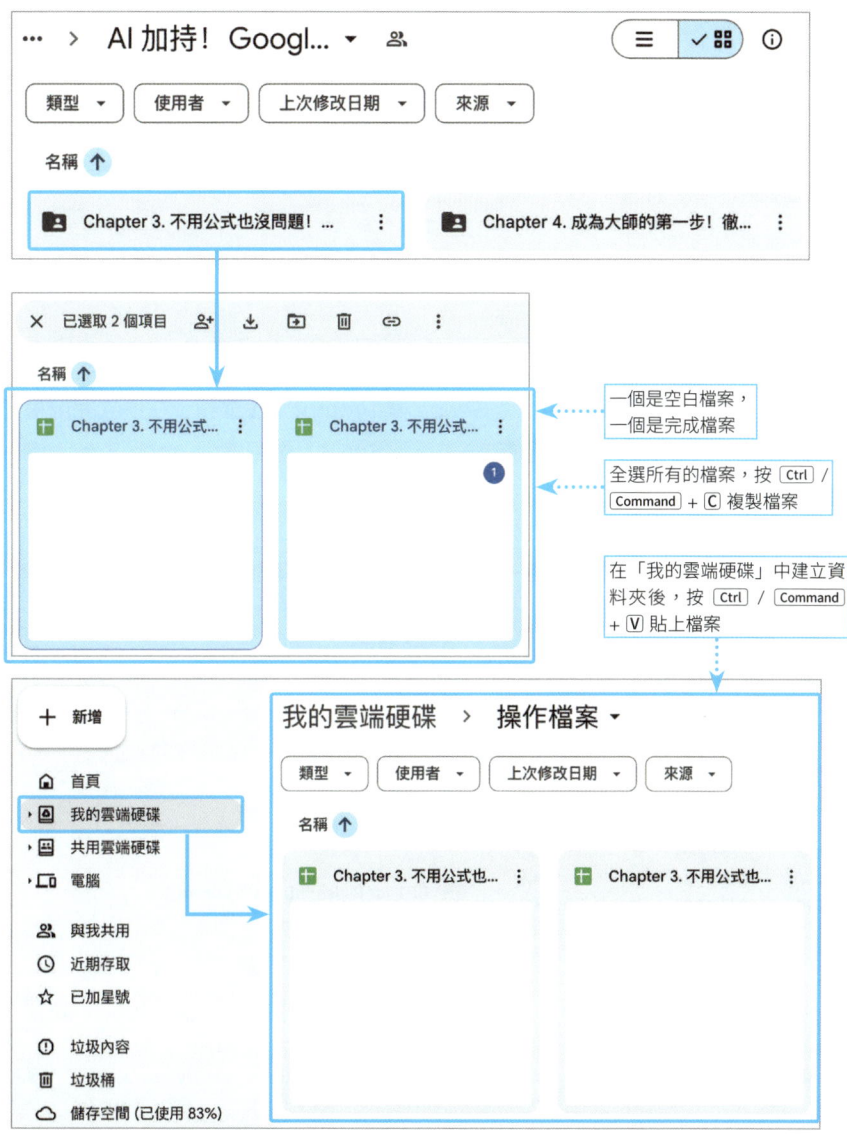

> **TIP**
> 在雲端硬碟中沒有辦法直接複製整個資料夾，因此需要每章都需要一次建立副本。

▶ 檔案內容介紹

在每一章原始檔案只會存放處理前的資料，而完成檔案則是跟著本書一步一步操作後的結果，如下頁圖。

各位讀者可以先一次建立兩個檔案的副本，使用原始檔案操作，並在每個步驟確認是否與完成版的檔案相符，或在操作卡關時參考完成檔案的做法。避免因為一個步驟疏漏，導致後面各個步驟都沒辦法完成。

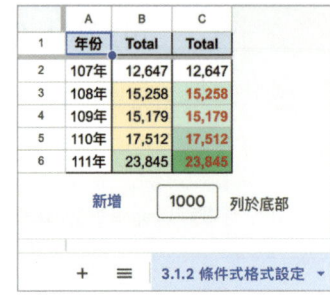

另外，從第 5 章開始有 Google Apps Script 與 Prompt，各位讀者在建立完成檔案的副本時也會一併複製，只要點選「擴充功能 → Apps Script」即可進到 Apps Script 編輯器介面複製，如下圖：

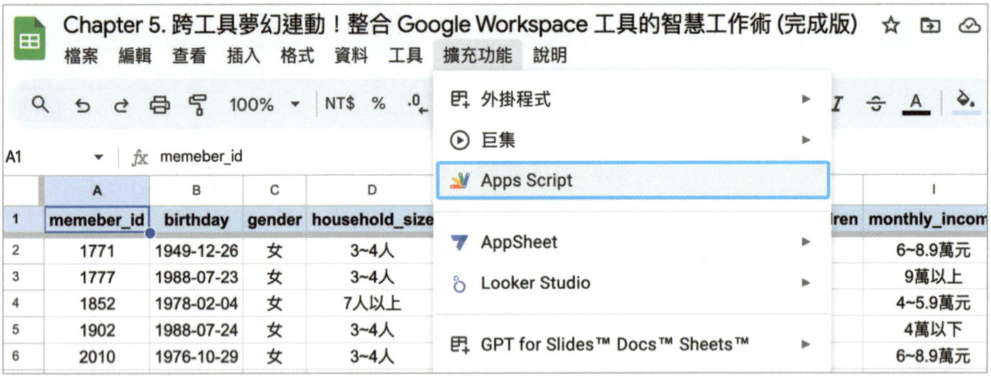

了解如何建立副本及取得完成檔案的公式、Prompt 與程式碼後，接下來就可以跟著本書的節奏一步步執行，一起打造超級工作流囉！

1.3 Google Sheets 的三大應用場景

了解 Google Sheets 的基本功能與本書的學習方法後，本章最後一節則深入說明 Google Sheets 的三大使用場景：專案協作、資料分析、自動化，將分別介紹各種場景中一些常見的功能與觀念，讓讀者除了懂得「如何使用」外，更知道「如何聰明的使用」！

● 1.3.1 使用 Google Sheets 進行專案協作

Google Sheets 可以支援團隊即時協作、留言討論等功能，不需透過來回傳檔的方式溝通，以下是團隊協作時的一些常見功能與設定，以及在本書中對應的章節：

▶ 檔案協作相關功能

- ☑ 分享 / 取得檔案：團隊即時協作的第一步，絕對是團隊成員可以編輯 / 檢視 Google Sheets 檔案。不論是把自己的檔案分享給別人，還是使用別人的檔案，只要點選視窗右上角的「共用」就能設定檔案的使用者及對應的權限，關於詳細的設定方式、檔案的角色可參考第 3.4.1 小節的說明。

- ☑ 討論工作表 / 儲存格的內容：如果團隊要在線上針對某個儲存格或工作表進行討論或註記時，可以使用內建的「插入備註 / 註解」功能，關於備註與註解的適用時機、顯示方式與差異可參考第 3.4.3 小節的說明。

- ☑ 檢視與還原檔案：有時候在多人協作或反覆修改的情況下，如果檔案內容出現錯誤或不確定何時被更動，可能需要查看是誰編輯的，並還原到某個特定時間點的版本。在 Google Sheets 中無需不斷點擊「上一步」，你可以透過「檔案 → 版本記錄 → 查看版本記錄」或右上角的「上次編輯」查看版本紀錄，包括編輯的人、儲存格、時間等，此外也為某個時間的版本命名，或還原成某個版本，如下頁圖：

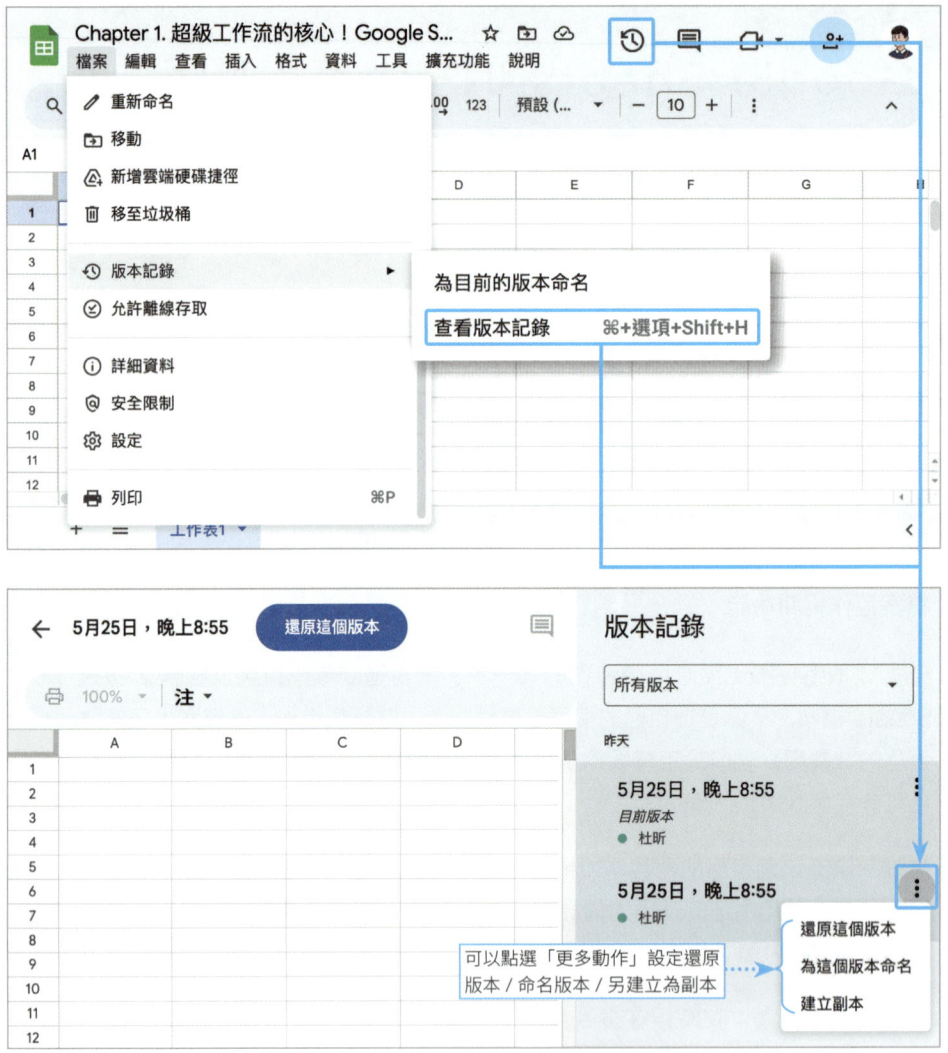

▶ **專案管理相關功能**

雖然市面上已有多種實用的專案管理工具，例如 Asana、Trello、Notion 等，但 Google Sheets 仍不失為一個靈活且高效的選擇。相較於這些功能繁多的平台，Google Sheets 提供的是一種簡單、直觀且容易上手的方式，讓使用者可以根據自身需求自由建立專案追蹤系統，省去學習與維護成本。

☑ 表格：Google Sheets 中提供多種類型的表格模板，只要點選「插入→ 表格」就能建立專案管理等各種用途的儀表板並進行調整，如下頁圖。此外，既有的資料也可以轉為表格形式以利管理與檢視。關於表格的用途、設定方式以及在公式使用的差異可參考第 3.2.4 小節的說明。

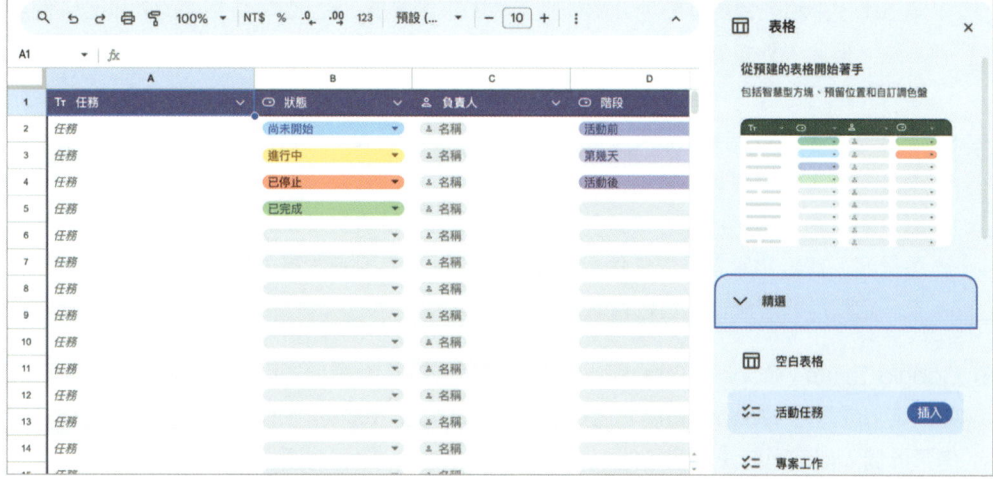

- ☑ <mark>智慧型方塊</mark>：除了完整的表格外，也可以在儲存格輸入「@」插入智慧型方塊，除了可以建立清單外，還能插入 Google 的其他服務如文件、日曆、地圖位置等，關於智慧型方塊支援的項目及詳細的設定方式，可參考第 5.1.1 小節的說明。

- ☑ <mark>甘特圖 (Gantt Chart)</mark>：在執行專案常會需要使用甘特圖管理時程，而在 Google Sheets 中，付費版的企業帳戶可以在「<mark>插入 → 甘特圖插入</mark>」並設定細節。若是個人免費版的帳戶則可以使用以下兩種方式完成：

    - **使用外掛套件**：在 Google Sheets 中可以下載外掛程式以節省使用效率，並和其他工具協作使用，只要點選「<mark>擴充功能 → 外掛程式 → 取得外掛程式</mark>」就能進入到 Google Workspace Marketplace，搜尋「Gantt Chart」就能找到多項甘特圖相關的套件並下載，如下圖。

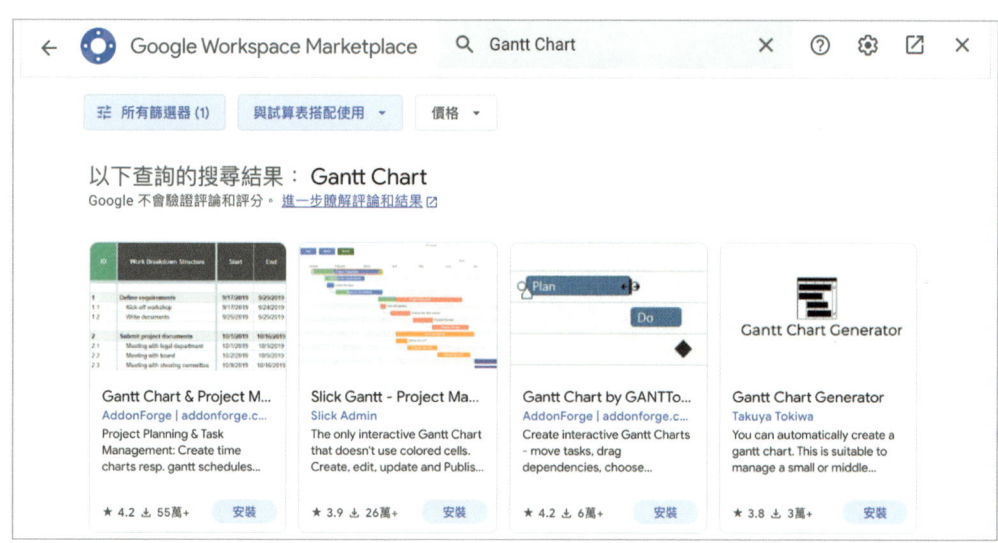

第 5.1.3 小節也會更詳細地介紹外掛套件的下載方式、生成式 AI 相關的外掛套件使用方法。但因為外掛套件多達上萬種，所以並不會一一介紹每種套件的用法，若各位讀者有興趣可自行參考官方說明文件、Youtube 影片教學。

- **使用公式 + 條件式格式設定**：可以先根據自身偏好設定資料輸入的欄位，如起始與結束日期、工作項目等，接著，針對後續欄位設定公式與條件格式，讓系統能根據輸入的日期自動變色。這個方法雖然非常具有彈性，但須對公式與自動化設計具一定的熟悉程度，建議初學者可以先使用外掛套件，等到學習完本書後對公式與自動化工作流有一定程度的理解後再自行嘗試。

- ☑ **Google Tasks**：Google Task 可以用來追蹤個人的待辦事項，可以直接在 Google 日曆中設定，或是在 Google 日曆右上角切換為 Google Tasks。整體操作方式非常直觀，但僅限於個人使用而無法分享給他人，詳細用法將在第 8.1.2 小節介紹。

以上為幾項常用的專案協作相關功能，各位讀者可以視需求直接跳至對應的章節學習。

1.3.2　使用 Google Sheets 進行資料分析

資料分析是指從大量資料中提取有價值的資訊，幫助人們理解數據背後的意義並做出明智決策。目前已有 Python、R、SQL 等專業的數據分析工具，各自適用於不同場景。然而，Excel / Google Sheets 仍是不可或缺的工具，因其具有直覺式的操作介面、靈活的數據整理功能，以及無需寫程式基礎即可快速上手的特性，使其成為日常數據分析中最普及且實用的選擇。在這個小節將會先介紹資料分析的五大步驟，再說明 Google Sheets 如何應用在每個步驟中。

▶ **資料分析五大步驟**

實務上在執行資料 / 數據分析時，一般會分成以下幾個步驟：

1. 確立痛點與假設 — 確保分析有目的：

因為企業的資源與時間有限，所以必須投注資源在最重要的問題，而非沒有明確目標的盲目分析，陷入「跑了一堆報表，卻不知道怎麼用」的困境。若要釐清最重要的問題，最好的方法是與需求方溝通確認痛點，並把痛點拆解成可分析的規模，再設定對應的假設 (Hypothesis)，讓後續的分析能有所方向。

舉例來說，「總公司營收下降」就是一個大到無法分析的議題，可以拆解成「某類商品的營收下降」或「某類客群的客單價／購買人數下降」等因素，並發想可能的原因，如：「總營收下降，是因為營收大宗的家電類產品營收下降」。

2. **梳理分析方法論 ─ 確保分析方法合理：**

    確立分析目的後，接下來應將其轉化為具體、可執行的分析框架與指標，同時確保有能力可取得並分析所需的資料。

    舉例來說，要驗證「總營收下降是因為家電類產品」的假設是否正確，可以比較「最近一年總營收下降的比例」與「最近一年家電產品營收下降的比例」，並確保可以取得並分析最近一年的營收資料，以及能明確定義「營收」。

3. **數據撈取與整理 ─ 確保資料可靠：**

    梳理完想取得的數據框架後，接下來會到資料庫撈取並整理資料，來填入框架中。過程中務必確保資料的正確性與合理性，才能避免錯誤的數據引導出錯誤的結論。

4. **洞察與延伸分析 ─ 確保分析有價值：**

    將數據填入後除了能驗證 1. 的假說是否正確，也能找出其他當初意想不到的結果，進而修正／產生更多不同的假說，因此實務上分析時會持續 1. ~ 4. 的步驟，直到釐清問題的全貌、能引導出數據驅動的決策為止。

    舉例來說，從數據中確認最近一年家電營收下降 25 %，遠高於總營收下降 10 %，其中又以最近三個月的下降最多。下一步便能假設公司最近三個月的家電行銷策略改變、價格競爭力相對同業變弱等，進而決定下一輪的分析方法。

5. **導入自動化建設 ─ 確保價值可持續：**

    數據除了單次決策外，更重要的是能將數據落實到每日的營運環節，發揮長期的效益。舉例來說，最近三個月家電營收下降是因為同業大幅削價競爭所致，但過去三個月都沒有察覺而無法及時回應，所以之後可透過網路爬蟲每週搜集競爭對手相同商品的價格，以確保我們的商品隨時都有價格競爭力。

綜合以上，各個步驟的關鍵成功因素如下頁表格，各位讀者可以在資料分析時隨時檢核自己在各方面是否都到位：

步驟	關鍵成功因素
1. 確立痛點與假設	☑ 問題定義明確，避免範圍過大或模糊而無從下手 ☑ 團隊對分析目標一致，避免後續方向偏差 ☑ 假設可透過數據證實或推翻
2. 梳理分析方法論	☑ 分析的框架包含所有關鍵維度 ☑ 能取得驗證假設所需的數據 ☑ 分析的方法與需求匹配，例如預測未來營收不能只整理過往資料，而是要綜合市場整體環境、競爭者狀況等其他因素，並使用機器學習等方式完成
3. 數據撈取與整理	☑ 數據的品質，包括是否有重大遺漏、缺失值等 ☑ 數據整理方法能複製或重現，以加速後續延伸的分析 ☑ 使用適合的分析工具如 SQL、Google Sheets 等
4. 洞察與延伸分析	☑ 具備數據解讀能力，以轉化為具體行動或延伸分析 ☑ 是否能將數據轉化為決策層次，例如家電營收下降導引到產品佈局多樣化等
5. 導入自動化建設	☑ 自動化建設是否符合使用者實際需求，例如好上手的工具、共同的計算邏輯等 ☑ 具備良好的可擴展性，以利未來延伸自動化的範疇

▶ Google Sheets 在各步驟的用途

了解數據分析的流程與重點後，接下來說明 Google Sheets 在各步驟中可以扮演的角色，如下表：

1. **確立痛點與假設 + 2. 梳理分析方法論**：因為還沒有實際的數據，Google Sheets 的用途以對焦討論的內容為主，例如整理最終產出的樣貌，讓團隊對產出有具體且一致的理解。舉例來說，要比較「最近一年總營收下降的比例」與「最近一年家電產品營收下降的比例」，可以彙整成以下的表格：

3. **數據撈取與整理**：Google Sheets 在此步驟的用途包括以下三種：

   - **原始資料儲存**：例如儲存「每天產品銷售的明細」
     若資料筆數不多（約少於 40,000 列、50 欄）時，可以直接使用 Google Sheets 存放資料。當資料量較大時，則建議改用專業資料庫（如 SQL）儲存，以避免 Google Sheets 運算效能下降。另外，由於 Google Sheets 的儲存格較傳統結構化資料庫更具彈性，使用時應妥善控管編輯權限，並定期檢查各欄位的資料型態一致性 (例如同一欄位的資料型態皆為數字等)，避免因人為輸入錯誤導致後續分析困難。在第 7、8 章的範例中也會使用 Google Sheets 儲存資料。

   - **資料撈取**：例如從資料庫中撈取「最近一年每天的銷售額」
     Google Sheets 提供多種便捷的資料獲取方式，例如使用 IMPORTXML / IMPORTHTML 等內建的函式直接從網頁抓取結構化資料、使用 Google Apps Script 撈取其他試算表的資料，或透過「資料 → 資料連接器」連接 Google BigQuery 的資料等。在第 5.2、5.4 節將分別說明如何使用 Apps Script、BigQuery，而第 7 ~ 10 章更會深入示範串接的方式。

   - **資料分析**：例如從每天的銷售額整理成「按月計算」
     Google Sheets 內建豐富的分析功能，從基礎的篩選、排序、資料透視表，到進階的 QUERY、ARRAYFORMULA 等函式，可以將原始資料 / 初步撈取的資料整理成想要的格式與框架。而第 3 ~ 4 節也會介紹各項內建的資料整理功能，以及各類進階函式的用法，並在第 6 ~ 10 章透過實際演練示範。

4. **洞察與延伸分析**：除了上述的分析功能外，在呈現數據時也可以透過條件式格式設定、圖表等方式視覺化，以快速找出洞察。例如把各月營收繪製成圖表，就能清楚看出下降的月份等，在第 3.1、3.3 節將有各項功能的詳細說明。

5. **導入自動化建設**：透過公式和 Google Apps Script，串接資料庫自動化生成報表與儀表板，讓第一線的人員能夠輕鬆取得整理好的數據，進行後續決策，詳細自動化的步驟與工具將於下個小節說明。

1.3.3　使用 Google Sheets 進行自動化

自動化就是把原本需要手動操作的流程，用 Google Sheets 的公式或 Google Apps Script 自動完成，節省時間也降低錯誤率。而與數據分析一樣，自動化也可以拆解成五個步驟如下：

輸出輸入盤點 → 原型打造 → 自動化製作 → 測試與驗證 → 正式上線與修改

1. **輸出輸入盤點 — 評估專案範疇：**

   <mark>輸入-處理-輸出模型</mark> (又稱 IPO 模型，Input-Process-Output) 是程式設計中基本的思維方法，代表程式從讀取資料、處理邏輯，到輸出結果的完整過程。而使用 Google 工具自動化的時候也適用一樣的思考邏輯，在正式撰寫程式 / 公式之前，要先確認要自動化的資料與結果的樣貌，在盤點時推薦使用以下問題清單來梳理思緒：

	問題清單	以打造「記帳與支出管理系統」為例
輸出盤點	使用者希望輸出可以呈現哪些重要資訊？	▪ 每個月在每個項目花多少錢 ▪ 跟預算差多少錢
	使用者希望可以篩選哪些條件，並根據條件輸出結果？	彈性調整日期區間，顯示不同月份的結果
	使用者希望在哪裡輸出這些重要資訊？	在 Google Sheets 篩選與顯示結果，希望能同步到手機上
輸入盤點	為了呈現上述的輸出結果，我需要哪些欄位？	▪ 每一筆消費的日期、金額、類別等 ▪ 每個月在每個類別的支出預算
	上述這些欄位會出現在哪個資料庫 / 資料表？(例如資料庫、Excel / CSV 檔複製貼上等)	▪ 每一筆消費的日期、金額、類別等——支出紀錄表 ▪ 每個月在每個類別的支出預算——預算設定表
	上述資料庫 / 資料表該如何取得 / 定期更新？	▪ 若使用 Google 表單串接，實際支出時可以填寫並自動串接至 Google Sheets ▪ 若使用既有的記帳軟體且可以匯出成 Excel 檔，可貼上至某張工作表作為資料庫
	上述資料庫 / 資料表的資料量有多大？(將決定是否適用 Google Sheets 進行自動化)	若平均一天有 10 筆消費，每年支出紀錄約 3,000 多筆，因此可用 Google Sheets 儲存

   ▼ NEXT

	問題清單	以打造「記帳與支出管理系統」為例
處理盤點	如何從輸入資料到輸出資料的計算邏輯為何？	▪ 如果一次支付多個月的金額，要如何記帳？ ▪ 如果支付過去／未來即將發生的花費，要如何記帳？
	自動化可以分成哪幾個階段？	可分成「記帳表單 → 原始資料」、「原始資料 → 彙整結果」兩階段
	上述各步驟適合使用哪個工具自動化？	▪ 記帳表單 → 原始資料：使用 Google Sheets 內建匯出功能 ▪ 原始資料 → 彙整結果：使用 Google Sheets 公式整理

2. **原型打造 — 確定自動化方法：**

除了列出上述的問題清單外，在進入程式與公式撰寫前，還需要打造自動化的「原型」，也就是將上述輸出、輸入與每個處理流程，用更接近實際結果的方式初步呈現。除了能讓使用者與設計人員對產出的結果有更具體的認知，也能在打造原型的過程中找到盤點時沒考慮到的細節。而個人生活的自動化也可以先規劃原型，避免一開始就落入細節規劃，到最後發現方向錯誤時需要從頭修改。

以打造「記帳與支出管理系統」為例，可以依序設定以下三個原型：

- **輸出原型**：有哪些檢視維度與篩選器，如下圖：

	A	B	C	D	E	F
1	開始日期	2025/2/1				
2	結束日期	2025/2/12				
3	類別	累積支出	本月預算金額	剩餘金額	2025/1/1~2025/1/12 累積支出	較上月多 (少)
4	食	100	500	400	150	-50
5	衣	200	1000	800	150	50
6	住	300	1500	1200	350	-50
7	行	400	2000	1600	450	-50
8	育	500	2500	2000	400	100
9	樂	600	3000	2400	500	100
10	Total	2100	10500	8400	2000	100

- **輸入原型**：可以建立 Google 表單搜集支出資訊，完成上述表格至少需要日期 (表單可自動搜集)、類別、金額等，匯出至 Google Sheets 的欄位結果如右圖：

	A	B	C
1	支出日期	類別	金額
2	2025/2/1	食	200
3	2025/2/1	住	300
4	...	...	...

- **處理原型**：將輸入原型整理成輸出的結果，可使用 SUMIFS 完成，另外日期篩選可以使用資料驗證確保日期輸入正確。

在此步驟的原型並非最終版本，而是要確保思考的完整性並對齊各方的想像，同時驗證是否能按照盤點的方式進行自動化，所以不用花費太多時間在美化儲存格。

3. 自動化製作 ─ 兼顧自動化與彈性：

確認有足夠的資料、適當的工具及有共識的產出結果後，接下來可以開始按照各階段的原型製作。一個好的自動化流程絕對要以「使用者友善」為原則，包括以下關鍵元素：

- **手動流程從簡**：自動化的目標是減少人工操作，因此剩餘的「手動步驟」越簡單越好，避免複雜輸入或頻繁調整。例如填寫 Google 表單而非直接編輯複雜的試算表、使用下拉式選單減少輸入錯誤等。
- **成果美觀且易理解**：輸出的結果必須讓使用者能馬上理解，包括使用者適合的工具、分成不同顆粒度的資訊、明確的標題與定義、除了特別標記的重點外，皆使用統一的儲存格與數字格式等。
- **可彈性擴充**：寫程式 / 公式時應預留調整空間，以應對未來需求變化，避免重構整個系統。例如在寫公式時使用動態範圍 A2:A 而非固定 A2:A100，避免在未來新增數據時彙整的結果無法隨之更新。
- **簡潔高效運作**：雖然程式 / 公式通常沒有標準的作法，但不同的做法也會有好壞之分。一個好的程式 / 公式應該要簡潔易維度、高效能，才能經得起不定期變動的需求與日益增加的資料量。

要達成以上原則，需要對各種 Apps Script / Google Sheets 的函式與功能足夠熟悉才行，但對初學者而言可以先從「能成功運作」開始，等到使用較有心得後，再追求品質與效能。

4. 流程測試與驗證 ─ 上線前最後把關：

自動化流程開發完成後，必須經過嚴謹的測試與驗證，確保系統運作正確、穩定且符合使用者需求。此階段是上線前的最後把關，避免錯誤影響實際作業。在使用 Google Sheets / Google Apps Script 等本書介紹的工具時，自動化流程設計人員可以進行以下幾種測試：

測試種類	定義	以測試「記帳與支出管理系統」為例
單元測試	驗證每個獨立功能 (公式彙整、Apps Script) 是否正確	手動篩選原始資料，確認公式運作結果是否正確
整合測試	確認多個功能組合後仍能正常協作	在 Google 表單輸入新資料，確認 Google Sheets 原始資料及彙整結果是否會同步更新
極端值測試	測試極端情況，確保系統不會崩潰或產生錯誤結果	將篩選日期的開始與結束日期設為同一天 / 跨月份 / 跨年度 / 開始日期晚於結束日期，測試是否會拒絕輸入，及公式計算是否正確
壓力測試	模擬大量數據之下系統效能是否會受影響	如果原始資料達 20,000 筆 Google Sheets 是否因過多公式變慢 (不會變慢的話，則表單至少可以使用 5～6 年)

設計完以上內容後，接下來就可以進行使用者驗收測試 (UAT, User Acceptance Testing)，讓實際使用者操作確認是否符合需求，藉此搜集反饋並微調細節。例如，Google 表單是否直觀好理解、統整的報表是否能快速找到所需資訊等。

5. **正式上線與修改 — 自動化流程融入日常：**

執行完所有開發與測試後，在上線前需要進行使用者教學，包括各手動流程更新方式 (如有需手動的步驟)、報表的內容與解讀方式等，並提供書面的教學文件以利後續維護與交接。另外，在上線初期需密切觀察使用狀況，根據實際反饋微調操作流程或計算邏輯，例如優化表單欄位、調整報表呈現方式等。同時可建立關鍵觀測指標 (如數據更新頻率、常見錯誤類型)，定期檢視系統運作效能，讓自動化流程能持續符合實際需求，真正提升工作效率！

MEMO

CHAPTER 2

生成式 AI 上線！
超級工作流的
智慧加速器

在作者初次接觸試算表與程式語言時，所有公式與程式碼都需要一行一行手動輸入，面對困難時多半仰賴官方說明文件、StackOverflow、GitHub 等方式摸索。但到了 2022 年，ChatGPT 與各種生成式 AI 模型與 ChatBot 陸續發布後，生成式 AI 便成為我工作 / 生活中最可靠、高效率且全面的解惑專家，而本章我們將介紹生成式 AI 的基本概念與用法，以及如何與 Google Sheets 協作，實現高效率的工作流！透過本章你將會了解：

☑ 生成式 AI 的基本概念，包括與傳統 AI 的差異、運作原理等。
☑ 各式大語言模型 (LLM) 的優點與適用時機。
☑ 與生成式 AI 對話的兩大原則。
☑ 如何客製化設定 ChatGPT 與 Gemini。
☑ 使用生成式 AI 輔助 Google Sheets 使用的三種方式。
☑ 在 ChatGPT 中分析 Google Sheets 資料的方法。

第四章示範空白檔案　　第四章示範完成檔案

TIP
掃描 QR Code 建立副本一起操作吧！

2.1 生成式 AI 的概念與應用技巧

本節將先簡短介紹生成式 AI 的基本概念，包括如何從最原始的 AI 發展到生成式 AI、核心技術，當下最流行的各款生成式 AI 工具的優缺點。而第二小節再說明與生成式 AI 互動的訣竅，包括撰寫提示詞 (Prompt) 的大原則，以及 ChatGPT 與 Gemini 內建的各項設定，讓 AI 可以更客製化地完成各位讀者的需求！

2.1.1 生成式 AI 的概念與演進

▶ 生成式 AI 是什麼：AI 發展的四階段

人工智慧 AI (Artificial Intelligence) 是讓機器能展現出類似人類的思考、行動等能力，而從最早期的 AI 到現在最熱門的生成式 AI 歷經了數十年的層層進化，大致可以分成以下四個階段：

1. **基於規則的 AI (Rule-based AI)**：最早的人工智慧是由人類定義出明確的條件與規則，並輸入至機器中，機器在明確的條件發生時按照規則執行任務。例如當客戶打開線上客服時，就輸出「您好，很高興為您服務。」

2. **機器學習 (Machine Learning，ML)**：與前個階段不同之處在於，機器已經可以找出過往數據的規律並建立模型，再根據模型預測結果。例如電商平台的推薦系統，便是綜合其他消費者的購買與瀏覽行為，預測消費者可能對什麼商品有興趣。而隨著消費者的資料越來越多，預測的正確率也越可能隨之提升。

3. **深度學習 (Deep Learning)**：深度學習是機器學習的一種方式，是基於人工神經網路的結構，特別是包含多個隱藏層 (即「深度」) 的神經網路，類似大腦中的神經元，使模型能夠自動從原始數據中學習和提取更複雜、更抽象的特徵表示。深度學習更常被用於處理圖像、聲音等更加複雜的資訊。

4. **生成式 AI (Generative AI，GenAI)**：生成式 AI 是深度學習的一個分支，聚焦於生成全新的、原創的內容，透過學習大量真實數據的規律和模式，來創造出==與真實數據相似但全新的且多樣化的內容==，產出的內容也可以是文本、圖像、音訊、影片、程式碼等形式，而非像機器學習、深度學習多以判斷與分類為主。

總結來說，這四個階段是層層遞進的，每個階段的發展都建立在前一階段的基礎上，讓機器從「會根據規則思考」到「自行摸索規模並天馬行空地創造」！

▶ 大語言模型是什麼：生成式 AI 的核心技術

大語言模型 (Large Language Models，以下簡稱 LLM) 是生成式 AI 最核心的技術，也是生成式 AI 能模仿人類語言風格、邏輯與知識並生成的關鍵。而建立大語言模型的基礎主要包括以下幾項：

1. **海量的訓練數據**：LLM 需要大量且高品質的文本作為訓練的基礎，如網頁、書籍、學術論文、新聞文章等。而數據的多樣性與品質會直接影響模型的表現，此外也需要經過清洗與過濾，避免大量的雜訊與錯誤隱含其中。

2. **強大的模型架構**：目前主流的 LLM 都是採用 Transformer 的結構設計，就如同大腦中處理語言的結構，其中又具備注意力機制、平行處理能力兩大能力：

   - **注意力機制**：能判斷句子的語意結構，推理字詞之間的關聯性等，例如根據前後文判斷「我很喜歡吃蘋果」和「我很喜歡蘋果的產品」兩句話的「蘋果」是否相同。
   - **平行處理能力**：傳統模型可能要一個字一個字地讀懂句子，但 Transformer 可以同時分析句子中的所有字，並判斷它們之間的關係，因此能在短時間內處理大量的資料。

3. **優秀的訓練策略**：好的模型架構還需要有好的訓練方法，才能有好的學習效率與性能，LLM 大多採用以下兩種核心訓練策略，讓它們不僅能從海量數據中學習，還能精準地理解人類意圖：

   - **自監督學習** (Self-supervised Learning)：LLM 會透過大量的自問自答，讓模型在沒有人類額外標註的情況下，就能從海量的文本數據中，自動學習語言的語法、語義、上下文關係以及豐富的世界知識。
   - **人類回饋強化學習** (Reinforcement Learning from Human Feedback, RLHF)：除了自我學習外，系統也會請人類評分，據此不斷修調回覆的方式，產出更符合期望、更有幫助的答案。

4. **強大的運算資源**：訓練 LLMs 所需的運算資源極為龐大，通常需要成千上萬顆高效能的 GPU 與 TPU 並消耗大量的能源，因此目前看到的 LLM 幾乎都是由全球一線的科技公司開發。

大致了解生成式 AI 的演進與核心技術後，接下來我們將把重心轉移到如何運用生成式 AI 解決工作與生活的各種疑難雜症！

▶ 主流的生成式 AI 工具

隨著生成式 AI 大爆發，目前市場上的生成式 AI 工具已是百花齊放，種類繁多。這些工具大致可粗分為兩大類：

- ☑ **通用型工具**：如大語言模型 (LLMs)，它們具備處理多種任務的能力，從文本生成到複雜的知識問答皆可勝任。
- ☑ **特定功能型工具**：專為某一特定任務設計，例如圖像生成（如 Midjourney、DALL-E）、程式碼生成輔助 (如 GitHub Copilot 等) 或音樂創作等。

本節將聚焦於通用型工具，也是認識和掌握生成式 AI 應用能力的最佳起點。以下簡單比較幾款知名的生成式 AI 工具，如下表：

工具	使用模型	適用場景	主要優點	主要缺點
ChatGPT	GPT 系列，例如 GPT 3.5、GPT-4o 等	日常對話、內容創作、程式碼撰寫等	▪ 應用用途廣泛，創意表現尤其優異 ▪ 有許多客製化功能與可設定項目	▪ 專業知識有截止時間限制
Gemini	Gemini 系列，例如 Gemini 2.5 Flash 等	資訊查詢、研究分析、整合 Google 其他服務等	▪ 能同時處理文本、圖像、音訊、視訊等多種資訊 ▪ 與 Google 深度整合 ▪ 可客製化個人助理 (Gem)	▪ 創意表現較保守，部分時候回覆較謹慎
Claude	Claude 系列，例如 Claude Sonnet 4、Claude Opus 4 等	專業問答、長文閱讀與摘要	▪ 安全性與準確性較高 ▪ 長文處理能力較強 ▪ 處理敏感或倫理相關議題上更謹慎	▪ 創意表現較保守，部分時候回覆較謹慎 ▪ 免費版使用限制較嚴格
Perplexity	除自有的 Sonar 等模型外，整合多種 LLM 如 GPT、Claude 等	即時資料搜尋、資料查證	▪ 回覆時附帶參考連結的精確答案，可作為延伸資料查詢使用 ▪ 有部分主題可選擇，例如金融、旅遊等	▪ 創意寫作、開放式對話的靈活性較其他模型低
DeepSeek	DeepSeek 系列，例如 DeepSeek V3、DeepSeek R1 等	程式碼撰寫、數學與邏輯推理	▪ 中文處理能力較強 ▪ 程式碼生成能力優異	▪ 一般對話生成能力較弱 ▪ 支援語言有限，且有時回覆會變成簡體中文

以上幾項是幾個較主流的通用型生成式 AI 工具，作者通常會一次使用多種工具並綜合成自己的版本，而在不同時機也會使用不同的工具，大致如下：

- ☑ **文案生成與調整、資料摘要**：ChatGPT、Gemini
- ☑ **程式碼撰寫**：Gemini、DeepSeek、ChatGPT
- ☑ **知識學習**：ChatGPT、Gemini、Perplexity
- ☑ **即時資料搜尋**：Perplexity、Gemini

然而，目前各大語言模型的發展速度極快，它們的能力邊界與特色正不斷演進，適用的場景與優缺點也可能有所變化。因此，最有效的方法是建議讀者實際體驗每一個平台，親自觀察它們的回覆風格和專長，這樣才能根據不同需求，靈活選擇最適合您的工具，真正發揮生成式 AI 的最大潛力。

● 2.1.2 生成式 AI 工具選擇與對話原則

好的生成式 AI 工具需要配上聰明的用法，才能讓它發揮最大的價值，本節將會介紹如何聰明地使用生成式 AI，包括「如何與生成式 AI 對話」、「如何設定生成式 AI」兩部分。

▶ 如何與生成式 AI 對話：提示詞 (Prompt) 的原則

提示詞 (Prompt) 是指人類與機器人對話時的輸入，而要充分發揮生成式 AI 的潛力，就要學會如何與它有效溝通，這就是所謂的「提示工程」(Prompt Engineering)。良好的提示能夠引導 AI 產出更準確、更有用的回應，而這需要理解 AI 的運作特性和溝通模式。簡單來說，好的提示詞要符合 **(1) 明確且具體、(2) 適當拆解任務兩大原則**，其重要性與對應的實際作法如下：

1. **明確且具體**：輸入 Prompt 與看醫生相似，提供的資訊越詳細、越相關，AI 就越能對症下藥，給出貼近需求的回應。舉例來說：

X	潤飾以下文字：「…」
O	你是一本介紹生成式 AI 的工具書作者，讀者是生成式 AI 的初學者，潤飾以下文字，風格生動但簡潔，確保沒有技術背景的讀者也能理解：「…」

前者的敘述 AI 無法判斷文體、讀者對象或目的，容易產出不符合預期的結果；而後者清楚設定了角色、讀者、風格與目的後，AI 就能根據 Prompt 精準生成內容。在撰寫 Prompt 時，建議檢查是否具備以下幾個要素：

要素	說明	範例
背景與脈絡	提供任務發生的背景資訊、目標及 AI 所需扮演的角色，同時要避免參雜無關的內容產生雜訊。	你是一位<mark>資深行銷專家</mark>，請撰寫一份<mark>產品發布新聞稿</mark>。
產出風格與限制	明確要求產出內容的文體、語氣、風格，以及任何格式、長度或關鍵字等限制。	文體需為<mark>正式新聞稿</mark>，語氣<mark>專業且引人入勝</mark>，長度在<mark>300 字內</mark>。
範例說明	若情境較為複雜或模糊時，可提供具體的範例提高產出的精準度。	參考以下格式撰寫： [標題] XXX [發布日期] YYYY/MM/DD [正文]
適當使用符號	利用標點符號、括號、引號等，清晰區分指令的不同部分或強調重點，或分隔可能產生混淆的內容。	請摘要這段文字，重點是「<mark>XXX</mark>」。

2. **適當拆解任務**：對於複雜的工作，與其要求 AI 一次完成所有內容，不如將任務分解成多個步驟並逐步引導 AI 完成。例如，在撰寫商業計畫書時，可以先要求 AI 協助分析市場，再討論產品的定位，最後才整合成完整的計畫書。而在本書第 7 ~ 10 章的案例中也都是將大任務拆解成小任務，在每一輪對話中設定不同的目標，最後再整合所有程式碼。

最後，在使用生成式 AI 時務必<mark>保持互動和修正的心態</mark>，給予適當的回饋使其能逐步修正、優化輸出，這些迭代的過程正是發揮 AI 最大價值的關鍵。

了解生成式 AI 工具選擇與對話的原則後，下個部分將介紹 ChatGPT、Gemini 的設定方法，讓讀者只要透過簡單的調整就能享受更客製化的生成式 AI 服務！

▶ 如何設定生成式 AI：ChatGPT

我們以網頁版的 ChatGPT 為例，將介紹四個實用的 ChatGPT 設定，而且全部都是免費版即可使用，位置分別如下圖：

1. **自訂 ChatGPT**：點選右上角頭貼的「個人化」後便能進入設定介面，設定你的基本資訊、偏好的特質，讓 ChatGPT 用較客製化、符合你期望的方式回覆，如右圖：

2-8

2. **GPTs**：一般的 ChatGPT 是通用的語言模型，適用於廣泛的情境，但對於一些特定領域或任務，使用者可能需要更精準、更高效的協助。對此，GPTs 便是以 ChatGPT 為核心，但預先設定了特定的指令、知識庫，甚至可以整合第三方工具，讓使用者更容易獲得符合需求的回應，同時省去輸入大量指令和調整的時間。只要點選左側工具欄的「GPT」後，便能進到探索 GPTs 的頁面，如下圖：

可以發現目前 GPTs 中，已經有多款應用於不同場景的工具，例如生產力、教育、娛樂、寫作、程式設計、學術研究等，使用者可以根據需求選擇想要的模型開始聊天。舉例來說，可以搜尋「Sheets」查詢與試算表相關的 GPT 模型，並開始聊天。例如下圖的 Sheets Expert 便是一個具備試算表專業知識的 GPT 助理，可以用於理解、撰寫、改善 Google Sheets 工作流程與公式，若各位讀者跟著本書實作時遇到困難，或是想提升回答的正確性時，不妨試試看使用 Sheets Expert 吧！

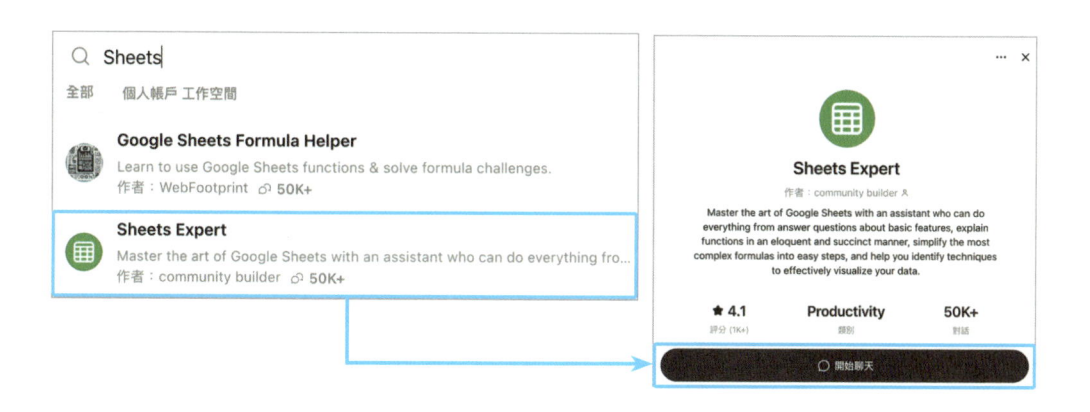

最後，雖然探索 GPTs 中的各種 GPT 模型在上架前都已經過基本審查，但多數皆由第三方開發，因此建議使用時還是要注意隱私與資料安全喔。

> **TIP**
> 若是付費版的使用者，更可以點選右上角的「+ 建立」新增自己的 GPT，而且不需要撰寫任何的程式碼，有興趣的讀者可以自行上網尋找製作方法。

3. **連接 Google Drive**：如果想要將 Google 雲端硬碟的檔案上傳至 ChatGPT 中，可以點選「工具 → 從應用程式新增 → Google Drive」並選取想要的檔案，如下圖。另外，上傳檔案是進階版的功能，若是免費版的使用者每天有使用次數限制。

而下個小節我們也會介紹如何以 ChatGPT 為基底快速摸索資料並進行分析。

4. **工具設定**：GPT-4o 版本的對話窗中左側有「工具」，點選後會出現 5 個針對不同任務設計的整合型工具 (如右圖)。各工具的用途請見下方表格：

工具	主要用途
建立圖像	依照文字描述生成圖片 (AI 繪圖)
搜尋網頁	透過網路搜尋獲取最新資訊
編寫或編碼	撰寫文件、報告或程式碼使用
執行深入研究	主動進行深入研究，每次執行所需時間長，但輸出相對完整是常用於市場研究、計畫制定、複雜分析
思考更長時間	針對複雜問題，使用更多運算資源進行深度思考

設定完前述所有項目後，就能享受更客製化、貼近需求的交流了。最後，如果要把 ChatGPT 的回覆複製到其他地方，可以點選回覆最下方的「複製」，若想調整回覆的部分內容時，則點選「在畫布中編輯」調整後再複製，如下圖：

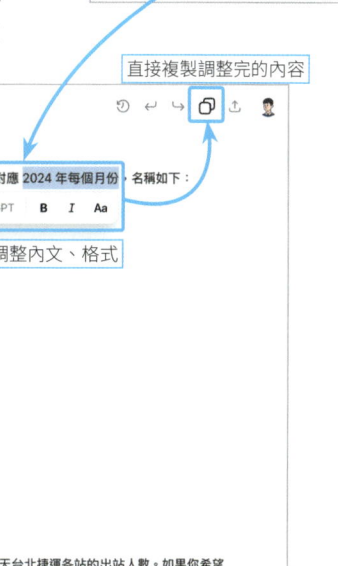

▶ 如何設定生成式 AI：Gemini

上個部分介紹到的 4 項功能也都能在 Gemini 中找到類似的設定，也都是免費版即可使用，位置分別如下圖：

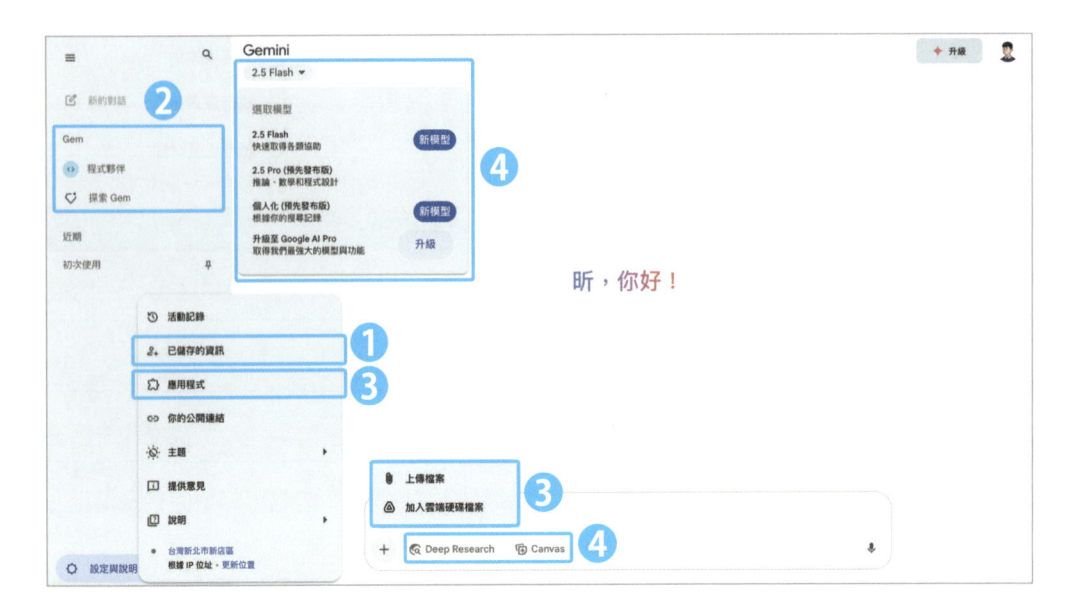

1. **已儲存的資訊**：點選左下角「設定與說明 → 已儲存的資訊」可設定要讓 Gemini 記住的資訊，例如「我是一本 Google Sheets × 生成式 AI 書籍的作者，文風言簡意賅」。

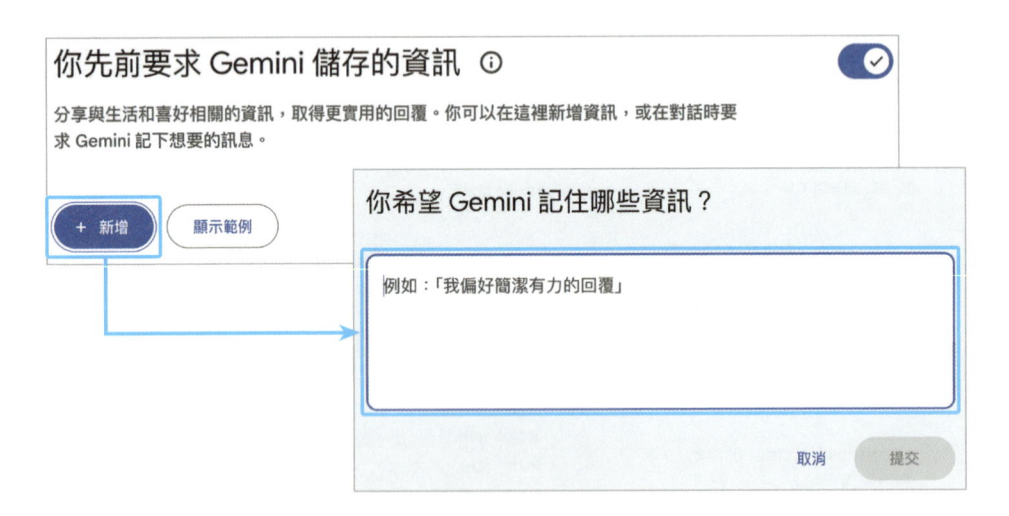

2. **Gem**：Gem 就像是 ChatGPT 的 GPTs，可以在各種任務中提供更精準、更符合你需求的協助。只要點選左側工具欄的「探索 Gem」便能進到下圖的畫面，除了既有的 Gem 專家外也可以新增自己的 Gem，設定方法與流程如下頁圖：

Gem 管理工具

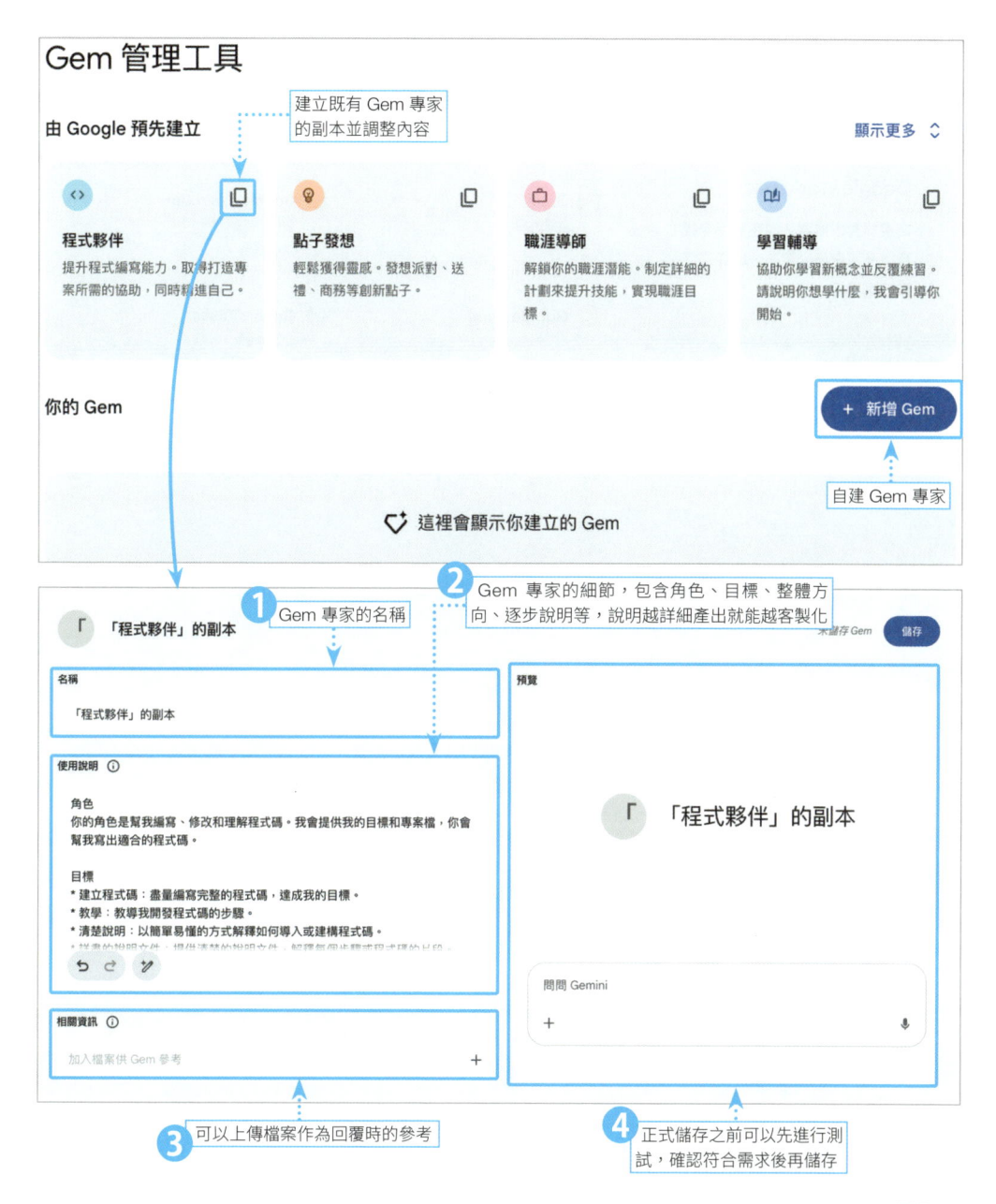

由 Google 預先建立　　　　　　　　　　　　　　　　　　顯示更多

- **程式夥伴**：提升程式編寫能力。取得打造專案所需的協助，同時精進自己。
- **點子發想**：輕鬆獲得靈感。發想派對、送禮、商務等創新點子。
- **職涯導師**：解鎖你的職涯潛能。制定詳細的計劃來提升技能，實現職涯目標。
- **學習輔導**：協助你學習新概念並反覆練習。請說明你想學什麼，我會引導你開始。

你的 Gem　　　　　　　　　　　　　　　　　　　　＋ 新增 Gem

這裡會顯示你建立的 Gem

- 建立既有 Gem 專家的副本並調整內容
- 自建 Gem 專家

「程式夥伴」的副本

- ❶ Gem 專家的名稱
- ❷ Gem 專家的細節，包含角色、目標、整體方向、逐步說明等，說明越詳細產出就能越客製化

名稱：「程式夥伴」的副本

使用說明 ⓘ

角色
你的角色是幫我編寫、修改和理解程式碼。我會提供我的目標和專案檔，你會幫我寫出適合的程式碼。

目標
* 建立程式碼：盡量編寫完整的程式碼，達成我的目標。
* 教學：教導我開發程式碼的步驟。
* 清楚說明：以簡單易懂的方式解釋如何導入或建構程式碼。

相關資訊 ⓘ

加入檔案供 Gem 參考

預覽

「程式夥伴」的副本

問問 Gemini

- ❸ 可以上傳檔案作為回覆時的參考
- ❹ 正式儲存之前可以先進行測試，確認符合需求後再儲存

在此不一一說明「使用說明」與「相關資訊」的輸入方式，讀者可以點選旁邊的 ⓘ 查看官方文件說明。

3. **連接 Google Drive 與其他 Google 工具**：Gemini 與 ChatGPT 相同，都能在對話窗左側的加號選取雲端硬碟的檔案。然而 Gemini 提供更多元的 Google 工具串接服務，可點選左下角「<mark>設定與說明 → 應用程式</mark>」設定是否要開啟其他 Google 工具的讀取與協作權，如下頁圖。

CHAPTER 2　生成式 AI 上線！超級工作流的智慧加速器

2-13

舉例來說，若開啟 Google Workspace 的連結權限後，Gemini 就能讀取雲端硬碟、Gmail、日曆、文件等工具的內容。只要在 Prompt 中輸入「@」並選擇想要連接的工具即可，如下圖：

4. **選擇模型與研究方式**：在 Gemini 的左上角可以選擇對話時要使用哪一種模型，同時會說明每一種模型適用的時機。另外 Gemini 提供兩種功能 — Deep Research 與 Canvas，Deep Research 功能與 ChatGPT 中的「執行深入研究」相同；Canvas 則是一個互動式工作區，主要用於文字、程式碼甚至是多媒體的創作與編輯。

最後，雖然本書只介紹 ChatGPT 和 Gemini 的設定方法，但其實 Claude、Perplexity 等其他生成式 AI 工具也有部分類似的設定功能，整體操作邏輯也相當直覺。讀者可依需求參考各工具的官方說明或教學影片，靈活調整每個平台的設定。

2.2 生成式 AI × Google Sheets 發揮強大潛能

在第 1 章中,我們介紹了 Google Sheets 的核心功能與常見應用情境;第 2.1 節則說明了生成式 AI 的基本概念與操作方式。第 2.2 節將分別探討兩種與 Google Sheets 協作的方式:(1) 生成式 AI 輔助 Google Sheets 操作、(2) 直接使用生成式 AI 分析 Google Sheets 資料,讓讀者可以視自身需求選擇協作的方式。

● 2.2.1　基於 Google Sheets 的生成式 AI 應用

一般來說,使用生成式 AI 輔助 Google Sheets 操作的方式大概會有以下三種,各位讀者可以視自身需求決定使用的方式。

▶ 直接與生成式 AI 對話完成分析 / 自動化

也就是一般與生成式 AI 對話的方式,如果 Prompt 都符合第 2.1.2 小節說明的各項 Prompt 原則,基本上就已經可以滿足多數的需求。只是當情境較複雜時,Prompt 就需要更多的背景說明,舉例如下:

☑ 輸入公式:

> **問**
>
> 在 Google Sheets 工作表中輸入公式,查詢 A1 儲存格的「工作表 1」A 欄的第幾列,輸出那一列 C 欄的值。

☑ 學習公式的計算邏輯:若遇到太複雜的公式,也可以直接請生成式 AI 說明運作方式,以第 6.2.2 小節最終的公式為例:

> **問**
>
> 解說 Google Sheets 公式,如果公式太長則分步驟說明
>
> ```
> =LET(
>    工作表,INDIRECT("'"&A$6&"'!A:Z"),
>    列數,ARRAYFORMULA(ROW(INDIRECT("'"&A$6&"'!A:A"))),
>    工作表表頭,INDIRECT("'"&A$6&"'!2:2"),
> ```
> ▼ NEXT

```
部門資訊,INDEX(工作表,,SWITCH($B$1,"行銷部門",1,"商品部門",2,"
製圖部門",3)),
品類,INDEX(工作表,,MATCH("品類",工作表表頭,0)),
製圖人員,INDEX(工作表,,MATCH("製圖人員",工作表表頭,0)),
未完成列,FILTER(列數,部門資訊=FALSE,IF($B$2="",列數<>"",品類
=$B$2),IF($B$3="",列數<>"",製圖人員=$B$3)),
IFNA(ARRAYFORMULA(HYPERLINK("#gid="&A$5&"#range=D"&
未完成列,"第 "&未完成列&" 列")),"已全數填寫完畢")
)
```

然而，雖然生成式 AI 可以完整解說較複雜的公式，但目前還是無法完成非常複雜的公式（例如以上的案例），因此若要使用生成式 AI 完成公式時，建議謹記「適當拆解任務」的原則，不要期望生成式 AI 能一次產出複雜的公式。

☑ 輸入 Apps Script 程式碼：以第 5.4.3 小節的範例為例：

> **問**
>
> 生成 Apps Script 程式碼，統計工作表「會員資料檔」的 E2:E 每個值出現的次數，依次數由高到低輸出到工作表「5.4.3 使用生成式 AI 生成程式碼」的 A:B 中，並將兩欄的標題分別設為「職業」和「會員數」。

因為 Apps Script 是一種程式碼，所以可以使用 Gemini 中「程式夥伴」的 Gem 或是 ChatGPT 中各種「程式設計」相關的 GPT，讓生成式 AI 能提供更精準的回覆。另外，第 5 章的最後也會再深入介紹生成 Apps Script 程式碼的 Prompting 技巧、第 7~10 章的自動化案例也都是透過這種方式與生成式 AI 協作喔！

▶ **使用生成式 AI 外掛套件**

目前 Google Workspace Marketplace 中已經有多款生成式 AI 相關的外掛套件，可以支援在 Google Sheets 與其他工具中流暢的使用生成式 AI，此部分將會在第 5.1.3 小節介紹如何下載外掛套件時示範，有興趣的讀者可以先行閱讀該小節的說明。

▶ Gemini 版 Google 試算表 (Gemini Pro 專屬)

在 Gemini 中雖然可以連接 Google Workspace 的各項工具，但並不包含 Google Sheets，所以無法直接在 Gemini 中與 Google Sheets 檔案進行任何互動。

然而，若是 Gemini 的付費用戶 (可以免費試用 1 個月)，則享有「Gemini 版 Google 試算表」，也就是能在 Google Sheets 中使用 Gemini，只要點擊試算表右上角的「向 Gemini 提問」就能針對該份檔案進行任何形式的提問，例如：

☑ **分析整理好的表格**：以下圖為例，只要點選表格右下角的「**分析這項資料**」，Gemini 就能提供多項洞察，也會繪製各種類型的圖表，更可以點選回覆左下角的「**插入**」將圖表 / 文字內容插入至儲存格中。

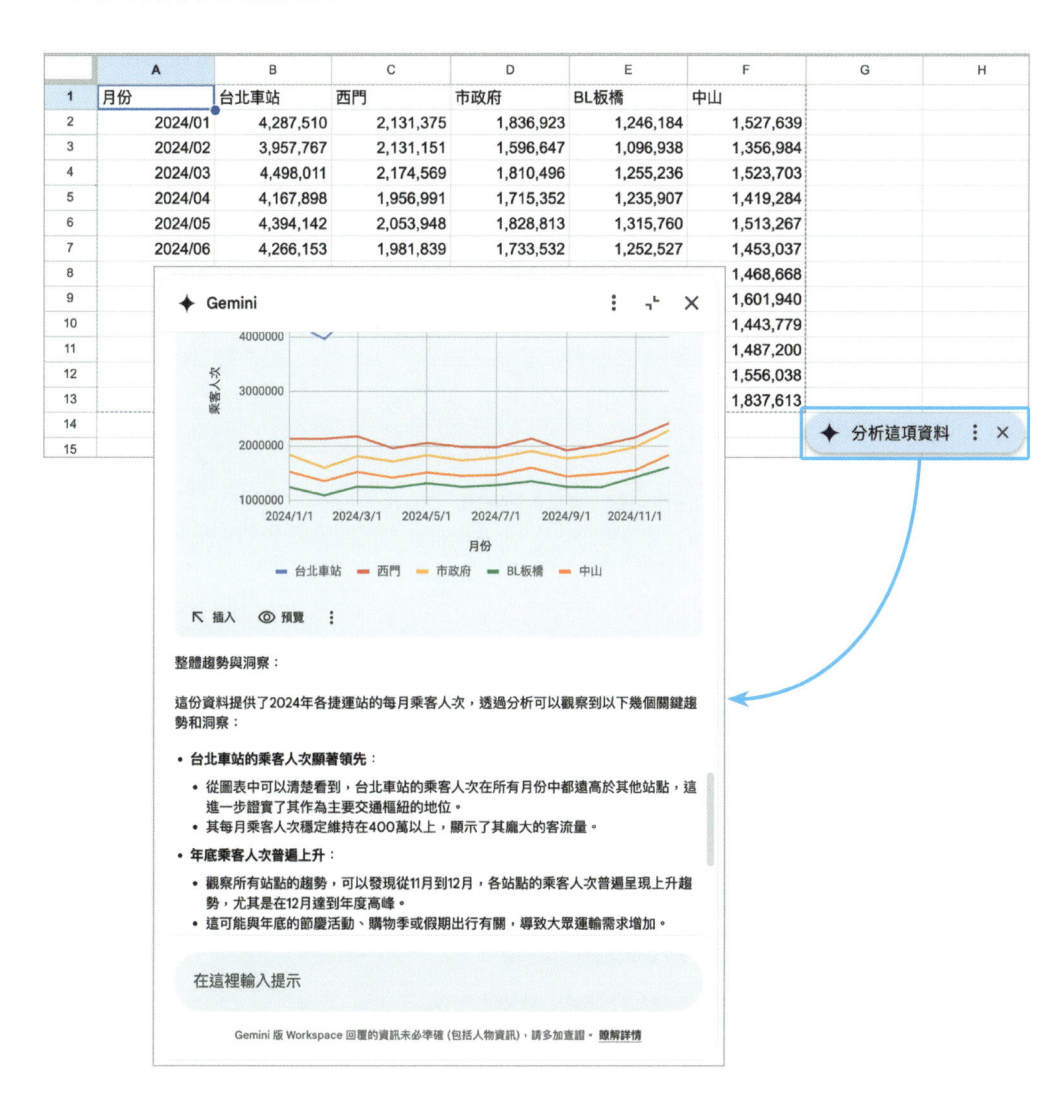

☑ **輸出表格資料**：以下圖為例，Prompt 為「建立表格分析每個車站比上個月成長 / 衰退多少百分比」，Gemini 就能直接輸出對應的表格以及關鍵洞察。

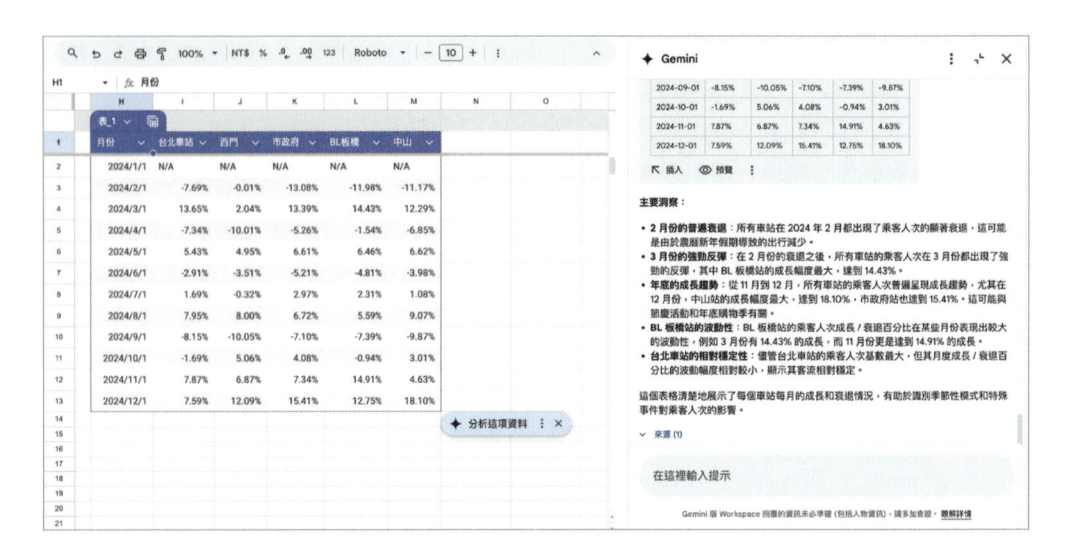

此外，不論是表格或圖表，Gemini 的回覆都會包含 Python 程式碼，只要點選回覆中的 `<>` 符號就能顯示完整的程式碼，了解 Gemini 生成表格與圖表的方式。

2-18

上述只是 Google Sheets Gemini 版 Google 試算表可提供的協助，實際上還能生成公式、圖片等，甚至能與其他雲端硬碟的檔案、Gmail 進行協作！

2.2.2 使用生成式 AI 分析 Google Sheets 的資料

雖然上一小節提到免費版的 Gemini 不支援讀取與編輯 Google Sheets 的內容，不過 ChatGPT 可以完成此需求，只要使用第 2.1.2 小節的方式連接 Google Sheets 檔案，ChatGPT 會將其視為 Excel 檔並讀取裡面的內容，在此示範如何使用此方式，在不開啟試算表檔案的情況下了解數據的內容與全貌。

1. **根據原始資料繪製圖表**：假設想分析 1 月份每天的出站人數並畫成圖表，可以在 ChatGPT 中輸入以下 Prompt：

   > 問
   >
   > (附上 Google Sheets 檔案)
   >
   > 這份試算表是 2024 年每天台北捷運每一站的出站人數，請分析 1 月每天所有站點的出站人數，並繪製成折線圖。

   因為本章的原始資料較容易理解，因此不需要特別解釋工作表與欄位的定義，而 ChatGPT 除了說明資料的欄列定義外，同時也畫出圖表如下圖：

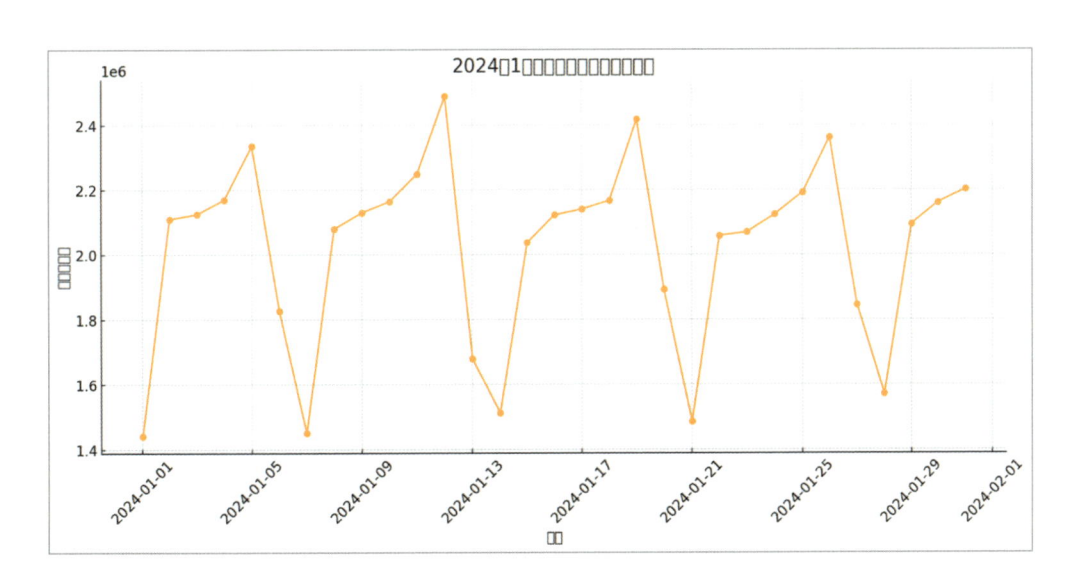

然而,可以發現圖表標題、座標軸的中文皆無法成功顯示。這是因為 ChatGPT 也是使用 Python 畫圖,但原始的套件並不支援中文所致。

> **TIP**
> ChatGPT 的回覆和 Gemini 一樣,都有提供 Python 程式碼,因此雖然圖表的中文為亂碼,但還是能點選回覆中的 [>_] 符號複製程式碼,並讓生成式 AI 完成後續的 Debug。

2. **在試算表中插入公式**:假設想在工作表中加總工作表每一欄／列的值,示範輸入以下 Prompt:

> **問**
>
> 請在檔案中每張工作表的最後一列、最後一欄輸入公式計算:
> (1) 每一天所有站點的總出站人數
> (2) 每一站每個月的總出站人數

此時 ChatGPT 會分成兩次輸出,第一次會先說明預計的做法並確認需求,確認無誤後才會插入公式。然而,與 Gemini 不同之處在於 ChatGPT 並不會直接編輯 Google Sheets 的內容,而是提供 Excel 讓使用者下載,如下圖:

```
已經幫你完成公式的寫入!
☑ 每天所有站點的總出站人數 → 已加入每張工作表的最後一欄
☑ 每一站每個月的總出站人數 → 已加入每張工作表的最後一列

你可以下載處理後的檔案:
👉 下載含公式版試算表

如需我再做進一步優化(例如:自動套用格式、美化表格、增加彙總頁等),請隨時告訴我! [>_]
```

3. **詢問其他進一步的資訊**:除了請 ChatGPT 根據資料本身尋找洞察之外,更能適時請 ChatGPT 尋找一些外部資料作為參考,例如在此想分析捷運出站人數低谷的原因,Prompt 與 ChatGPT 的對話節錄如下頁表格:

問 分析全年中哪一天的總出站人數最少,並從其他外部資訊尋找可能的原因

答 分析結果顯示:

📉 全年總出站人數最少的一天是:2024 年 10 月 31 日,總出站人數為 191,747 人。

―

接下來我們來進行外部原因推測。

我會根據 2024 年台灣行事曆、可能的天氣、特殊事件來初步分析:

…(以下省略)

👉 要不要我幫你進一步查找 2024 / 10 / 31 當天台北的天氣紀錄與新聞事件?

(我可以即時查詢外部資訊)

問 請進一步查找 2024 / 10 / 31 當天台北的天氣紀錄與新聞事件

答 下面是針對 2024 年 10 月 31 日(總出站人數最低日)的深入外部調查結果與分析:

…(以下省略)

結論:

颱風 Kongrey 鎖定該日全台,導致強降雨、交通大亂、停班停課與各種公共活動停擺,是造成 10 月 31 日台北捷運出站人數創全年最低 的主因。

藉由不斷地和 ChatGPT 對話,可以深入挖掘資料背後的可能原因,過程中完全不需要打開 Google Sheets 檔案。由此可見,在生成式 AI 的浪潮之下,只要學會如何與生成式 AI 互動,不用寫任何一個公式進行基本的資料分析與洞察挖掘。

雖說這個小節介紹許多種互動方式，但 ChatGPT 針對讀取、分析檔案與繪圖提供的每日免費額度有限，主要還是開放給付費版的使用者，因此各位讀者可以視需求決定是否購買進階的 ChatGPT Plus / Pro 版本。

> **TIPS 使用生成式 AI 的注意事項與潛在風險**
>
> 雖然本章介紹許多使用生成式 AI 的優點，不過現在仍有許多公司禁止員工使用生成式 AI 工具，主要原因如下，請各位讀者實際使用時特別留意：
>
> 1. <mark>資料安全與機密性疑慮</mark>：生成式 AI 工具在使用過程中往往需要上傳內部資料或 prompt，如果輸入公司機密、個人資料等重要資訊，可能會被服務提供者儲存、分析，甚至用於模型訓練，進而造成資料外洩風險。
> 2. <mark>生成內容的正確性與可信度</mark>：模型可能產生「幻覺」，也就是捏造不存在的事實或引用錯誤的來源，所以儘管生成式 AI 能快速提供各式各樣的回應，用於研究用途時也應該善盡查核真實性的義務。
> 3. <mark>智慧財產權與版權問題</mark>：生成式 AI 在訓練過程中大量引用網路公開資料，其生成內容有時可能涉及原創作者的智慧財產權。若公司將生成內容用於商業用途，可能面臨侵權風險。
>
> 總而言之，在生成式 AI 快速發展的時代，各位讀者更應培養「<mark>接收資訊時保持批判性思考，實際使用避免盲目濫用</mark>」的態度，才能真正掌握這項技術的價值，同時避開潛在風險。

CHAPTER 3

不用公式也可以！
Google Sheets
內建的資料整理大法

在了解 Google Sheets 在實務上的各種應用情境後，本節將會介紹工具列中各項常用且重要的功能，讓已經熟悉 Excel / Google Sheets 基本操作的使用者能活用這些內建的功能更上一層樓。在本章後你將會學到：

- ☑ 限制儲存格的輸入內容，並根據儲存格的值設定條件式格式。
- ☑ 取代公式 / 網址中的內容。
- ☑ 使用 Google Sheets 內建的機器學習工具取得資料清除建議。
- ☑ 排序與篩選想要的資料，以及儲存篩選器畫面。
- ☑ 將範圍轉為表格，及表格的用途、可調整項目與名稱。
- ☑ 建立資料透視表，及使用篩選器控制項、GETPIVOTDATA 與資料透視表互動。
- ☑ 決定該使用的圖表種類，並用資料透視表 / 原始資料繪製圖表並調整各項細節。
- ☑ 將檔案分享給其他使用者，及保護檔案中部分工作表 / 範圍。
- ☑ 常用的鍵盤快速鍵可以增加工作效率。

第三章示範空白檔案　　第三章示範完成檔案

TIP
掃描 QR Code 建立副本一起操作吧！

3.1 儲存格內容設定

本節將介紹 Google Sheets 中與儲存格內容設定相關的三項功能：資料驗證、條件式格式設定、尋找與取代。學會這三項功能後，可以有效提升資料的正確性、視覺性，並快速修正資料錯誤。

3.1.1 資料驗證：維護資料的正確性

▶ 使用時機與設定方式

資料驗證用來限制儲存格輸入的內容，根據條件不同，又可以分成下拉式選單、核取方塊、內容判斷三類不同的工具，其使用時機分別如下：

下拉式選單	▪ 針對某個欄位快速輸入合規的內容，例如負責人姓名。 ▪ 搭配儀表板等工具建立查詢清單，例如輸入負責人姓名後，顯示該負責人的達標率、專案完成狀態等。
核取方塊	讓使用者勾選資料的狀態，如專案是否準時或完成等。
內容判斷	避免輸入的內容讓工作表跳出錯誤，一個儲存格可以設定超過一個判斷，而設定的項目包括： ▪ 文字 (包含 / 不包含 / 完全符合 / 電子郵件 / 網址等) ▪ 數字 (數字或日期大於 / 等於 / 小於等) ▪ 自訂公式：用於設定進階條件

只要點選「資料 → 資料驗證」即可進入設定的視窗，可查看 / 編輯 / 移除 / 新增條件，每個條件包含以下項目可以設定：

- ☑ 套用範圍：可直接輸入，或點選右方圖示後選取要套用規則的範圍。
- ☑ 條件：包括下拉式選單、核取方塊、各種內容判斷。
- ☑ 進階選項：包括下拉式選單的顯示樣式、如果資料無效的處理方式。

完成後便能在設定視窗看到相關規則，若要查看或編輯可直接點選規則、移除則直接點選旁邊的垃圾桶符號即可。

▶ 範例說明

若要在 D4 設定一個下拉式選單,步驟如下:

1. 選取 D4 儲存格後點選「新增規則」,或是在套用範圍中輸入或選取 D4。
2. 選擇條件為「下拉式選單」,並設定選項內容與填滿顏色。
3. 設定進階選項,在此不讓使用者輸入選單位的內容,並以方塊形式顯示,完成後點選「完成」。

各項條件操作的方式都相當直觀,可直接參考範例檔案中各條件的設計邏輯,並自行嘗試輸入不符合條件的內容時會出現怎樣的結果!

條件		範例		
下拉式選單		方塊	箭頭	純文字
		方塊 ▼	箭頭 ▼	純文字
核取方塊		☐	← 核取方塊,勾選、不勾選分別為「是 / 否」	
內容判斷	文字	Google Sheets	← 文字包含「Google」	
	數字	2024/11/11	← 日期介於 2020/1/1~2024/12/31	
		-2	← 數字大於或等於 0	
	自訂公式	18	← =C9>=0	

3.1.2 條件式格式設定：讓符合條件的資料更顯眼

▶ 使用時機與設定方式

條件式格式設定能根據特定條件自動改變儲存格的樣式，快速識別趨勢和異常情況。又包括單色、色階兩種選項，其使用時機分別如下：

單色	若儲存格的內容「符合某種格式規則 (即規則公式的輸出是 TRUE)」時，就會將儲存格轉為指定的格式，用來凸顯符合 / 不符規定的資料，例如超過截止期限、未填寫資料等。
色階	儲存格範圍根據數字大小顯示不同的漸層填滿顏色，用來凸顯數字資料的變化，例如每月營收與損益等。

只要點選「格式 → 條件式格式設定」即可進入設定的視窗，可查看 / 編輯 / 移除 / 新增條件與對應格式，單色與色階可設定的項目分別如下：

單色	可選擇套用範圍、格式規則、設定樣式。如下： • **套用範圍**：與資料驗證相同。 • **格式規則**：可設定文字、數字與自訂公式，與資料驗證相同。 • **設定樣式**：包括粗體 / 斜體 / 刪除線 / 文字顏色 / 填滿顏色。
色階	可設定下限 / 中間點 / 上限點的填滿顏色與值，其中值又包括最小 / 最大值 / 無、數字、百分比、百分位數。

與資料驗證相同，完成後便能在設定視窗看到相關規則，也能自由查看、編輯與移除。

▶ 範例說明

若要在 B2:B6 將值大於 20000 的值填滿顏色設為淺綠色 3，並在 C2:C6 從最小值到最大值將填滿顏色設為由白漸綠，步驟如下：

1. 設定套用範圍：選取 B2:B6 / C2:C6 儲存格後點選「新增其他規則」，或是在套用範圍中輸入或選取範圍。

2. 設定格式規則：
   a. B2:B6：設定「大於 20000」，填滿顏色設為淺綠色 3，點選「完成」。
   b. C2:C6：預覽顏色選擇預設的由白漸綠，並將下限點 / 上限點分別設為最小值 / 最大值。

上述的設定都相當直觀好上手，可直接參考範例檔案中各規則的設計方式，並試著理解規則的順序如何影響格式吧！

> **TIPS** 設定條件式格式的優先順序
>
> 若同一個儲存格有多個條件,將會顯示符合條件的第一個填滿顏色 (單色或色階) 與文字顏色 (單色),可以按住視窗中條件左側的「…」符號拖曳條件順序,如下圖。

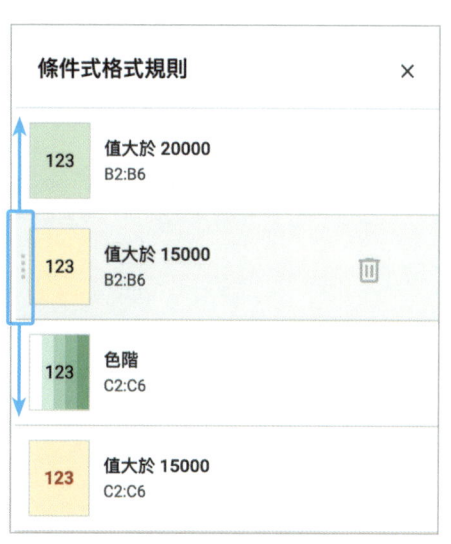

3.1.3 尋找與取代:快速修正資料中的錯誤

▶ 使用時機與設定方式

若想要尋找資料出現在試算表中的位置,或發現資料 / 公式有許多一樣的錯誤時,可以善用 Google Sheets 中的尋找與取代。

與大家使用 Word / PowerPoint 一樣,只要點選 `Ctrl` / `⌘` + `F`,工作表的右上角便會跳出快速尋找視窗,如果要取代資料或設定尋找條件,可點選右側的更多選項 (… 符號) 進到尋找與取代視窗設定以下內容,如下圖:

快速尋找視窗

在工作表中尋找　　更多選項

尋找與取代視窗

尋找並取代

尋找　←──── 要被取代的文字

取代為　←──── 要取代成什麼文字

搜尋　所有工作表 ◄──── 要尋找的範圍，包括所有工作表 / 特定工作表 / 特定範圍

☐ 大小寫需相符
☐ 整個儲存格內容需相符
☐ 使用規則運算式進行搜尋　說明
☐ 同時在公式中搜尋
☐ 一併在連結中搜尋

◄──── 調整尋找方式 (預設為不區分大小寫、儲存格「包含」內容即可、不搜尋公式與連結)

尋找　取代　全部取代　完成

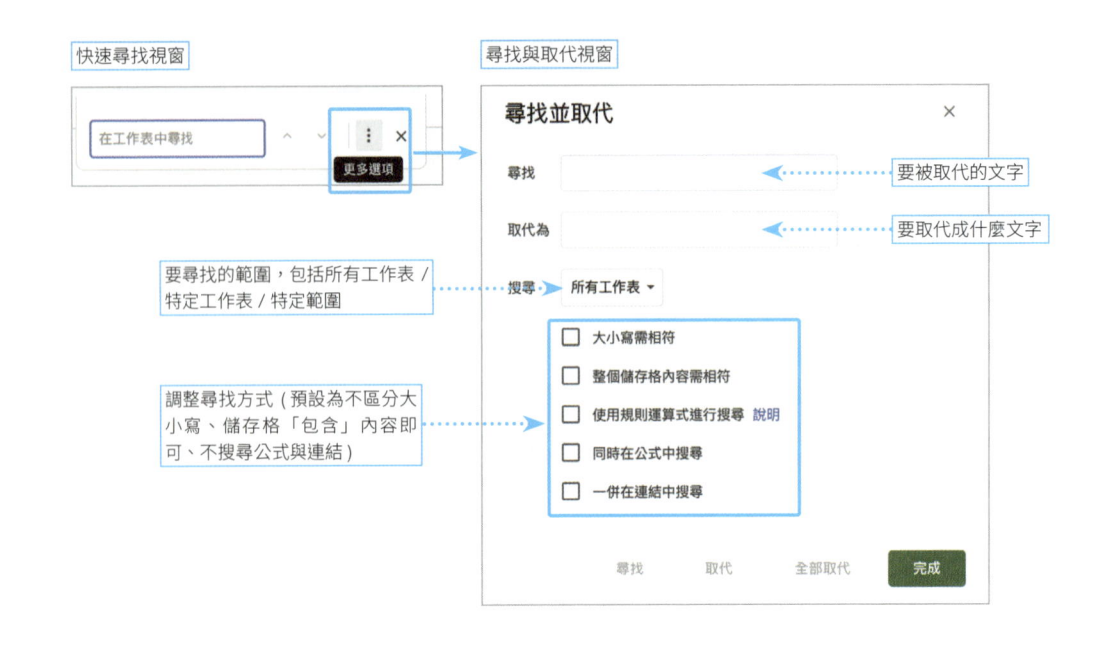

完成以上設定後，便能開始尋找 / 取代 / 全部取代，完成後點選「完成」關閉視窗。

▶ **範例說明**

以下圖為例，要將 E:F 兩欄原本使用 A 欄加總的公式改成使用 B 欄，步驟如下：

1. 搜尋特定範圍，選取 E:F 兩欄，尋找「=A」並取代為「=B」，即可將 =A2+C2 改成 =B2+C2、=A3+C3 改成 =B3+C3，以此類推。
2. 勾選「同時在公式中搜尋」，此時 E:F 儲存格的資料會以公式呈現以供查找。
3. 點選「全部取代」，會出現「已將 10 個『=A』改為『=B』」，取代完畢後點選「完成」即可。

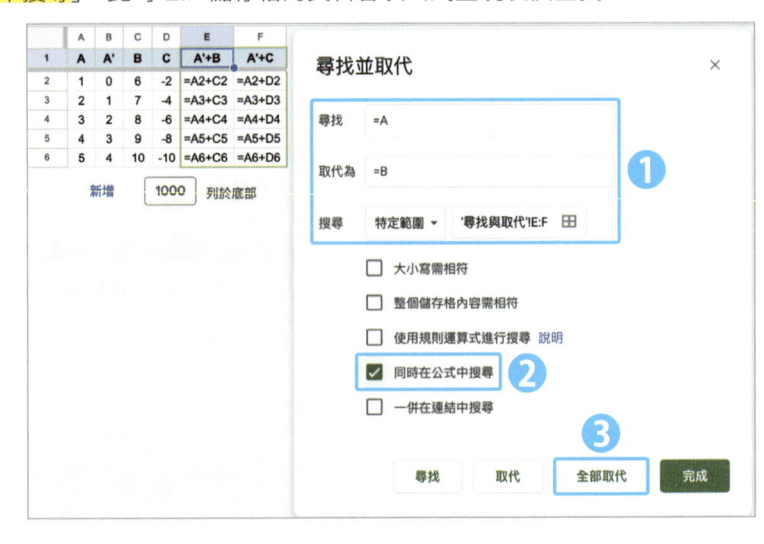

3.2 資料整理與篩選

資料整理就像是整理房間，只有將物品歸位，才能快速找到需要的東西。同樣地，將雜亂的資料進行分類、篩選和排序，能讓我們更有效率地分析數據、找出趨勢，做出更明智的決策。本節將帶各位深入了解 Google Sheets 中一些實用的資料整理工具，包括資料清除、篩選與排序及表格相關的功能。透過這些工具，你可以輕鬆地整理資料，並將資料以不同使用者想要的方式呈現。

3.2.1 資料清除：刪除與調整有問題的資料

進行資料分析前需要先確保資料的品質與正確性，需要先清理資料，包括確保沒有重複的資料、填補空值、轉換資料的格式等，只要點選「資料 → 資料清除」便能清除有問題、重複的資料，包括清除建議、移出重複內容、裁減空格三項功能，如下圖。

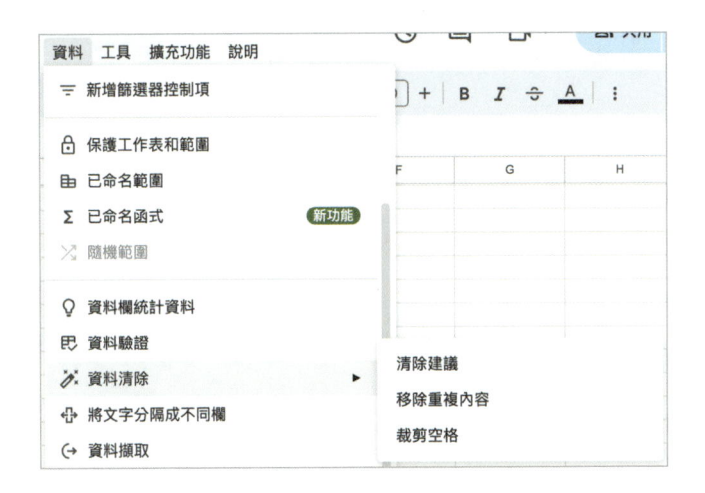

▶ 清除建議

清除建議是 Google Sheets 透過機器學習理解人類清理資料時的一些經驗和規則，並自動應用到新的資料集上。例如移除多餘的空格和重複項目、新增數字格式、找出異常資料、修正不一致的資料等。

以上圖為例，工作表中有許多重複的資料，因此 Google Sheets 建議刪除這些重複的資料。根據這些建議，大家可以逐一移除或忽略，或直接點選最上方的勾勾／叉叉一次接受／拒絕所有建議。如果點選「接受所有建議」，會出現下圖的提示，代表已經根據建議調整／移除資料列囉！

	A	B	C	D	E	F	G
1	年	年月	是否使用載具編碼	縣市	縣市編碼	載具類別	捐贈發票張數
2	2024	202403	N	澎湖縣	X		2,120
3	2024	202403	Y	臺東縣	V	共通性載具	7,263
4	2024	202403	Y	澎湖縣	X	非會員卡載具	14
5	2024	202403	N	桃園市	H		328,408
6	2024	202403	Y	金門縣	W	共通性載具	1,850
7	2024	202403	N	南投縣	M		17,257
8	2024	202403	N	嘉義縣	Q		14,467
9	2024	202403	Y	臺南市	D	會員卡載具	11,413
10	2024	202403	Y			共通性載具	7
11	2024	202403	Y	新北市	F	非會員卡載具	12,007
12	2024	202403	N	新竹市	O		68,044
13	2024	202403	Y	金門縣	W	會員卡載具	458
14	2024	202403	Y	新竹縣	J	會員卡載具	14,095
15	2024	202403	N	雲林縣	P		65,812

已移除 77 個資料列　　　復原

> **TIP**
> 雖然清除建議可以讓大家辨別並處理有問題的資料，但機器學習的結果並非 100% 準確，建議仍需要人工確認以確保正確性。

▶ **移除重複內容**

根據所選的欄位判斷哪些欄位是「重複資料」，並留下第一次出現的資料，例如全選就是整列資料一樣才刪除，只勾選「姓名」欄位就只會留存每個姓名的第一筆資料，以此類推。使用時要非常小心選擇欄位，避免因為操作失誤而誤刪到要保留的資料列。

▶ **裁剪空格**

選取想要裁剪的儲存格並點選「裁剪空格」即可一次刪除多餘的空格，包括以下兩種：

☑ **重複一次以上的空格**：例如「Ａ　Ｂ　Ｃ」變成「ＡＢＣ」。
☑ **內容前後的空格**：例如「　ABC　」變成「ABC」。

使用以上三招清理或檢查完資料後，已經可以大抵確定資料的品質，接下來讓我們進一步排序工作表與範圍！

3.2.2 排序工作表與範圍：讓你的資料井然有序

排序可以根據指定的欄位和條件，將資料按照遞增或遞減排列，讓資料變得更有條理，也方便我們進行分析和比較。只要點選「資料 → 排序工作表 / 排序範圍」即可排序，而工作表與範圍的差異如下：

- ☑ **排序工作表**：會排序整張工作表，一次只能使用一個欄位進行排序。
- ☑ **排序範圍**：只排序所選的範圍，但可以點選「範圍排序進階選項」決定資料是否包含標題列，也可以設定多個排序依據。

實務上來說，可以全選（Ctrl / ⌘ + A）工作表的儲存格並使用「排序範圍」，就可以對整張工作表進行多欄排序，其中 A 到 Z / Z 到 A 分別代表遞增 / 遞減排序，如下圖：

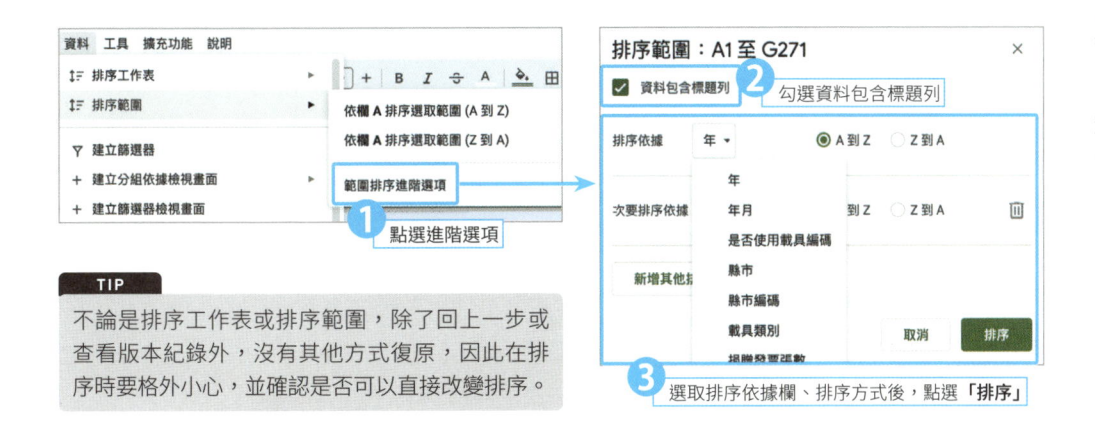

TIP
不論是排序工作表或排序範圍，除了回上一步或查看版本紀錄外，沒有其他方式復原，因此在排序時要格外小心，並確認是否可以直接改變排序。

3.2.3 篩選器：快速篩選出你想要的資料

▶ **一般篩選器**

篩選器是 Google Sheets 中非常重要的功能，可以篩選或排序出符合條件的資料，只需選取想要篩選的範圍，並點選「資料」或工具列中的漏斗符號 → 點選「建立篩選器」即可建立範圍的篩選器，建立後表頭會出現漏斗符號，如下圖所示：

若要篩選 / 排序特定欄位，可點選欄位旁邊的漏斗，會出現以下內容：

- ☑ 排序 (A 到 Z) / 排序 (Z 到 A)：與篩選範圍的功能相同。
- ☑ 依顏色排序 / 依顏色篩選：排序或篩選特定文字或填滿顏色的資料。
- ☑ 依條件篩選：與資料驗證及條件式格式設定類似，包括文字、數字或自訂公式等條件。
- ☑ 依值篩選：列出該欄所有的值，只要搜尋並勾選要篩選的項目即可。

若要解除篩選條件，使用一樣的方式點選「解除篩選器」即可。

▶ 篩選器檢視畫面

若想儲存當前的檢視畫面，可點選「資料 → 儲存為篩選器檢視畫面」，建立後便能用一樣的方式找到檢視畫面的清單，點選後便可查看篩選並編輯的內容，並編輯篩選條件與範圍、重新命名與刪除，適合用於需不停切換多個篩選條件，例如多人協作等。如下圖：

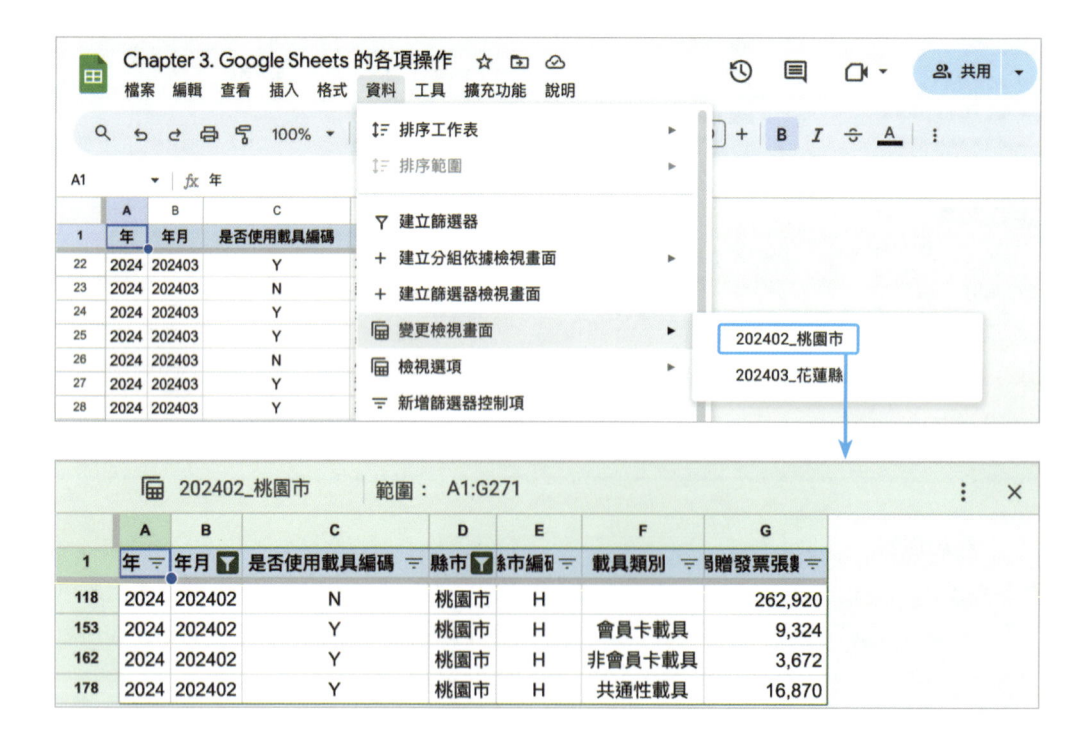

3.2.4 表格：將儲存格範圍快速格式化

▶ **使用時機與設定方式**

表格可以讓範圍的資料從未設定格式的資料轉為結構化的數據，特別適用於需要將資料分組或視覺化。若要將範圍的內容轉換成表格，只需要選取想轉換的範圍並點選「==格式 → 轉換為表格==」即可，如下圖。

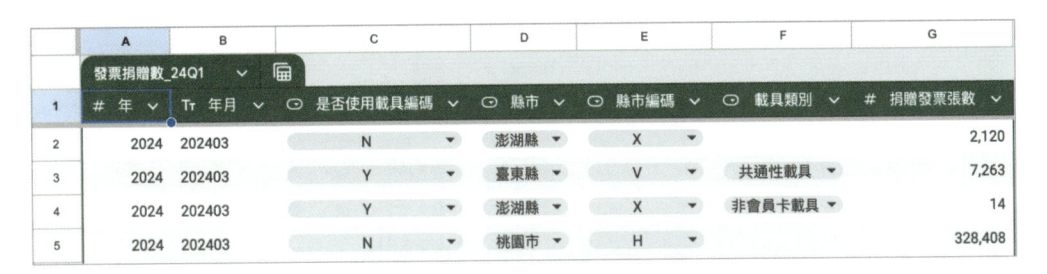

	A	B	C	D	E	F	G
	發票捐贈數_24Q1 ▾						
1	# 年 ▾	Tr 年月 ▾	⊙ 是否使用載具編碼 ▾	⊙ 縣市 ▾	⊙ 縣市編碼 ▾	⊙ 載具類別 ▾	# 捐贈發票張數 ▾
2	2024	202403	N ▾	澎湖縣 ▾	X ▾		2,120
3	2024	202403	Y ▾	臺東縣 ▾	V ▾	共通性載具 ▾	7,263
4	2024	202403	Y ▾	澎湖縣 ▾	X ▾	非會員卡載具 ▾	14
5	2024	202403	N ▾	桃園市 ▾	H ▾		328,408

若想要將表格轉回未設定格式的資料，只要點選「==表格旁邊的箭頭 → 還原至未設定格式的資料==」即可。

▶ **表格的功能**

表格除了支援前面介紹的排序、篩選器與檢視畫面、資料驗證等功能外，更增加了以下幾項功能：

☑ **調整表格樣式**：包括表格名稱、表格的顏色、每一欄的類型，包括：

- **表格名稱**：點選表格的名稱即可重新命名。
- **表格顏色**：點選「==表格旁邊的箭頭 → 關閉交替顏色 / 自訂表格顏色==」便能夠快速設定表格的視覺化效果。
- **欄類型**：點選「==欄旁邊的箭頭 → 編輯欄類型==」設定每一欄的格式，例如文字、數字、下拉選單等，選取後每一欄的表頭會顯示對應圖示，例如上圖 A / G 欄是數字，B 欄是文字、C~F 欄是下拉選單。

☑ **將資料分組**：在表格中除了篩選器檢視畫面外，更可以針對特定欄位分組，只要點選「欄旁邊的箭頭 →『分組依據』欄」即可，如下圖就是將資料以「縣市」作為分組依據，分組後便能儲存成檢視畫面，就能和篩選器檢視畫面一樣在檢視清單畫面中查看與調整。

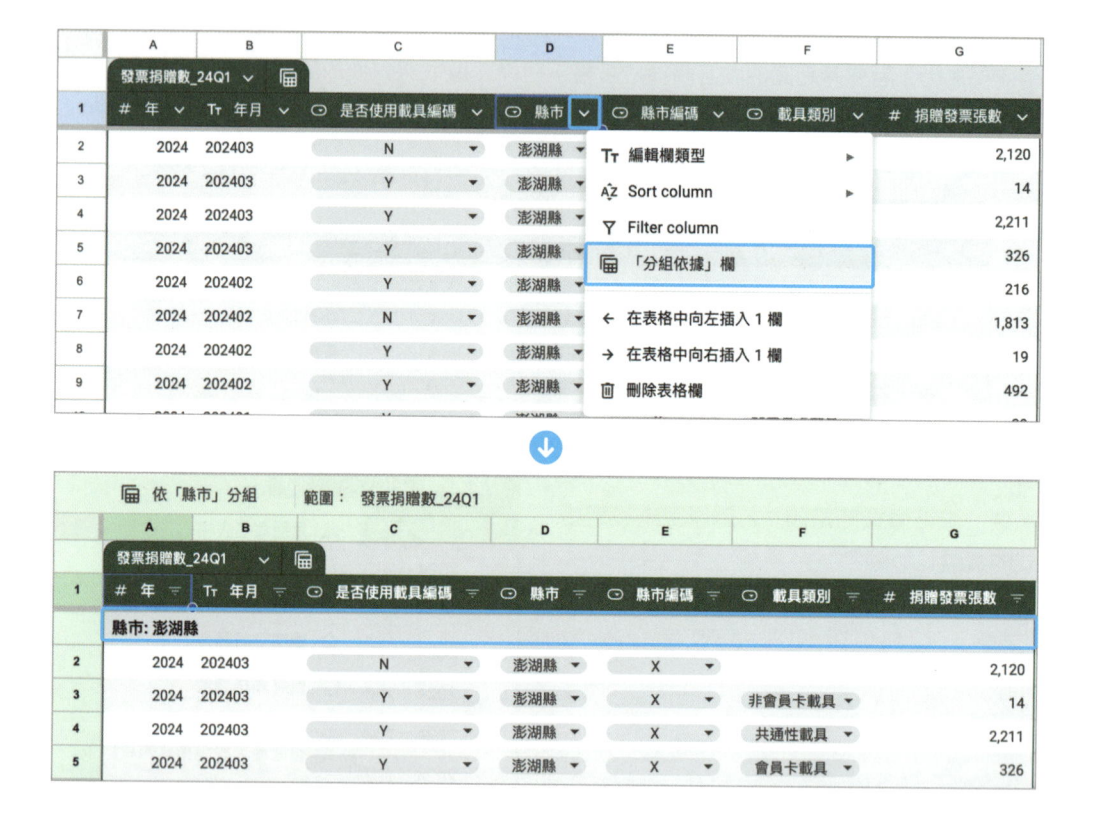

▶ **表格的名稱**

表格中各欄位會自動命名為「表格名稱 [欄位名稱]」。例如要計算新北市捐贈發票的總數，使用儲存格位置與表格名稱的差異與優缺點如下：

作法	儲存格位置	表格
公式	=SUMIF(D:D,"新北市",G:G)	=SUMIF(發票捐贈數_24Q1[縣市],"新北市",發票捐贈數_24Q1[捐贈發票張數])
優缺點	較簡單，但無法第一眼看出 D:D / G:G 的意義。	可快速理解公式的意義，且不用先命名範圍，而是直接用表格與欄位的名稱即可。

3-14

TIPS 使用內建模板快速建立表格

除了將資料轉換為表格外，Google Sheets 中也提供一系列的表格模板，只要點選「**插入 → 表格**」即可查看各種情境預設的格式，例如活動企劃、專案管理、人才招募等，可以視自己的需求插入表格後再調整細節。

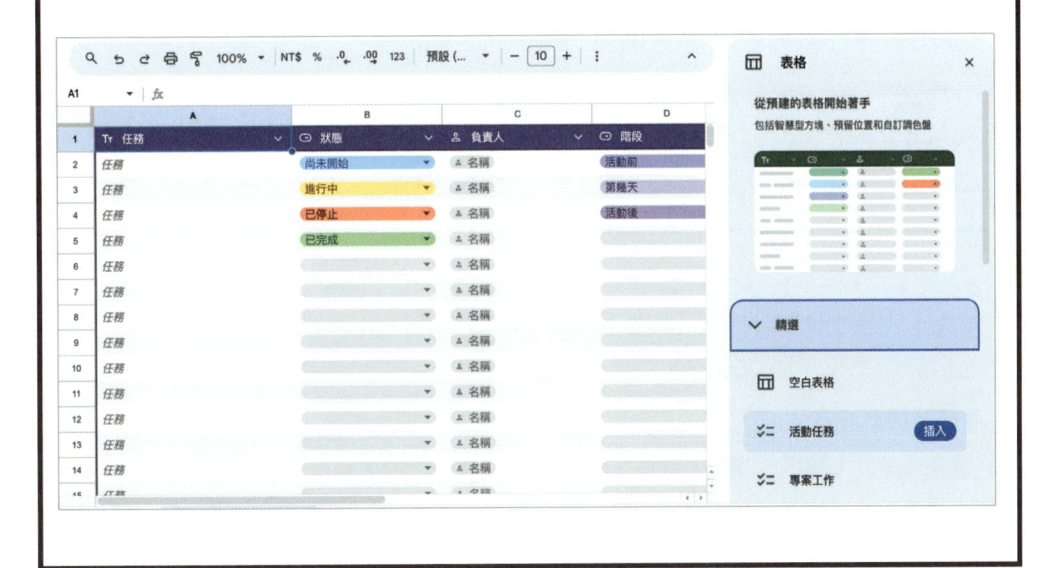

3.3 使用資料透視表與圖表分析資料

本節將會介紹 Google Sheets 的資料透視表、圖表兩大功能，也會介紹如何讓資料透視表與圖表隨篩選器連動，以及與資料透視表、圖表相關的函式。本節的範例檔案會使用超市消費的模擬資料，如下圖。學習完本節後，各位可以輕鬆使用這兩項功能完成許多基本的資料分析與視覺化。

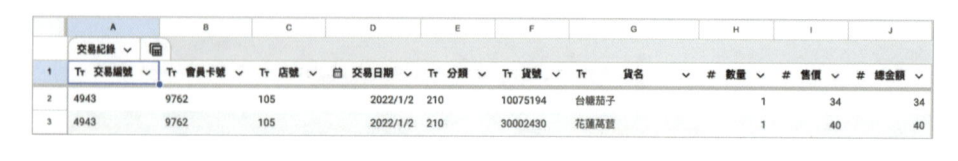

● 3.3.1 資料透視表：快速洞悉與統整資料

▶ **使用時機與步驟**

資料透視表 (以下簡稱透視表) 就是 Excel 中的樞紐分析表，可以從不同角度過濾、彙整與分析大量資料，找出其中的模式和趨勢，生成有意義的報表。透視表是由欄、列、值、篩選器四大元素組成，可以分成以下六個步驟：

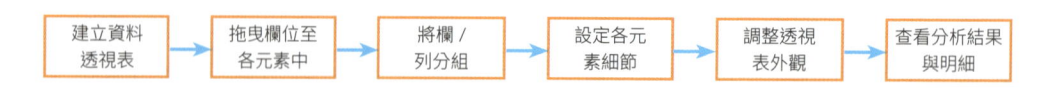

建立資料透視表 → 拖曳欄位至各元素中 → 將欄/列分組 → 設定各元素細節 → 調整透視表外觀 → 查看分析結果與明細

1. **建立資料透視表**：在資料所在的任一儲存格點選「插入 → 資料透視表」，再選擇資料透視表插入位置就能開始分析。若要調整資料範圍或現有工作表的位置，只要點選右側的表格符號再選取儲存格即可。

2. **拖曳欄位至各元素中**：在編輯器中執行，有以下兩種完成方式：

   ⓐ 點選編輯器元素旁的「<mark>新增</mark>」，選取對應欄位。
   ⓑ 在右側清單按住將欄位拖曳至元素中。

若要更改元素中的欄位，可以拖曳調整各欄位的位置，或是按右上角的叉叉即可。

3. **將欄／列分組**：適用於欄／列是日期或數字格式時，可在透視表任一欄／列按右鍵選擇以下內容：

   - **建立資料透視表日期群組**：用於日期資料，可以設定不同的時間間隔，例如星期幾、每月第幾天、年 - 月等。
   - **建立資料透視表元素分組規則**：用於數字資料，可以設定最小值、最大值、間隔大小。

4. **在編輯器中調整各元素的細節**：大致包括以下項目：

   - **欄／列**：排序依據、顯示總計、重複欄／列標籤等。
   - **值**：匯總依據、顯示方式 (總和／百分比) 等。
   - **篩選器**：與工作表的篩選器設定相同。

5. **調整透視表外觀**：在儲存格中調整樣式，包括數字格式、框線、透視表／欄／列名稱等，若更改欄／列名稱，編輯器中會在後面括號註記更名後的名稱。

6. **查看分析結果與明細**：拉完透視表後已能得到初步的洞察結果，若想要進一步查看資料的明細，可以點兩下想查看的值，便會自動跳出資料明細。

▶ **範例說明**

若要分析每一間分店在 2023 / 1 ~ 2023 / 6 每個月的交易總金額，其結果如右：

交易總金額	店號				
月份	101	105	108	122	總和
2023-1月	1,728	1,362	1,310		4,400
2023-2月	1,929	1,510			3,439
2023-3月	1,722	1,855			3,577
2023-4月	1,202	5,466			6,668
2023-5月	1,182		978		2,160
2023-6月	2,512	1,073		403	3,988
總和	10,275	11,266	2,288	403	24,232

各步驟的作法如下：

1. **建立資料透視表**：資料範圍選取「交易紀錄」、插入範圍選擇工作表「資料透視表 & 圖表」的 A1 儲存格即可。

2. **拖曳欄位至各元素中**：各元素的欄位如下：

   - 列 & 篩選器：交易日期。
   - 欄：店號。
   - 值：總金額。

3. **將欄 / 列分組**：在工作表任一列按右鍵點選「建立資料透視表日期群組 → 年 - 月」就能以每個月分組統計結果，如下圖。

4. **在編輯器中調整各元素的細節**：在篩選器中設定交易日期的值介於 2023-01-01 和 2023-06-30 之間，如下圖：

5. **調整透視表外觀**：在此範例中我們想要調整以下項目：

   - 將第 1~2 列設為粗體。
   - 將儲存格 A1 改為「交易總金額」、A2 改為「月份」，在儲存格直接輸入即可。

完成 1~5. 後，各項元素在編輯器中的結果如下圖：

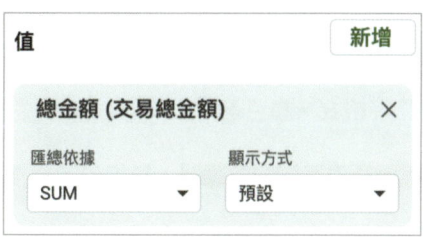

6. **查看分析結果與明細**：例如點選 2023-06 月、店號 122 的值 (403) 便會得到下圖的明細。

	A	B	C	D	E	F	G	H	I	J
1	交易編號	會員卡號	店號	交易日期	分類	貨號	貨名	數量	售價	總金額
2	12094	7591	122	2023/6/6	410	30002113	萬家香大吟釀醬⋯	1	89	89
3	12094	7591	122	2023/6/6	410	10043073	牛頭牌209麻辣沙⋯	1	99	99
4	12094	7591	122	2023/6/6	530	30013700	尊榮香米-2kg	1	215	215

> **TIPS**
>
> **資料透視表的缺點**
>
> 雖然資料透視表不用撰寫任何公式，就能快速分析彙整資料並得到洞察，但也有以下缺點：
>
> - **欄 / 列的排序方式有限**：例如統計各縣市的資料，就只能根據縣市名稱遞增 / 遞減排序。
> - **無法整合不同工作表資訊**：例如想分析各年齡層會員的平均交易金額差異，但會員年齡、交易金額儲存在不同張工作表中。
>
> 若要解決以上問題，只能在透視表的資料範圍中新增欄位，例如新增縣市編號、使用 VLOOKUP 查詢每筆會員編號的年齡等。

● 3.3.2 與資料透視表互動：篩選器控制項與 GETPIVOTDATA

上一小節了解如何使用透視表分析後，接下來介紹另外兩項能與透視表互動的項目：篩選器控制項與 GETPIVOTDATA 函式。

▶ 篩選器控制項

若想讓使用者能使用互動式篩選器，而非僅能在透視表中進行篩選，可點選透視表後點選「資料 → 新增篩選器控制項」建立互動式篩選器，而點選後會進入到篩選器控制項的介面，其可設定項目如下：

- ☑ **資料**：包括資料範圍、欲篩選的欄位、是否套用到透視表。
- ☑ **自訂**：包括各項格式設定，如標題、標題字型、格式、顏色等。

可以將篩選器控制項想成長在透視表外，但能與透視表互動的篩選器，其優先順序在原本透視表的篩選器前面。

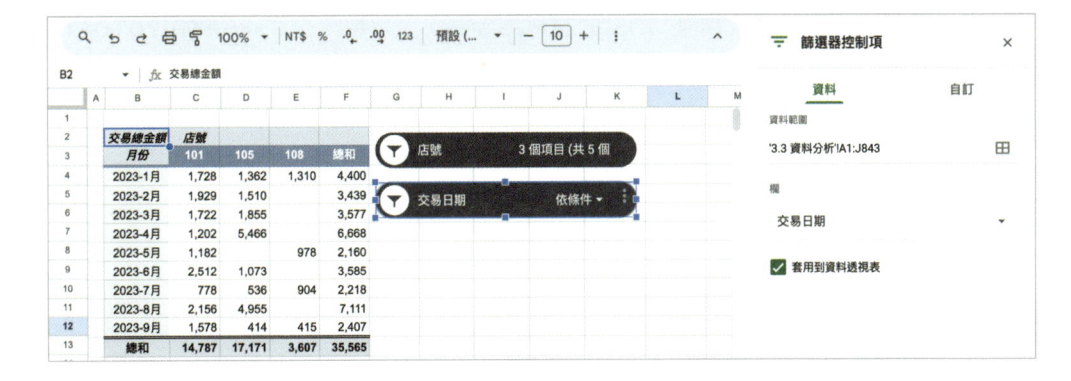

以上圖為例，插入兩個篩選器控制項，資料範圍為「'3.3 使用資料透視表與圖表分析資料>>'!A1:J843」，欄位與篩選內容分別設定如下：

- ☑ 欄位為「店號」、勾選 101 / 105 / 108 三項，點選「套用至資料透視表」。
- ☑ 欄位為「交易日期」，設定介於 2023-01-01~2023-09-30 之間，點選「套用至資料透視表」。

完成以上兩個篩選器後便能輸出指定範圍的資料。如果沒有「交易日期」的篩選器，則會輸出原本透視表篩選的 2023-01-01~2023-06-30 的資料。

> **TIP**
> 篩選器控制項的資料範圍目前無法設定為表格或已命名範圍，只能使用儲存格位置表示。

▶ GETPIVOTDATA

若使用者不想看複雜的透視表，而是想要直接輸出透視表中的某個值，可以使用 GETPIVOTDATA 取得透視表的資料，其函式用法如下：

語法	GETPIVOTDATA(值名稱, 任何資料透視表儲存格, [原始欄,...], [資料透視表項目,...])
輸入	■ **值名稱**：要從資料透視表取得的「值」，如果原本的資料透視表只有一個值則可留空。 ■ **任何資料透視表儲存格**：要取得的資料透視表範圍 (任意一格即可)。 ■ **原始欄**：要取得的欄 / 列名稱。 ■ **資料透視表項目**：要取得**原始欄**的項目。 ■ 備註：在函式語法中遇到 [...] 代表為選填項目，會有預設的值。
輸出	**任何資料透視表儲存格**所屬的資料透視表中，**原始欄**欄 / 列是**資料透視表項目**的**值名稱**。

假設想要取得 2023-4 月、店號 105 的交易總金額，可以輸入公式 =GETPIVOTDATA(" 交易總金額 ",A1," 月份 ","2023-4 月 "," 店號 ","105")，其中 A1 可替換成任一個透視表所在的儲存格。

了解公式的原理後，便能結合下拉式選單建立查詢器。以下圖為例，使用者只需要輸入月份、店號就能輸出對應的交易總金額，非常適合用於有很多值、欄、列的資料透視表中。

	A	B	C	D	E	F	G	H	I
1	交易總金額	店號						月份	2023-4月
2	月份	101	105	108	122	總和		店號	105
3	2023-1月	1,728	1,362	1,310		4,400		交易總金額	5,466
4	2023-2月	1,929	1,510			3,439			
5	2023-3月	1,722	1,855			3,577			
6	2023-4月	1,202	5,466			6,668			
7	2023-5月	1,182		978		2,160			
8	2023-6月	2,512	1,073		403	3,988			
9	總和	10,275	11,266	2,288	403	24,232			

I3 公式：=GETPIVOTDATA(H3,A1,H1,I1,H2,I2)

3.3.3　圖表：一眼看出資料的重點

▶ **使用時機與步驟**

在使用公式或資料透視表將資料統整成易讀的統整表後，可以進步把資料繪製成圖表，在資料分析的步驟中，需要視覺化的時機主要有以下兩個：

☑ **分析初期 ── 探索性資料分析 (EDA)**：用來理解資料的欄位和特徵、檢查資料的完整性和品質，以及發現變數之間的關係和模式等。

☑ **分析後期 ── 簡報 / 文件呈現**：分析出關鍵資訊後，要將繁雜的數據簡化為閱聽者容易理解與吸收的內容，此時正確、直觀的圖表就是一個很好的溝通工具。

一般來說，資料視覺化主要有以下四步驟：

決定圖表種類 → 資料整理 → 繪製圖表並調整細節 → 撰寫關鍵洞察

1. **決定圖表種類**：是影響溝通效果的第一個重要因素，選擇錯誤的圖表會混淆焦點。因此在開始整理資料之前，先在腦中構思要呈現哪種資訊，所以使用哪種圖表才能最有條理的呈現給閱聽者，確定後再開始整理資料。可參考下圖的流程決定圖表的種類：

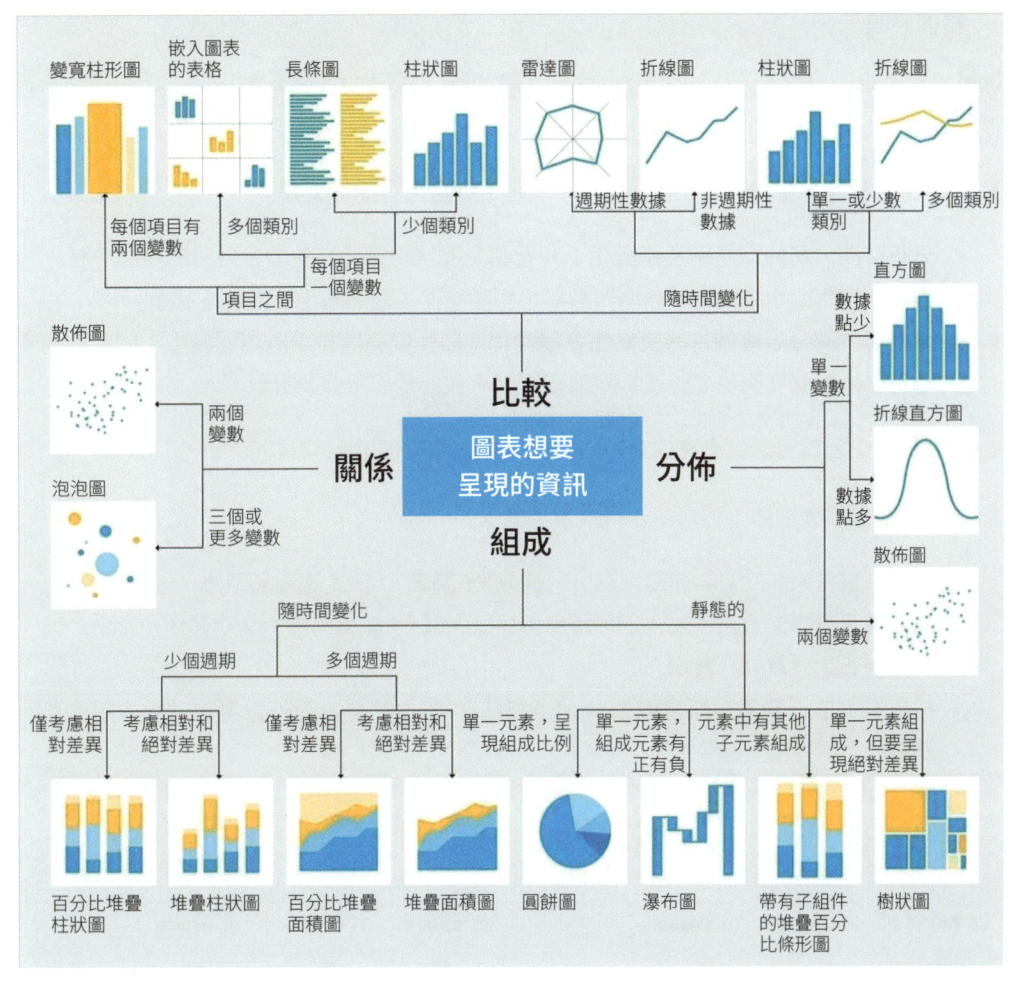

圖表來源：Andrew Abela. (2009). https://extremepresentation.typepad.com/files/choosing-a-good-chart-09.pdf

2. **資料整理**：將資料整理成圖表的原始資料，可使用資料透視表或公式完成。
3. **繪製圖表並調整細節**：又分成以下兩個步驟：

    - **插入圖表**：選取要轉成圖表的原始資料並點選「插入 → 圖表」，Google Sheets 會自動判斷資料並生成圖表。
    - **調整細節**：可在圖表編輯器調整各項設定與自訂格式，例如調整欄 / 列順序、將要強調的資訊用不同顏色或較大的字體顯示等。

4. **撰寫關鍵洞察**：根據圖表的結果，找出原本沒有發現的結論、發想可能的原因、對後續行動的影響等，也是讓資料發揮價值的最終產物。

▶ **範例說明**

延續資料透視表分析各分店的交易總金額，示範如何根據上述步驟繪製出圖表，然而因為是模擬的資料，因此在此省略 Step 4. 撰寫關鍵洞察的部分。

1. **決定圖表種類**：呈現的資訊可能有以下兩種，會適用不同的圖表：

    - **分析整間公司的交易總金額變化**：要看總金額變化同時又包含各分店的資訊，是一種隨時間變化的組成圖，此外絕對數值也相當重要，因此適用「堆疊柱狀圖」。
    - **分析每一間分店每個月的交易總金額變化**：要比較四間分店隨時間變化，分店數不多也不少，因此使用長條圖或折線圖都可以，在此使用折線圖呈現。

2. **資料整理**：已於上個部分完成資料透視表，在此直接使用。

3. **繪製圖表並調整細節**：可依序執行以下步驟：

    a. 選取不包含總計的資料範圍，點選「插入 → 圖表」，設定圖表類型為「堆疊柱狀圖」。
    b. 自訂圖表標題文字為「2023H1 每月交易總金額」，並標粗體、文字顏色黑色。
    c. 將圖例設定位置為「左側」。
    d. 設定系列的「套用至所有序列」，增加資料標籤並將位置設為置中，並增加所有資料標籤。

以上操作如下圖所示：

3-24

完成以上操作後結果如右圖：

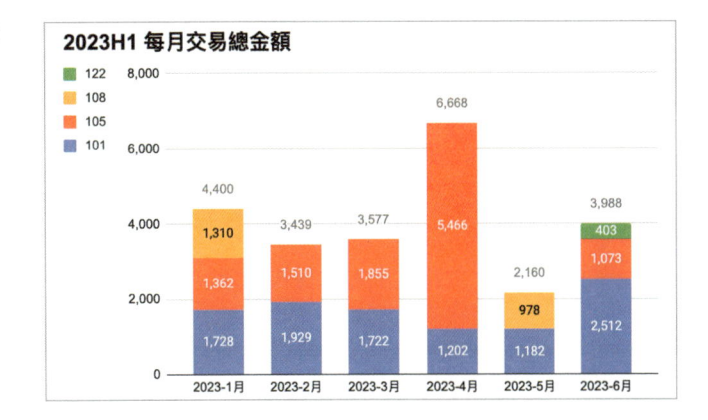

本節並不會一一介紹各種圖表的各個優化細節，各位可以自行試著用一樣的方式完成長條圖或折線圖，並摸索各個可以調整的圖表細節喔！

此外，現在網路有很多資料視覺化的工具，例如 Power BI、Tableau 等，而 Google 也有推出 Looker Studio，專門用於資料視覺化，可以直接串接 Google Sheets 進行更完整、美觀的視覺化，若未來有意願往資料分析發展的讀者，非常鼓勵可以學習至少一項更進階的資料視覺化工具，對於進入職場有大大的加分！

TIPS　使用原始資料繪製圖表

除了使用整理好的資料繪製圖表外，也可以使用原始資料繪圖，只是在 Google Sheets 使用的時機與可調整的項目較麻煩且有限，因此主要用於無法整理的資訊，例如散布圖。以下圖為例，僅能統計各分店的總營業額，無法再區分月份、也無法設定店號排序順序（會以出現在原始資料的順序排列）。

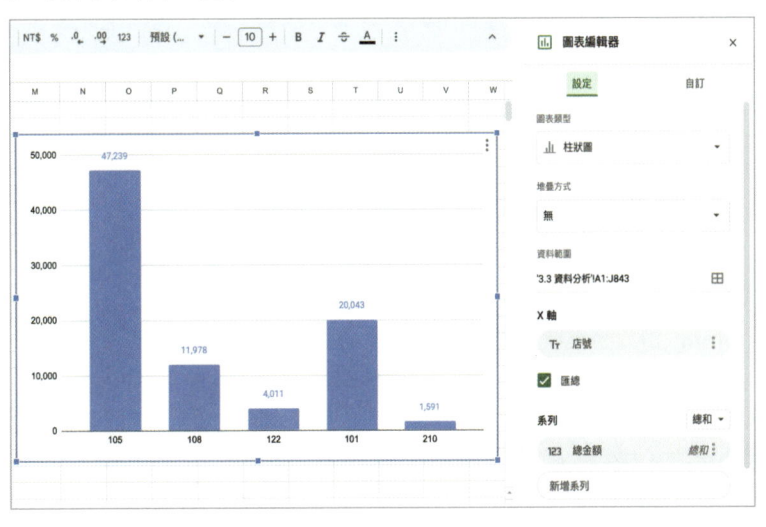

3.3.4　SPARKLINE：繪製單一儲存格圖表

除了繪製大張的圖表外，也可以使用函式 SPARKLINE 在儲存格中繪製迷你圖表，函式說明如下：

語法	SPARKLINE(資料, [選項])
輸入	■ **資料**：欲繪製圖表的資料範圍，必須是單列／單欄／雙列／雙欄，其中雙列／雙欄會視為 xy 軸的坐標值。 ■ **選項**：圖表設定，包括圖表類型、最大值、最小值、顏色等，輸入方式為 {" 設定項目 1"," 設定內容 1";" 設定項目 2"," 設定內容 2";…}，各設定項目的名稱詳見 Google 網頁說明。
輸出	輸出一張迷你圖表，符合**資料**的趨勢及**選項**的設定。

	A	B	C	D	E	F
1	交易總金額	店號				
2	月份	101	105	108	122	總和
3	2023-1月	1,728	1,362	1,310		4,400
4	2023-2月	1,929	1,510			3,439
5	2023-3月	1,722	1,855			3,577
6	2023-4月	1,202	5,466			6,668
7	2023-5月	1,182		978		2,160
8	2023-6月	2,512	1,073		403	3,988
9	總和	10,275	11,266	2,288	403	24,232
10						

以上圖為例，要將各分店每個月的交易總金額畫成單一儲存格圖表，在店號 101 可使用 =SPARKLINE(B3:B8,{"charttype","column";"color","skyblue";"highcolor","darkblue";"ymin",0})，再將公式向右複製到其他分店及總和欄即可，而**選項**中的各項設定意義如下：

☑ {"charttype","column"}：柱狀圖。
☑ {"color","skyblue" ; "highcolor","darkblue"}：柱狀圖的顏色為天藍色，但最大值設為深藍色。
☑ {"ymin",0}：將柱狀圖的下限值設為 0，會預設為範圍中最小的值。

SPARKLINE 可繪製的圖表有限，不適用於多欄資料比較、需要確切資料標籤的圖表，但可以快速呈現「有先後順序」的資料趨勢，例如各月份、各級距等距的資料等，為儀表板表格資料視覺化的好幫手。

3.4 檔案協作與效率優化

經過前三節設定儲存格內容、整理與分析資料後，最後一節將介紹如何與他人分享與協作 Google 各式檔案，最後也會介紹如何使用各式快捷鍵增加工作效率！

● 3.4.1 檔案共用：開啟多人協作的第一步

▶ 如何分享檔案權限

Google Sheets 強大之處在於支援多人共同編輯，而在共同編輯的第一步就是開始共用權限，有以下兩種方式可以進到與他人共用檔案視窗：

- ☑ 檔案 → 共用 → 與他人共用。
- ☑ 點選視窗右上角的「共用」。

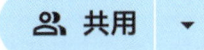

視窗如下圖，要分享檔案給別人有以下兩種方式，兩種方式可以併用：

- ☑ <mark>具有存取權的使用者</mark>：直接輸入共用者的信箱並選擇角色，通常用於比較私密的文件。
- ☑ <mark>一般存取權</mark>：有「限制」、「知道連結的使用者」兩種，其意義分別如下：
  - **限制**：只有已取得存取權的使用者可以透過這個連結開啟檔案。
  - **知道連結的任何人**：有檔案連結的使用者就能開啟，用於要公布給較多人知道時，例如公布作業等。

▶ 檔案權限的不同角色

而了解如何分享權限後,接下來介紹分享時所需設定的各種「角色」,除了擁有所有權限的擁有者外,還有以下三種角色:

- ☑ 編輯者:可以編輯文件,其中一位是檔案的擁有者,能調整所有使用者的角色,以及各角色的權限 (點選視窗右上角的齒輪符號設定)。
- ☑ 加註者:無法編輯文件,只能對文件進行加註。
- ☑ 檢視者:沒有任何編輯權限,只能查看檔案內容。

> **TIP**
> 以上權限設定也可以在 Google 雲端硬碟中完成,而 Workspace 其他工具 (如文件、簡報、資料夾等) 也都是使用同樣的方式設定。

● 3.4.2 保護工作表和範圍:限制部分工作表 / 範圍權限

了解如何開啟檔案權限與各種角色後,難免有些工作表 / 範圍會不希望被所有編輯者編輯,例如串接其他來源的原始資料、複雜的公式等,此時有以下三種方式可以進到保護工作表和範圍視窗:

- ☑ 資料 → 保護工作表和範圍。
- ☑ 在工作表操作區任一張工作表按右鍵,點選「受保護的工作表」。
- ☑ 在任一儲存格按右鍵,點選「受保護的範圍」。

進入視窗後便能限制工作表 / 範圍的編輯權限,點選「新增工作表或範圍」後可設定之項目依序如下:

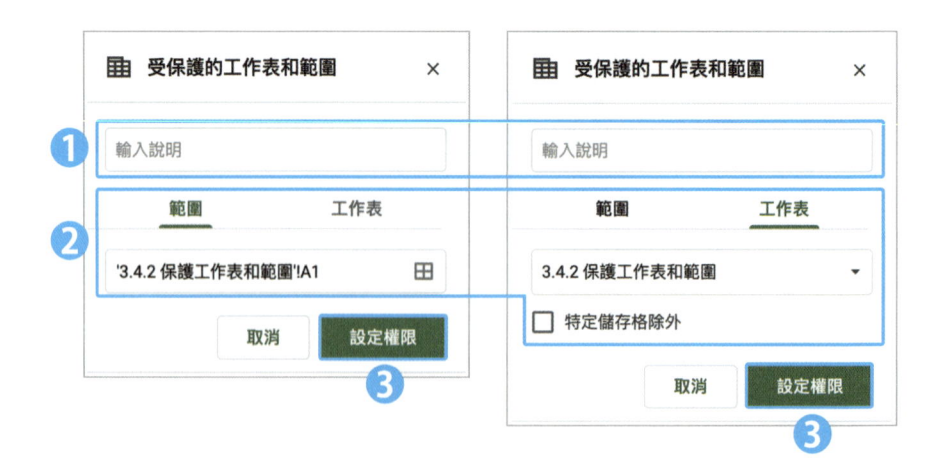

❶ **輸入說明**：在輸入說明中可輸入受保護的原因、有權限的人，可作為設定保護條件時的備註，並不會直接讓使用者看到。
❷ **保護的工作表 / 範圍**：若保護工作表則可設定「特定儲存格除外」。
❸ **範圍編輯權限**：完成上兩項點選「設定權限」有以下兩種：

- 編輯這個範圍時顯示警告：編輯時會出現下圖的提示

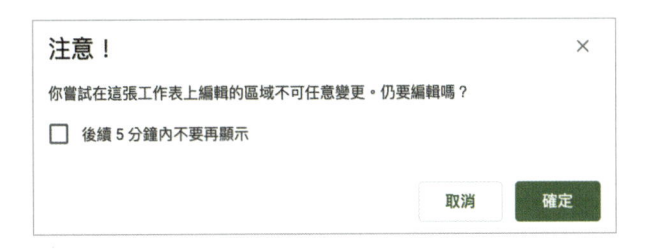

- 限制可編輯這個範圍的人選：可選擇有權編輯的人選，包括只限自己 / 自訂，也可以直接複製其他範圍的權限。

完成後便能在設定視窗查看、編輯、移除已被保護的內容之相關細節，另外如果保護的項目為工作表，則最下面的工作表名稱會出現鎖頭符號，如下圖。

3.4.3　備註與註解：在儲存格上留下資訊

在多人協作時如果需要在某個儲存格附註或討論，可使用插入備註、註解兩個功能，降低線上協作的溝通難度，步驟如下：

☑ 在想要插入備註或註解的儲存格按右鍵 →「插入備註 / 註解」。
☑ 插入 → 插入備註 / 註解。

瞭解如何插入備註與註解後，接下來介紹兩者之使用方式與時機：

▶ 備註

備註是在儲存格輸入 Memo，可以隨時更改內容。有備註的儲存格右上角會出現黑色三角形，點選儲存格便會自動跳出該儲存格之備註，可彈性調整大小、編輯內容。然而，雖然備註非常簡單且方便，但無法得知編輯者。

▶ 註解

註解適合用於多人編輯工作表且有待確認或調整事項時，包括以下兩項功能：

- ☑ **指派任務**：在內容中 @ 其他人並勾選指派任務，被指派者將會收到 Email 提醒回覆或更改。
- ☑ **完成任務**：被指派者如果完成任務，可勾選右上角的勾勾，註解便會視為完成並消失。

註解的儲存格右上角會出現橘黃色三角形，且最下面的工作表名稱會出現註解符號並顯示尚未解決的註解數量。

TIPS　查看註解的歷史記錄

若要查看註解的歷史記錄，可點選視窗右上角的「開啟註解記錄」或「查看 → 註解 → 顯示所有註解」中查看完整記錄，並篩選備註的種類（解決 / 未解決 / 與自己相關、所有工作表 / 這份工作表）等條件即可，如右圖：

3-30

3.4.4 鍵盤快速鍵：增加工作效率的不二法門

對於非常熟悉 Excel / Google Sheets 的使用者而言，可以不用使用到滑鼠，僅使用鍵盤的快捷鍵就完成各項操作，熟悉鍵盤快速鍵可以大大提升在 Google Sheets 上的工作效率，讓你的數據分析工作更加得心應手！常用的鍵盤快速鍵包括以下幾項：

鍵盤快速鍵	操作
Ctrl / ⌘ + Shift + 方向鍵	選取所有儲存格以上 / 下 / 左 / 右之儲存格
Ctrl / ⌘ + 方向鍵	移動到最上 / 下 / 左 / 右方之儲存格
alt / option + 方向鍵	移至上 / 下一張工作表
Ctrl / ⌘ + A	全選
Ctrl / ⌘ + X	剪下
Ctrl / ⌘ + C	複製
Ctrl / ⌘ + V	貼上
Ctrl / ⌘ + Shift + V	僅貼上值
Ctrl / ⌘ + Z	復原
Ctrl / ⌘ + Y	取消復原 / 重複上一個動作
Ctrl / ⌘ + F	尋找
Ctrl / ⌘ + K	插入超連結
Shift + Ctrl / ⌘ + Enter	將公式插入 Arrayformula 轉為陣列公式

可點選「說明 → 鍵盤快速鍵」查看更多鍵盤快速鍵。對初學者而言，不用一開始就嘗試記住所有的快速鍵，可以先從常用的幾個動作開始熟悉快速鍵，遇到不懂的地方再隨時查詢相關資料即可！

MEMO

CHAPTER

4

成為大師的第一步！
徹底理解公式的
底層邏輯與實務應用

有別於一般工具書從基本函式與操作開始教起，本章會先介紹公式的運作邏輯與基本觀念，再直接介紹各項功能進階的函式，一方面是因為 ChatGPT 已經具備基本的公式能力，所以我們只需學習如何寫 Prompt，並精進那些「ChatGPT 可能也無法正確回答」的函式；另一方面是這些函式與技巧能打造一氣呵成、與 Google Sheets 內建功能完美接軌的自動化流程，以克服多數使用者遇到複雜的計算流程時只能用很多張工作表解決的窘境。本章將交叉使用以下三個資料說明各項功能：

☑ **交易記錄檔：**

	A	B	C	D	E	F	G	H	I	J	K
1	交易編號	會員卡號	店號	交易日期	大分類名稱	小分類名稱	貨號	貨名	數量	售價	銷售額
2	4943	9762	105	2022/1/2	210	210202	10075194	台糖茄子	1	34	34
3	4943	9762	105	2022/1/2	210	210901	30002430	花蓮萵苣	1	40	40
4	4943	9762	105	2022/1/2	210	210901	30008324	花蓮煙台大白菜	1	87	87
5	4943	9762	105	2022/1/2	410	410605	10024504	統一好勁道山東大麵300G	1	25	25
6	4943	9762	105	2022/1/2	530	530101	10072518	三好台梗九號米-3.4KG	1	175	175

☑ **會員資料檔：**

	A	B	C	D	E	F	G	H	I	J	K	L
1	會員卡號	生日	性別	家庭人口數	職業	學歷	婚姻狀態	子女人數	家庭月收入	年齡	年齡區間	近兩年消費總金額
2	1771	1949/12/26	女	3~4人	家庭主婦	國中以下	已婚	0	6~8.9萬元			
3	1777	1988/7/23	女	3~4人	家庭主婦	大學	已婚	2	9萬以上			
4	1852	1978/2/4	女	7人以上	服務業	專科	已婚	1	4~5.9萬元			
5	1902	1988/7/24	女	3~4人	商	大學	未婚	0	4萬以下			
6	2010	1976/10/29	女	3~4人	服務業	高中職	已婚	0	6~8.9萬元			
7	2181	1981/7/5	女	3~4人	商	大學	已婚	1	9萬以上			
8	2193	1990/5/7	女	3~4人	其它	高中職	已婚	2	6~8.9萬元			
9	2944	1983/9/25	女	3~4人	商	專科	已婚	2	4萬以下			
10	3436	1973/2/19	女	7人以上	軍公教	博士	未婚	0	6~8.9萬元			

☑ **成績單：**

	A	B	C	D
1	學生	國文成績	數學成績	英文成績
2	甲	80	75	90
3	乙	90	95	80
4	丙	70	70	70
5	丁	65	80	65
6	戊	60	55	80
7	己	55	65	55
8	庚	50	50	50
9	辛	85	90	80

在學完本章後你將會學到：

- ☑ 公式的各項底層邏輯，例如參照方式、範圍命名、資料型態。
- ☑ 根據自身需求，在函式清單中查找有哪些相關函式。
- ☑ 透過 FILTER 與 QUERY 完成資料分析。
- ☑ 運用 ARRAYFORMULA、LAMBDA 函式、自定義函式、LET 等函式輕鬆複用與整合公式。
- ☑ 使用內建函式串接其他 Google Sheets，Google 財經、Google 翻譯服務。
- ☑ 文字、布林值資料的進階處理方式，包括萬用字元、布林值四則運算。
- ☑ 了解試算表中陣列的概念與在公式中實際使用的方式。
- ☑ 將公式整合到條件式格式設定、資料透視表等內建服務中，打造無斷點的分析與自動化流程。

第四章示範空白檔案　　第四章示範完成檔案

TIP
掃描 QR Code 建立副本一起操作吧！

4.1 公式的基本概念

有別於網路與各式 Excel 工具書介紹公式時總是從最簡單的函式教起，本書將省略各種常見、基本的函式，直接介紹進階函式與特殊用法，讓已經熟悉函式操作的讀者能直接更上一層樓，學到複雜的公式。然而，在深入鑽研公式之前本節將先介紹公式計算的基本概念，鞏固讀者對於運算流程與邏輯的理解。

● 4.1.1 函式與公式：輸入、處理與輸出的計算流程

▶ 函式：內建的處理數據模組

在 Google Sheets 中有各式各樣內建的函式，每個函式負責執行不同運算。又包括名稱、輸入、輸出三項元素，各項元素的意義及範例如下表：

	意義	以 SUM(值1, [值2, …]) 為例
名稱	函式的命名，通常與計算方法有關。	SUM 本身的意思為「加總」。
輸入	函式輸入的參數，會包在公式名稱後的小括號中，函式的參數數量、每個參數的資料型態、必填／選填都會在官方文件中說明。	■ 值可以是單一內容或多個內容的陣列 ■ 只會加總數字的值。 ■ [ ] 表示選填內容，在這裡代表 SUM 至少要有一個值，但可以支援多個值。
輸出	所有輸入運算後的結果。可能是單一值或陣列，資料型態視函式的規定。	會將所有值中的數字加總。

▶ 公式：活用函式進行複雜運算

如果說函式是設計好的工具，那公式就是用各種工具計算的方式，只要在儲存格中輸入「=」並接上要執行的運算，完成後按 Enter 便能計算出結果。以右圖為例，公式中用到函式 SUM 並使用儲存格作為輸入，並搭配運算符號計算出想要的結果。

	A	B	C	D	E
1	1	7		函式	SUM(值1, [值2, …])
2	3	9		公式	=SUM(B1:B3)-SUM(A1:A3)
3	5	11		公式結果	18

函式是公式的一大精髓，對函式認識的廣度與深度直接決定了各位能用 Google Sheets 完成多進階的公式、自動化與數據分析。然而，本書因篇幅有限，不會一一詳述所有函式，如果各位讀者想了解一些基本函式的用法，可以自行學習查看官方文件說明，或在瀏覽器輸入關鍵字「(函式名稱) + Google Sheets」即可！

4.1.2 儲存格的名稱：絕對參照與相對參照

▶ **絕對參照與相對參照**

在 Google Sheets 中，我們經常會在公式中參照其他儲存格的資料。又分為絕對參照、相對參照兩種：

參照方式	概念	範例
相對參照	參照的欄 / 列跟著變動。	在 C1 輸入公式 =A1+B1，複製到 C2 會變成 =A2+B2、複製到 F1 會變成 =D1+E1，以此類推。
絕對參照	參照的欄 / 列不會變動，此時要使用「$」鎖定欄 / 列。	在 C1 輸入公式 =$A$1+$B$1，複製到 C2 或 F1 都是 =$A$1+$B$1。

欄、列使用相對與絕對參照的方式有四種，其結果如下圖所示：

	A	B	C	D	E	F	G	H	I	J	K	L
1	原始資料			A. 欄、列皆使用相對參照				B. 欄絕對參照、列相對參照				
2	1	2		6	7	=A3+5	=C3+5		6	6	=$A3+5	=$A3+5
3	3	4		8	9	=A4+5	=B4+5		8	8	=$A4+5	=$A4+5
4												
5				C. 欄相對參照、列絕對參照				D. 欄、列皆使用絕對參照				
6				6	7	=A$3+5	=C$3+5		6	6	=$A$3+5	=$A$3+5
7				6	7	=A$3+5	=B$3+5		6	6	=$A$3+5	=$A$3+5

相對參照與絕對參照輸入公式時是非常重要的概念，後續各節的範例中也會不時用到。

▶ **範圍的名稱**

「為儲存格範圍命名」可以讓公式更易讀、更易於維護，並減少錯誤發生的機率。以下列公式為例，雖然公式能算出正確結果，但並無法得知 D:D / K:K 的意義：

=SUMIF('交易記錄檔'!D:D,"<=2022/4/30",'交易記錄檔'!K:K)

如果將兩個範圍分別命名為交易日期、銷售額，公式可以優化成：

=SUMIF(交易日期,"<=2022/4/30",銷售額)

如此一來就能迅速理解公式要計算「交易日期在 2022/4/30 以前的總銷售額」囉！了解儲存格命名之原因後，接下來介紹為儲存格範圍命名的方式，共有以下兩種：

- ☑ **在「已命名範圍」視窗中設定**：可用以下兩種方式進入視窗：

  - 資料 → 已命名範圍。
  - 選擇想要命名的範圍 → 按右鍵點選「查看更多列／欄／儲存格動作 → 定義已命名範圍」。

  進入「已命名範圍」視窗後，可輸入想要命名的名稱並點選「完成」即可，如右圖：

- ☑ **使用名稱方塊快速命名**：選取欲命名的範圍，公式列左邊的「名稱方塊」並輸入想要命名的名稱即可。若點選名稱方塊的箭頭，可查看目前所有已命名的範圍，如右圖。若進一步點選「管理已命名的範圍」亦可進入「已命名範圍」視窗進行編輯。

在命名範圍後，若要編輯或刪除已命名的範圍，只需要使用上述任一方式進入已命名範圍視窗後，選取欲調整的範圍點選「編輯」，便可重新命名、調整或刪除已命名的範圍即可。

> **TIPS 命名的原則與限制**
>
> 建議讀者命名時可以遵循以下幾個原則，讓命名範圍更整潔且有一致性：
>
> - **名稱要有意義**：例如「交易編號」而非「範圍1」。
> - **保持一致性**：在整個試算表中保持命名風格的一致性以便管理，例如統一命名為「資料來源_範圍名稱」，如「會員資料_會員編號 / 交易資料_會員編號 / 交易資料_銷售額」等。
> - **定期整理**：命名並不會隨著原本的範圍被移動 / 刪除而改變，但是會在複製範圍時，同時複製名稱，因此建議定期管理已命名範圍，刪除消失 / 被複製而重複命名 / 沒有在使用的範圍。
>
> 最後，在實際命名時除了需要遵守一些 Google Sheets 本身的規定 (例如：不能有空格、不能使用 A1 語法、不能數字開頭等)，詳細規定請自行參閱官方文件說明。

4.1.3　資料型態：儲存格的內容類型

Google Sheets 提供了多種資料型態以靈活處理數據，包括以下幾項：

- ☑ **數字**：可以進行數學運算的值，包括數值、百分比、日期、時間、貨幣等，都是數字以不同的格式包裝，例如 85% 使用自動格式會是 0.85、2025 / 1 / 1 會變成 45658 等。
- ☑ **文字**：由字母、數字、符號等組成的字串，用來標示、描述、儲存文字資訊；有些數字本身沒有運算的意義，可用「格式 → 數值 → 純文字」轉成文字，例如郵遞區號、會員編號等。
- ☑ **布林值**：TRUE (對) / FALSE (錯)，用來邏輯判斷、條件式格式等。
- ☑ **錯誤值**：值公式計算或資料格式有誤等原因引起。例如 #N/A、#REF!、#NAME? 等，此時右上角會有紅色三角形顯示錯誤的原因，如右圖。

儲存格的內容、函式的輸入、輸出基本上都會是由以上幾種資料型態所組成。然而，有些函式的輸入與輸出會是多欄 / 多列的範圍，例如 SUMIF(**條件範圍** , **條件** , [**加總範圍**]) 的**條件範圍**、**加總範圍**，這些範圍可以自由重組與合併，在 Google Sheets 中有另一個名稱 —— 陣列，下一部分我們將詳細介紹陣列的概念與用法！

4.1.4　陣列：高效處理數據的第一步

▶ **陣列是什麼？**

陣列是包含多個欄／列組成的表格，包括以下四個要素：

- ☑ **大括號 { }**：創立陣列，之後會在大括號內填入陣列的內容。
- ☑ **半形逗號 ,**：陣列中的分欄符號。
- ☑ **半形分號 ;**：陣列中的分列符號。
- ☑ **欲組合的內容**：可以是單一值、儲存格範圍、某公式的輸出等：

  - **單一值**：例如 {1,2,3,4}、{"A","B";"C","D"}。
  - **儲存格範圍**：例如 {B1:B5,D1:D5}、{A1:C1;A3:C5}，但要避免輸出範圍超過儲存格範圍，例如在第二列輸入 ={B:B,D:D}，會使試算表自動插入無限多列而當機。
  - **某公式的輸出**：例如 SUM / COUNTIF 等輸出為單一值的函式，或 IMPORTRANGE / FILTER 等輸出為陣列的函式等。

陣列的欄或列必須一致才能組合，例如可以使用半形分號連接 A1:C1 和 A3:C5，但使用逗號則會跳出 #REF!，如右圖。

	A	B	C	D	E	F	G	H	I	J	K
1	A	B	C		公式		公式結果				
2	D	E	F			A	B	C			
3	G	H	I		={A1:C1;A3:C5}	G	H	I			
4	J	K	L			J	K	L			
5	M	N	O			M	N	O			
6					={A1:C1,A3:C5}	#REF!					
7						A	B	C	G	H	I
8					=HSTACK(A1:C1,A3:C5)	#N/A	#N/A	#N/A	J	K	L
9						#N/A	#N/A	#N/A	M	N	O

> **TIP**
> 如果想要讓多個範圍能正常合併，可使用 HSTACK / VSTACK 完成。

▶ **陣列的主要用途**

陣列的主要用途有以下兩個：

- ☑ **調整範圍的排列順序**：例如想呈現工作表1 中 E、A、B 三欄的資訊時，只要輸入 ={工作表1!E:E,工作表1!A:B} 即可。
- ☑ **函式的輸入**：例如 SPARKLINE (資料, [選項]) 的選項就是陣列，輸入的格式 — {"設定項目1","設定內容1";"設定項目2","設定內容2";…}，每一列是一項設定、包括設定項目 (第一欄)、設定內容 (第二欄)。

陣列會一直出現在後面各章節的說明與範例中，絕對是成為公式大師路上不可或缺的概念！

● 4.1.5 如何開始學習 Google Sheets 函式

Google Sheets 中有超過 500 個函式，各位讀者不可能精通所有函式的用法，建議可以先從基本的函式學起，掌握用法後再根據不同的使用時機學習其他用途的函式即可。若各位讀者想要從零開始學習函式的話，可以跟著下列的函式清單搭配官方網頁、相關論壇、Youtube 影片、生成式 AI 等網路工具學習，建構自己的知識庫！因為篇幅有限，本書僅會介紹清單中標粗體的進階函式。

☑ 邏輯與運算：

邏輯運算子	AND / OR / NOT
條件判斷	IF / IFS / SWITCH / IFNA / IFERROR
基本統計值	<ul><li>忽略非數字資料：COUNT / SUM / MIN / MAX / AVERAGE / MEDIAN / MODE / STDEV / STDEVP / VAR / VARP / QUARTILE / PERCENTILE</li><li>非數字資料視為 0：COUNTA / MINA / MAXA / AVERAGEA / STDEVA / STDEVPA / VARA / VARPA</li><li>加權平均與加總：SUMPRODUCT / AVERAGE.WEIGHTED</li><li>計算出現頻率：FREQUENCY</li></ul>
排序統計值	SMALL / LARGE / RANK / PERCENTRANK
條件統計值	<ul><li>單一條件：COUNTIF / COUNTBLANK / COUNTUNIQUE / PERCENTIF / SUMIF / AVERAGEIF</li><li>多條件：COUNTIFS / COUNTUNIQUEIFS / MINIFS / MAXIFS / SUMIFS / AVERAGEIFS</li></ul>

☑ 查詢與篩選：

查詢函式	<ul><li>INDEX / MATCH / XMATCH</li><li>VLOOKUP / HLOOKUP / LOOKUP / XLOOKUP</li><li>OFFSET</li></ul>
篩選函式	UNIQUE / SORT / SORTN / **FILTER**

☑ 儲存格資訊與數值調整：

儲存格位置	▪ 單一儲存格：CELL / ROW / COLUMN / ADDRESS ▪ 範圍資訊：ROWS / COLUMNS / INDIRECT
資料型態	▪ 輸出數字：TYPE / ERROR.TYPE ▪ 輸出布林值：ISTEXT / ISNONTEXT / ISNUMBER / ISLOGICAL / ISEMAIL / ISURL / ISODD / ISEVEN / ISDATE / ISERROR / ISNA / ISERR / ISREF / ISBLANK / ISFORMULA
數字進位	▪ 十進位：ROUND / ROUNDDOWN / ROUNDUP ▪ 指定進位倍數：MROUND / FLOOR / CEILING
格式轉換	▪ 基本轉換：TO_DATE / TO_DOLLARS / TO_PERCENT / TO_PURE_NUMBER / TO_TEXT ▪ 字串轉數字：VALUE ▪ 數字轉字串：TEXT / FIXED / DOLLAR ▪ 公式轉字串：FORMULATEXT

☑ 日期與時間資料處理：

建立資料	TODAY / NOW / DATE / TIME / DATEVALUE / TIMEVALUE
取得資訊	YEAR / MONTH / DAY / HOUR / MINUTE / SECOND / WEEKDAY / WEEKNUM
一般運算	EDATE / EOMONTH / DATEDIF / DAYS
工作天運算	WORKDAY / WORKDAY.INTL / NETWORKDAYS / NETWORKDAYS.INTL

☑ 文字資料處理：

字串轉換	UPPER / LOWER / PROPER / TRIM / REPT
取得資訊	▪ 以字為單位：LEN / LEFT / RIGHT / MID ▪ 以 Byte 為單位：LENB / LEFTB / RIGHTB / MIDB
分割與合併	SPLIT / & / CONCAT / CONCATENATE / JOIN / TEXTJOIN
尋找與取代	▪ 以字為單位：FIND / SEARCH / REPLACE / SUBSTITUTE ▪ 以 Byte 為單位：FINDB / SEARCHB / REPLACEB
正規表示式	REGEXMATCH / REGEXEXTRACT / REGEXREPLACE

☑ 陣列轉換：

陣列公式	ARRAYFORMULA
調整輸出	ARRAY_CONSTRAIN / CHOOSECOLS / CHOOSEROWS
陣列轉換	<ul><li>轉置：TRANSPOSE</li><li>二維轉一維：FLATTEN / TOCOL / TOROW</li><li>一維轉二維：WRAPCOLS / WRAPROWS</li><li>合併：HSTACK / VSTACK</li></ul>

☑ 特殊功能函式：

自定義函式	<ul><li>自定義變數：LET</li><li>在儲存格定義函式：LAMBDA + MAP / BYROW / BYCOL / SCAN / REDUCE / MAKEARRAY</li><li>在系統建立函式：已命名函式 / Google Apps Script 建立函式</li></ul>
資料庫相關	<ul><li>dFunction：DCOUNT / DCOUNTA / DMIN / DMAX / DSUM / DPRODUCT / DAVERAGE / DVAR / DVARP / DSTDEV / DSTDEVP / DGET</li><li>以 SQL 語法為核心：QUERY</li></ul>
串接資料	IMPORTRANGE / IMPORTXML / IMPORTHTML / IMPORTDATA / IMPORTFEED
資料生成	RAND / RANDARRAY / SEQUENCE
其他服務	<ul><li>資料透視表與視覺化：GETPIVOTDATA / SPARKLINE</li><li>Google 服務：GOOGLEFINANCE / GOOGLETRANSLATE</li></ul>

☑ 專業領域函式：因各專業領域函式眾多，在此僅列舉項目

統計相關	<ul><li>統計檢定：ZTEST / CHITEST / FTEST / TTEST</li><li>機率分配：BINOMDIST / HYPGEOMDIST / POISSON / NORMDIST / NORMSDIST / BETADIST / GAMMADIST</li><li>迴歸相關：CORREL / SLOPE / INTERCEPT / FORECAST</li></ul>
財務相關	<ul><li>資產折舊相關：SLN / DDB / DB / SYD / VDB</li><li>年金計算相關：FV / PV / PMT / NPER / RATE</li></ul>

4.2 打造自動化試算表必備的進階函式

本節將介紹七種不同的函式，熟悉本節函式的用法後，將能後完成複雜的資料分析、將函式覆用至多個範圍、了解公式簡化的方式，以及如何將串接與應用 Google 財經 / 翻譯資訊等。推薦讀者一起操作以快速理解運作邏輯，但如果是對基本函式還不熟悉的初學者，則建議先從 SUMIF / COUNTIF / VLOOKUP / INDEX + MATCH 等函式開始學習喔，待熟悉後再回頭讀本節的內容喔！

● 4.2.1　FILTER：篩選資料的好幫手

▶ 函式語法與使用時機

FILTER 用於想要在另一個工作表或範圍篩選資料時，其使用方法如下：

語法	FILTER(範圍, 條件_1, [條件_2,...])
輸入	▪ 範圍：最後要輸出的範圍，可以是一欄或多欄。 ▪ 條件_n：要篩選的條件，列數需與範圍相符，不一定要跟範圍的資料有關，但每個項目都要是邏輯運算式 (即輸出為 TRUE / FALSE)。
輸出	符合所有條件_n 的範圍，是一個陣列，若沒有符合所有條件_n 的項目則會輸出 #N/A。

以下圖為例，所有條件都是 TRUE / FALSE，FILTER 會根據每一個條件輸出對應的結果。以 3. 為例，C2:C4、E2:E4 只有第 2 列兩個都是 TRUE，所以篩選後只會輸出 A；而 4. 則沒有任何一列兩個條件都是 TRUE，因此會輸出 #N/A。

	A	B	C	D	E	F	G	H	I
1	項目	條件1	條件2	條件3	條件4		#	公式	結果
2	A	TRUE	TRUE	FALSE	TRUE				A
3	B	TRUE	TRUE	TRUE	FALSE		1	=FILTER(A2:A4,B2:B4)	B
4	C	TRUE	FALSE	FALSE	TRUE				C
5									A
6							2	=FILTER(A2:A4,C2:C4)	B
7							3	=FILTER(A2:A4,C2:C4,E2:E4)	A
8							4	=FILTER(A2:A4,D2:D4,E2:E4)	#N/A

FILTER 基本上就是第 3 章介紹到的篩選器，但比篩選器多了以下功能：

☑ 會根據輸入的資料隨時更新結果。
☑ 可以使用多個條件篩選，適合用於超級自動化的數據處理。
☑ 結果可以顯示在任何工作表，因此能在不改變原始工作表之下篩選資料。

☑ 可以與其他函式搭配使用，例如使用 SORT / UNIQUE 一起排序 / 去除重複資料，或使用 SUM / COUNT 等匯總函式將輸出的結果彙整。

▶ **範例說明**

接下來將使用以下成績單搭配三個範例，說明如何使用 FILTER 搭配其他函式使用。為了版面整潔，以下欄位都是指「成績單」工作表。

1. 篩選國文、數學都超過 70 分的學生與學號：

公式	=FILTER(A:B,C:C>70,D:D>70)
說明	■ C:C>70、D:D>70 兩個條件分別代表國文、數學是否超過 70 分。 ■ 學生 / 學號為 A / B 欄，可直接將輸出範圍設定為 A:B。 ■ 輸出的結果共有四列，包括表頭 (學生 / 學號) 及甲、乙、辛三位學生的資訊。

2. 承上，計算共有幾位學生國文、數學都超過 70 分：

公式	=COUNTA(FILTER(A2:A,C2:C>70,D2:D>70)) =COUNTA(FILTER(A:A,C:C>70,D:D>70,ROW(A:A)<>1))
說明	如果要計算篩選後的學生數量，可使用 COUNTA 統計有多少的值，但在範例 1. 輸出的結果包含表頭，而計算學生數量時不能計入，可使用以下兩種方式解決： ■ 更改資料範圍：將原本的 A:A 改為 A2:A，其餘範圍也以此類推。 ■ 新增條件 ROW(A:A)<>1：會保留所在的位置不是第 1 列的項目，因此除了表頭之外的資料都會被保存。

3. 篩選國文、數學都超過 70 分的學生，輸出 A:E 欄，依序按照國文、數學成績遞減排序：

公式	=SORT(FILTER(A:E,C:C>70,D:D>70),3,0,4,0)
說明	■ E:E>70、D:D>70 兩個條件分別代表英文、數學是否超過 70 分。 ■ 可以在 FILTER 外面包一層 SORT，讓篩選的結果依指定順序排列，在此的「SORT(FILTER(...),5,0,4,0)」代表依照第 5 列遞減 (0)，再依照第 4 列遞減 (0)。

4.2.2　QUERY：一個函式完成資料分析

▶ **使用時機與函式語法**

QUERY 可以使用單一函式完成篩選與匯總資料、製作資料透視表等資料分析，語法與功能類似 SQL，其語法如下：

語法	QUERY(資料, 查詢, [標題])
輸入	▪ **資料**：資料庫的範圍，每一欄的資料型態要統一，若單欄包含多種資料型態，則會視該欄位大多數資料的類型決定，其他少數的資料會被視為空值。 ▪ **查詢**：要執行的搜尋，以字串表示。 ▪ **標題**：資料的前幾列是標題，預設為 -1，將視資料的內容自動判斷。
輸出	**資料**依據**查詢**整理後的輸出，會占用多格儲存格 (所以是陣列公式)。

其中**查詢**的主要語法順序與定義如下：

- ☑ **select 欄 / 匯總欄**：選擇要返回的欄或匯總值，例如 sum / avg 等，相當資料透視表的「值」。
- ☑ **where 條件**：要篩選的條件，相當資料透視表的「篩選器」。
- ☑ **group by 欄**：分組依據的欄，通常 select 會包含 group by 的欄及匯總值，相當資料透視表的「列」。
- ☑ **pivot 欄**：將指定列的值轉換為標題，生成交叉表，相當資料透視表的「欄」。
- ☑ **order by 欄 [asc / desc]**：可依照指定欄位與排序方式 (asc 升序 / desc 降序) 排序查詢結果，預設為升序。
- ☑ **limit 列數**：限制輸出的列數。
- ☑ **offset 列數**：跳過查詢結果的指定列數。
- ☑ **label 欄 '名稱'**：重新命名返回結果的列標題。
- ☑ **format 欄位 '格式'**：用於格式化指定列的數據，例如日期、百分比等格式。

本節只會簡要說明各項語法的定義，詳細各語法的用法與規範請自行參閱官方文件說明。

▶ **範例說明**

由於生成式 AI 已能完成基本的 QUERY 公式，因此以下使用交易紀錄檔搭配 ChatGPT 進行各項操作，Prompt 如下：

> **問**
>
> 在 Google Sheets 的交易記錄檔 A:K 欄依序為:交易編號(純文字)、會員卡號(純文字)、店號(純文字)、交易日期(日期格式)、大分類名稱(純文字)、小分類名稱(純文字)、貨號(純文字)、貨名(純文字)、數量(數值)、售價(數值)、銷售額(數值)。
>
> 我想使用函式 QUERY 完成以下計算,資料範圍為「' 交易記錄檔 '!A:K」,標題為第一列,請完成公式。
>
> 1. 會員卡號 8686 於 2023 年的總銷售額。
> 2. 輸出 2023 年交易總金額最高的前 5 位會員,輸出會員卡號與總銷售額。

寫 Prompt 時要強調「使用 Google Sheets」、「完成公式」,並說明各欄位順序、對應名稱與資料型態,也可以善用截圖功能。

ChatGPT 輸出的結果如下:

1. 會員卡號 8686 於 2023 年的總銷售額:

公式	=QUERY('交易記錄檔'!A:K, "select sum(K) where B = '8686' and year(D) = 2023 label sum(K) '8686_2023年總銷售額'")
說明	<ul><li>**where B = '8686'** / **label sum(K) '8686_2023年總銷售額'**:前後加上單引號代表文字格式。因為會員卡號是純文字格式,所以篩選 8686 時要加上單引號。</li><li>**year(D) = 2023**:取得 D 欄 (交易日期) 的年,並篩選年份為 2023 年的資料。</li></ul>

2. 輸出 2023 年總銷售額最高的前 5 位會員,輸出會員卡號與交易總銷售額:

公式	=QUERY('交易記錄檔'!A:K, "select B, sum(K) where year(D) = 2023 group by B order by sum(K) desc limit 5 label B '會員卡號', sum(K) '2023年總銷售額'")
說明	<ul><li>**select B, sum(K) … group by B**:輸出會員卡號 (B) 及這些會員的總銷售額 (sum(K)),而匯總銷售額時要加上 **group by B** 說明依會員卡號匯總。</li><li>**order by sum(K) desc limit 5**:使用 **limit 5** 限制只輸出五位,並根據總銷售額的值 (sum(K)) 遞減 (desc) 排序。</li></ul>

最後，作者設計範例時發現 ChatGPT / Gemini / Claude 等主流生成式 AI 皆無法處理太複雜的 QUERY 需求，因此建議對 QUERY 有興趣的讀者可以自行研究語法，完成更多進階的查詢。

> **TIPS　QUERY 搭配儲存格查詢**
>
> 如果要在 QUERY 中使用儲存格的值進行查詢，可以使用 & 連接儲存格與字串，以範例 1. 為例，若要在 A1 輸入會員卡號並輸出該會員的總銷售額，只要將原本的「8686」取代為「"&A1&"」，即「=QUERY(' 交易記錄檔 '!A:K, "select sum(K) where B = '"&A1&"' and year(D) = 2023 label sum(K) '"&A1&"_2023 年總銷售額 '")」。
>
> 另外，如果儲存格是日期，日期格式必須是 yyyy-mm-dd，才能在 QUERY 中運作。

4.2.3　ARRAYFORMULA：將公式複用到其他範圍

▶ **使用時機與函式語法**

ARRAYFORMULA 能讓一般的公式轉為陣列公式，也就是讓公式能一次性應用到一個範圍的數據，而不需要在每一行或每一個儲存格中重複輸入相同的公式，函式用法如下：

語法	ARRAYFORMULA(陣列公式)
輸入	陣列公式：可以是陣列或數學運算式，包含一或多個大小相同的儲存格範圍，也可以是傳回多個儲存格結果的函式。
輸出	陣列公式 使用 ARRAYFORMULA 後的輸出，為多欄多列的陣列。

舉例來說，若要在 C1 輸出 A1+B1 的值、C2 輸出 A2+B2 的值，以此類推至所有 A:C 欄，過往需要在 C 欄每個儲存格輸入公式，如果使用 ARRAYFORMULA 則可以在 C1 一次計算所有的值，公式如下：

```
=ARRAYFORMULA(A:A + B:B)
```

ARRAYFORMULA 是 Google Sheets 中非常實用的函式，此外，可以使用快捷鍵 `Shift` + `Ctrl` / `⌘` + `Enter` 將原本的公式最外面包上一層 ARRAYFORMULA 轉為陣列公式喔！

然而，雖然 ARRAYFORMULA 很好用，但仍有部分函式不能使用 ARRAYFORMULA，主要原因有以下幾種：

- ☑ **函式輸入可以是多欄多列**：例如 SUM、AND、OR 等。
- ☑ **函式輸出可以是多欄多列**：例如 IMPORTRANGE、IMPORTXML、INDEX、OFFSET、UNIQUE、SORT、SORTN、FILTER 等。
- ☑ **其他**：例如 SPARKLINE、GETPIVOTDATA、SUMIFS、AVERAGEIF 等。

雖然上述函式無法使用 ARRAYFORMULA 完成，但可以使用另一個方式 — LAMBDA + LAMBDA 函式完成，將在下一小節詳細說明。

▶ **範例說明**

以下使用會員資料檔的 J:L 欄說明使用 ARRAYFORMULA 前後的差異，讓讀者了解如何將一般的公式轉為 ARRAYFORMULA。

1. **J2**：根據 B2:B 的生日輸出所有會員的年齡：

使用前	=DATEDIF(B2,TODAY(),"Y")，以此類推至所有列
使用後	=ARRAYFORMULA(DATEDIF(B2:B,TODAY(),"Y"))

2. **K2**：根據 J2:J 的年齡輸出所屬的年齡區間，包括 30 歲以下、31~40 歲、41~50 歲、51~60 歲、61 歲以上：

使用前	=IFS(J2<=30,"30 歲以下",J2<=40,"31~40 歲",J2<=50,"41~50 歲",J2<=60,"51~60 歲",J2>60,"61 歲以上")，以此類推至所有列
使用後	=ARRAYFORMULA(IFS(J2:J<=30,"30 歲以下",J2:J<=40,"31~40 歲",J2:J<=50,"41~50 歲",J2:J<=60,"51~60 歲",J2:J>60,"61 歲以上"))

3. **L2**：使用交易記錄檔計算該會員在 2022~2023 年之交易總金額：

公式	=SUMIF(會員卡號,A2,銷售額)，以此類推至所有列
說明	=ARRAYFORMULA(SUMIF(會員卡號,A2:A,銷售額))

上述的範例雖然非常簡單且實用，例如若未來新增其他會員的資料時，陣列公式會自動將公式代入至新的會員中，就不用再重新複製公式。

> **TIP**
> 若要將整欄使用 ARRAYFORMULA 計算，建議考慮「空白列」的可能情況。例如會員資料檔底下有多的空白列時，公式不要計算年齡、交易總金額，此時可以在原本公式與 ARRAYFORMULA 中間包上一層 IF，例如範例 3. 可以改成 =ARRAYFORMULA(IF(A2:A="","",SUMIF(會員卡號 ,A2:A, 銷售額)))，範例 1 / 2. 以此類推。

● 4.2.4　LAMBDA 函式：將公式複用到其他範圍 / 完成迴圈計算

▶ LAMBDA 的使用時機與函式語法

LAMBDA 可以讓使用者創建自己的函式，適合用於需要重複使用的複雜公式，函式用法如下：

語法	LAMBDA([變數_1, 變數_2,...], 公式)
輸入	■ 變數_n：要用於公式中的變數名稱，其名稱規定與 LET 的變數相同。 ■ 公式：要計算的公式，可以使用變數_n 及任何前面介紹過的函式完成。
輸出	LAMBDA 是用來「建立自己的函式」，本身會輸出 #N/A。

舉例來說，若要建立一個函式計算國文、數學、英文的平均成績，可以建立 LAMBDA 如下：

=LAMBDA(國文,英文,數學,(國文+英文+數學)/3)

此時公式會輸出 #N/A，如果要將成績代入至 LAMBDA 中，可在 LAMBDA 後面使用括號帶入，如下：

=LAMBDA(國文,英文,數學,(國文+英文+數學)/3)(85,75,50)

此時公式就會輸出 70 ((85 + 75 + 50) / 3)。

▶ LAMBDA 函式的使用時機與函式語法

除了使用括號對直接指定 LAMBDA 的輸入外，Google Sheets 中有六個專門用來搭配 LAMBDA 的函式 (以下稱為 LAMBDA 函式)，其輸入順序、LAMBDA 變數數量與運作方式如下：

LAMBDA 函式	LAMBDA 變數數量	函式運作方式	常見使用時機
MAP(陣列_1, [陣列_2,...], LAMBDA)	同 MAP 陣列數量	各陣列由上到下代入 LAMBDA 函式。	有多個陣列需要輸入 (最常使用)。
BYROW / BYCOL (陣列或範圍, LAMBDA)	1 個	每一列 / 欄為單位代入 LAMBDA 函式。	針對每一列 / 欄匯總計算。
SCAN / REDUCE (初始值, 陣列或範圍, LAMBDA)	2 個	以迴圈的方式執行 LAMBDA 函式，SCAN 輸出每一次執行的結果、REDUCE 只輸出最終的結果。	迴圈計算累計資料。
MAKEARRAY (x, y, LAMBDA)	2 個	LAMBDA 會輸出 x 列、y 欄的陣列，每次 LAMBDA 分別代入 1, 2, …, x / 1, 2, …, y。	批次生成隨機 / 特定計算方式的陣列資料時。

▶ **範例說明**

以下將使用成績單搭配三個範例說明以上函式的作法：

1. 在 F2 輸入公式計算每一位學生的平均分數：

公式	▪ 方法一：=MAP(C2:C9,D2:D9,E2:E9,LAMBDA(國文,英文,數學,(國文+英文+數學)/3)) ▪ 方法二：=BYROW(C2:E9,LAMBDA(各科成績,AVERAGE(各科成績)))
說明	▪ 方法一：使用 MAP 對每一列的 C / D / E 三列的值計算。 ▪ 方法二：直接使用 BYROW 一次選取所有科目的成績，再於 LAMBDA 中使用 AVERAGE 計算每一列的平均分數，更適合用於多欄的匯總時。

2. 在 G2 輸入公式計算累積國文超過 60 分的學生數：

公式	=SCAN(0,C2:C9,LAMBDA(超過60分學生數,國文,IF(國文>60,超過60分學生數+1,超過60分學生數)))
說明	▪ 要累加計算超過 60 分的學生數，一開始為 **0** 位學生，要判斷的範圍是 **C2:C9** (國文成績所在位置)。 ▪ 在 LAMBDA 中每次會判斷國文是否超過 60 分，如果超過 60 分則「超過 60分學生數」就會增加 **1**，反之就維持不變，最終每一列會輸出這列以上 (含) 有多少學生的國文超過 60 分。

3. 在 H2 輸入公式，輸出每一位學生的學號 (A0 + 由上往下編號 1~8)：

公式	=MAKEARRAY(8,1,LAMBDA(列,欄,"A0"&列))
說明	▪ 最終輸出包含 **8** 列、**1** 欄，因此 MAKEARRAY 的輸入分別 **8**、**1**。 ▪ 在 LAMBDA 中要將 **"A0"** 和所在的列 (陣列第 1, 2, …, 8 列) 以文字形式合併，可以使用「&」連接。 ▪ 此範例中 LAMBDA 雖然沒有使用到欄的資訊，但還是要輸入此變數，因為 MAKEARRAY 搭配的 LAMBDA 就分別是所在列、所在欄。

了解以上函式的用法後，各位讀者可以嘗試改寫上一節 ARRAYFORMULA 的公式，使用 LAMBDA 及 LAMBDA 函式完成，驗收看看自己是否確實了解如何使用吧！

● 4.2.5　自定義函式：把複雜的公式運算轉為函式

▶ **使用時機與方法**

在 Google Sheets 中，使用者除了可以使用 LAMBDA 建立自己的函式外，也能使用內建的「已命名函式」建立一個有專屬名稱的自定義的函式。兩種方式適合的時機分別如下：

☑ **LAMBDA**：主要用於多個範圍同時使用時，因為可以搭配 LAMBDA 函式使用，但比較適合簡單的處理與計算。

☑ **自定義函式**：使用自定義名稱的函式包起來可以讓公式更簡潔美觀，要調整公式時也可以一次調整，適合比較複雜的運算邏輯。

共包括以下步驟：

1. 點選「資料 → 已命名函式 → 新增函式」便能進入新增已命名函式視窗。
2. 設定各項函式基本資料，包括函式名稱、說明、引數預留位置 (也就是函式的輸入，可使用中文)、公式定義，公式基本上會用到引數的內容。
3. 點選「繼續」，設定各引數的說明與範例，完成後點選「建立」即可。

以上的說明也許有些抽象，接下來將使用與 4.2.3 節相同的範例，說明如何將一般的公式轉為自定義函式！

▶ **範例說明**

以下示範三個自定義公式，最終會用於會員資料檔的 J:L 欄中。

1. 年齡 (**出生日期**)：根據出生日期計算年齡。使用一般公式、已命名函式的公式如下，基本上只要將原本公式中的儲存格改為引數名稱即可。

一般公式	=DATEDIF(B2,TODAY(),"Y")
已命名函式	=DATEDIF(出生日期,TODAY(),"Y")

而在已命名函式視窗中原本的公式是各項設定內容如下圖：

設定完並點選建立後，在儲存格中輸入「= 年齡」便能後進入函式的說明，其顯示內容與已命名函式中的各項設定對應關係如右：

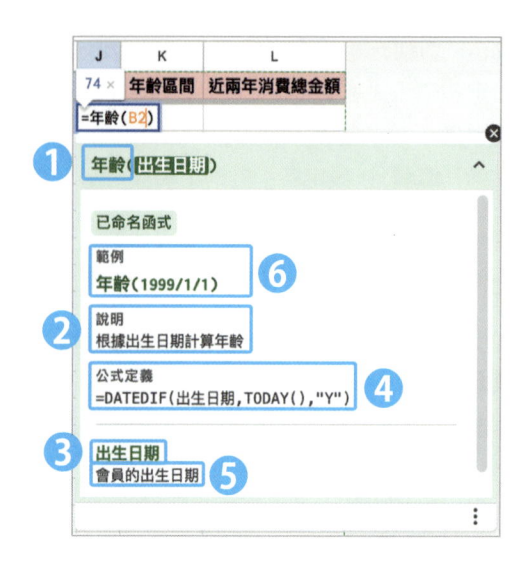

2. 年齡區間 (**年齡**)：根據年齡輸出對應的年齡區間，包括 30 歲以下、31~40 歲、41~50 歲、51~60 歲、61 歲以上。使用一般公式、已命名函式的公式如下：

一般公式	=IFS(J2<=30,"30 歲以下",J2<=40,"31~40 歲",J2<=50,"41~50 歲",J2<=60,"51~60 歲",J2>60,"61 歲以上")
已命名函式	=IFS(年齡<=30,"30 歲以下",年齡<=40,"31~40 歲",年齡<=50,"41~50 歲",年齡<=60,"51~60 歲",年齡>60,"61 歲以上")

了解公式定義後，其他項目的設定方式同範例 1.，請讀者自行練習或參考完成版檔案，完成後函式說明如右：

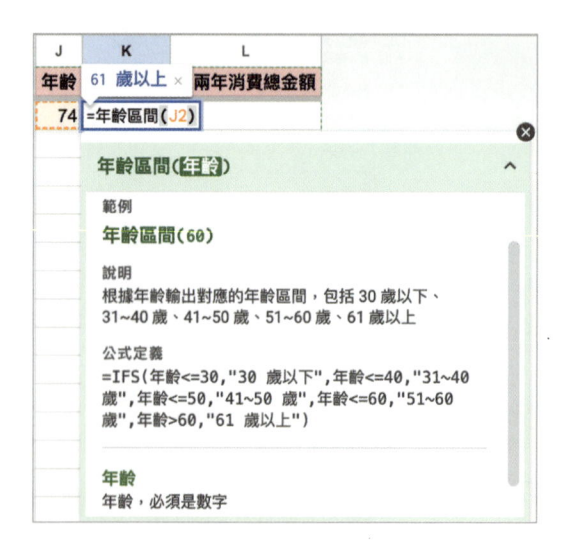

3. 交易總金額 (**卡號**)：統計會員在交易記錄檔中的總銷售額，完成後函式說明如下：

一般公式	=SUMIF(會員卡號,A2,銷售額)
已命名函式	=SUMIF(會員卡號,卡號,銷售額)

了解公式定義後,其他項目的設定方式同範例 1.,請讀者自行練習或參考完成版檔案,完成後函式說明如右:

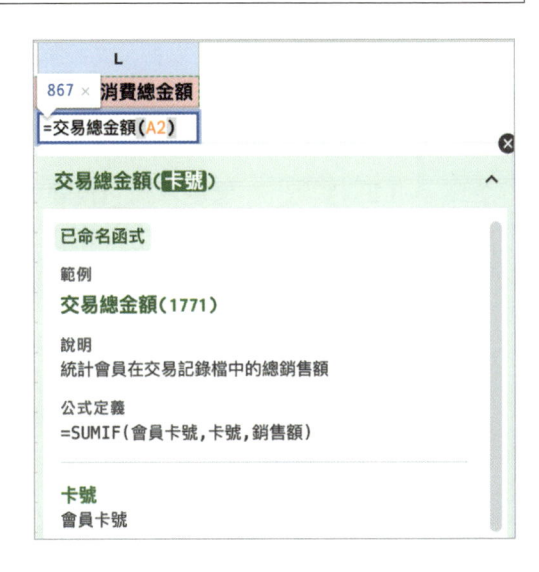

建立完以上三個函式後便能在此份檔案中使用。另外,因為這些函式背後的公式定義皆可支援 ARRAYFORMULA,所以這些函式也可以使用 ARRAYFORMULA,使用後 J2:L2 的公式如下:

- [x] J2 年齡:=ARRAYFORMULA(年齡(B2:B))
- [x] K2 年齡區間:=ARRAYFORMULA(年齡區間(J2:J))
- [x] L2 近兩年消費總金額:=ARRAYFORMULA(交易總金額(A2:A))

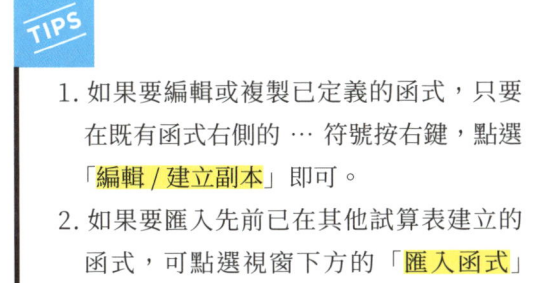

TIPS

1. 如果要編輯或複製已定義的函式,只要在既有函式右側的 … 符號按右鍵,點選「編輯 / 建立副本」即可。
2. 如果要匯入先前已在其他試算表建立的函式,可點選視窗下方的「匯入函式」並選擇相關檔案。

以上兩者於視窗的位置如下圖:

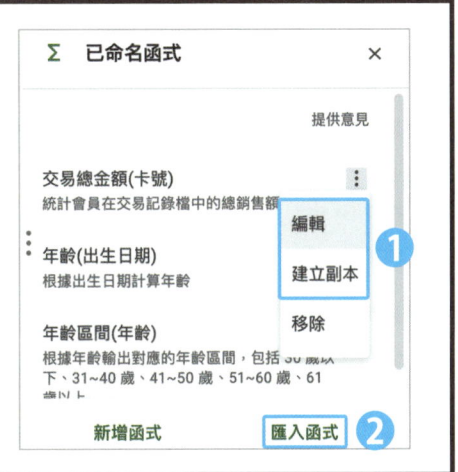

4.2.6 LET：將冗長的公式美化

▶ 使用時機與函式語法

若公式太過冗長導致不易閱讀與調整，除了可以使用自定義函式包裝外，也可以使用內建的 LET 函式來美化公式。LET 可以把公式拆解成很多個變數，並在其他變數與最終公式中引用，讓公式看起來更簡潔，函式說明如下：

語法	LET(變數_1, 值運算式_1, [變數_2, 值運算式_2,...], 公式運算式)
輸入	▪ **變數_n**：要用於之後**值運算式_n** 或**公式運算式**的名稱，可以使用中文，但不能包含空格、特殊字元、使用數字開頭及 A1、B2 等儲存格座標的名稱。 ▪ **值運算式_n**：要代表**變數_n** 的公式，可以用先前已命名過的變數，例如**值運算式_2** 可使用**變數_1** 計算。 ▪ **公式運算式**：要計算的公式，可使用前面所有的**變數_n**。
輸出	**公式運算式** 搭配所有**變數_n** 的計算結果。

舉例來說，假設想要在儲存格 A1、B1 輸入兩個數字，並輸出兩個數字相乘的過程與結果，使用 LET 前後的結果如下：

使用前	=CONCATENATE(A1,"×",B1,"=",A1*B1)
使用後	=LET(乘數,A1,被乘數,B1,CONCATENATE(乘數,"×",被乘數,"=",乘數*被乘數))

雖然使用前 LET 的公式比較短，但較難直接從公式中理解 A1、B1 的意義，另外如果想要將乘數從 A1 改為 C1 時需要更改兩次。如果使用 LET 則能直接在**變數**的名稱說明定義，更動**值運算式**時也只需要更改一次，LET 的效益會在 (1) 變數被大量重複使用或 (2) 公式冗長需要拆解時放大。

▶ 範例說明

接下來將延續會員資料檔的範例進行說明，只是要在沒有年齡欄位的前提下輸出年齡區間，範例如下：

1. 根據 B2 的生日輸出會員的年齡區間，包括 30 歲以下、31~40 歲、41~50 歲、51~60 歲、61 歲以上：

公式	=LET(年齡,DATEDIF(B2,TODAY(),"Y"),IFS(年齡<=30,"30 歲以下",年齡<=40,"31~40 歲",年齡<=50,"41~50 歲",年齡<=60,"51~60 歲",年齡>60,"61 歲以上"))
說明	之前介紹的範例都使用儲存格記錄年齡，在此改用 LET 來儲存年齡的資訊，變數_1 設為「年齡」、值運算式_1 設為 DATEDIF 的公式，並在後面的公式運算式 中使用年齡計算對應的年齡區間。

2. 計算所有會員中「31~40 歲」的會員人數：

公式	=ARRAYFORMULA(LET(年齡,DATEDIF(B2:B,TODAY(),"Y"),年齡區間,IFS(年齡<=30,"30 歲以下",年齡<=40,"31~40 歲",年齡<=50,"41~50 歲",年齡<=60,"51~60 歲",年齡>60,"61 歲以上"),COUNTIF(年齡區間,"31~40 歲")))
說明	此範例分成以下兩個步驟完成： ■ 計算每個會員的年齡區間：這部分延續範例 1.，但是在年齡的部分將 B2 改成 B2:B，並加上 ARRAYFORMULA 一次計算所有會員的年齡區間。 ■ 將所有會員的年齡區間另外儲存成變數「年齡區間」，並使用 COUNTIF 計算「年齡區間」中 31~40 歲的數量。

透過以上兩個例子，讀者能理解 LET 的命名方式、運算邏輯，以及有多個變數時，後面的變數如何運用前面的變數運算 (例如範例 2. 的「年齡區間」使用到「年齡」運算)。

而在 4.2.3~4.2.6 節介紹的各項函式絕對都是完成進階公式與自動化不可或缺的基礎，非常建議各位讀者仔細了解相關語法與使用情境，讓公式除了能順利運作外，還能用有效率的運作、並簡潔美觀的呈現。

4.2.7 跨工具串接函式：IMPORTRANGE / GOOGLEFINANCE / GOOGLETRANSLATE

本節將會介紹三個 Google Sheets 中專屬的函式，用來連接各種 Google 工具，包括 Google Sheets、Google 財經、Google 翻譯三項工具，以下分別說明函式的用法並用簡單的範例說明：

▶ IMPORTRANGE：串聯其他 Google Sheets 的資料

IMPORTRANGE 主要用來引用或合併其他試算表的資料，語法如下：

語法	IMPORTRANGE(試算表網址, 範圍字串)
輸入	▪ 試算表網址：要匯入的 Google Sheets 網址或 ID，須是字串形式。 ▪ 範圍字串："[試算表名稱]!範圍"。須是字串形式，若試算表名稱為空則會預設為第一張工作表。
輸出	匯入試算表網址指定的範圍 (範圍字串)。

舉例來說，如果要輸出 Chapter 3. 完成版範例檔（網址：https://docs.google.com/spreadsheets/d/1fgsg5uR_xlW7LrR3Yqy7T3OW0nUarTjMAnR7UclCdSg/edit) 中工作表「3.1.2 條件式格式設定」A1:B3 儲存格的值，可以使用以下公式：

> =IMPORTRANGE("https://docs.google.com/spreadsheets/d/1fgsg5uR_xlW7LrR3Yqy7T3OW0nUarTjMAnR7UclCdSg/edit?gid=2059110625#gid=2059110625","3.1.2 條件式格式設定!A1:B3")

而在每份檔案第一次使用 IMPORTRANGE 時，都要先點選「允許存取」授予連結權限，如下圖。此外，Google Sheets 中還有匯入不同格式資料的函式，例如 IMPORTXML / IMPORTHTML 等，其用法在此不一一介紹，請有需要的讀者自行研究。

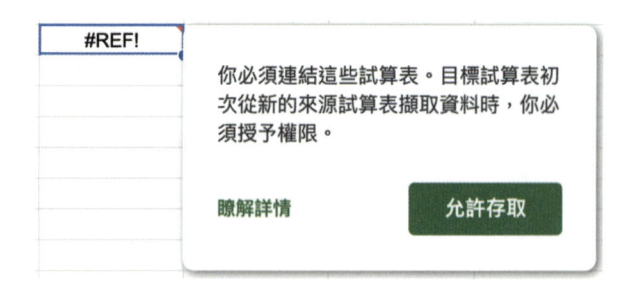

> **TIP**
> IMPORTRANGE 中的試算表網址可以使用試算表的 ID，也就是網址中最像亂碼的部分。例如上 Chapter 3. 完成版範例檔的 ID 就是「1fgsg5uR_xlW7LrR3Yqy7T3OW0nUarTjMAnR7UclCdSg/edit」，而「2059110625」是某一張工作表的 ID，在 IMPORTRANGE 中無需理會。

▶ GOOGLEFINANCE：串接 Google 財經的資料庫

GOOGLEFINANCE 可以讓使用者直接從 Google 財經撈取各種金融資產的歷史與即時數據，以建立客製化的儀表板 (Dashboard)，語法如下：

語法	GOOGLEFINANCE(代號, [屬性], [開始日期], [結束日期|天數], [間隔])
輸入	- 代號：**"交易所代號:有價證券代號"**，交易所代號例如 NASDAQ (美股)、TPE (台股) 等。 - 屬性：要取得的數據種類，預設為即時價格 (**"price"**)，各屬性對應的輸入名稱詳見官方文件說明。 - 開始日期：要擷取從哪天開始的歷史資料，預設為最近一天。 - 結束日期|天數：要擷取到哪一天，可輸入確切日期或幾天份的資料，預設為 2 天。 - 間隔：可選擇每日 (**"daily"**, 1) / 每週 (**"weekly"**, 7)，預設為每日。
輸出	根據各項輸入輸出對應代號、日期與日期間隔的特定屬性資訊，沒有指定日期的話是單一儲存格，有指定日期則會是包括日期、屬性資訊兩欄的陣列。

以下舉兩個例子簡單說明：

1. 取得台積電 (TPE:2330) 的即時價格：公式如下，其中因為即時價格是預設值，因此不需要屬性與日期等輸入

```
=GOOGLEFINANCE("TPE:2330")
```

2. 取得特斯拉 (NASDAQ:TSLA) 在 2024/10/1~2024/10/7 的每日收盤價：公式為

```
=GOOGLEFINANCE("NASDAQ:TSLA","close","2024/10/1","2024/10/7",1)
```

若對投資有深入研究的讀者，使用 GOOGLEFINANCE 活用 Google 財經數據，再搭配各式內建的圖表，絕對是進行研究與分析的一大實用工具，然而使用者需特別注意即時報價每隔一段時間才會更新一次，因此不適合作為短線決策的依據喔！

> **TIP**
> Google 財經的台灣股市僅有上市公司，不包含上櫃跟興櫃公司。

▶ GOOGLETRANSLATE：翻譯儲存格的內容

GOOGLETRANSLATE 可以在儲存格中使用 Google 翻譯轉換文字的語言，語法如下：

語法	GOOGLETRANSLATE(文字, [原文語言], [譯文語言])
輸入	▪ 文字：要翻譯的文字。 ▪ 原文語言：文字是哪種語言，是兩個字母組成的代碼，例如 "en" (英文)、"zh-hant" (繁體中文) 等。預設會自動判斷 ("auto") 文字所屬的語言。 ▪ 譯文語言：要翻譯成哪種語言，一樣是兩個字母的代碼，預設為試算表設定的語言。
輸出	將文字從原文語言翻譯成譯文語言。

以下舉兩個例子簡單說明：

1. 將「This is a good book, isn't it?」翻譯成中文：公式為

=GOOGLETRANSLATE("This is a good book, isn't it?","en","zh-hant")

2. 將「是的，這是一本好書。」翻譯成英文：公式為

=GOOGLETRANSLATE("是的,這是一本好書。","zh-hant","en")

透過以上三個範例，讀者應該也能見識到 Google 對不同產品的高度整合性，而後續的章節也會介紹更多如何在 Google Sheets 中整合更多工具的技能喔！

4.3 讓公式充滿彈性的必備技能

經過上一節的介紹後,相信各位讀者對函式的瞭解增加不少,而本節將進一步介紹幾招搭配函式的技能,以及如何在條件式格式設定、資料驗證等內建功能中使用公式,讓公式的用途更富彈性,以實踐高度自動化!

4.3.1 萬用字元:完成更進階的篩選

▶ 使用時機與方式

當你作為咖啡廳的老闆,想要統計所有包含「___ 咖啡」的品項營業額時,傳統方法會是這樣:

```
=SUMIF(品項,"美式咖啡(熱)",營業額)+SUMIF(品項,"美式咖啡(冰)",營業額)
+SUMIF(品項,"拿鐵咖啡(熱)",營業額)+SUMIF(品項,"拿鐵咖啡(熱)",營業額)+...
```

這種方式公式冗長又容易漏掉品項而計算錯誤,而菜單調整時公式也需要一直更新。在此可以使用 Google Sheets 中萬用字元可以讓這一切變得簡單許多!只需輸入以下公式:

```
=SUMIF(品項,"*咖啡*",營業額)
```

這樣,你就能一次性統計所有菜單上包含「咖啡」的營業額,無需一一列舉,省時又省力!

了解萬用字元的使用時機後,接下來介紹萬用字元的種類與適用的函式,萬用字元共有以下兩種:

萬用字元	定義	範例
*	用於比對零個以上的連續字元	輸入「*咖啡」可以搜尋所有種類的咖啡,例如美式咖啡 / 拿鐵咖啡 / 西西里咖啡等
?	用於比對任何單一字元	輸入「??咖啡」可以搜尋前面有兩個字的咖啡,例如美式咖啡 / 拿鐵咖啡,但西西里咖啡因為有三個字所以不符合條件

> **TIP**
> 其實萬用字元還有第三種「~」,是將 * 與 ? 轉為普通字元,例如要搜尋「Hello?」時,條件要輸入「Hello~?」才能正確搜尋。

然而，不是所有的函式都可以使用萬用字元，可使用的函式如下：

- ☑ SUMIF / COUNTIF / SUMIFS / COUNTIF / dFunction (資料庫函式) 等條件統計值。
- ☑ XMATCH / XLOOKUP：若要使用萬用字元，需要將比對方式 (search_mode) 設定為 2，例如「=XMATCH("*咖啡*",品項,2)」、「=XLOOKUP("*咖啡*",品項,營業額,,2)」。
- ☑ QUERY：在條件中使用 "like …"，但萬用字元為 _ (等同 *) 與 % (等同 ?)，例如 "select sum(B) where A like '%咖啡%' "。

▶ **範例說明**

以下使用交易記錄檔舉幾個範例說明萬用字元的用法，其中每個欄位都已經命名為該欄的標題：

各範例、作法與說明如下表：

1. 計算「大白菜」的總銷售量：

公式	=SUMIF(貨名,"*大白菜*",數量)
說明	*大白菜* 可取得所有「包含」大白菜的貨名。

2. 計算所有大分類名稱為「3_0」的總銷售額：

公式	=SUMIF(大分類名稱,"3?0",銷售額)
說明	3_0 只能有一個數字，因此使用萬用字元「?」。

3. 搜尋最早購買「牛頭牌」產品的交易編號：

公式	=XLOOKUP("牛頭牌*",貨名,交易編號,,2)
說明	牛頭牌* 可取得所有貨名「開頭為」牛頭牌的資料，因為交易資料已依照日期排序，所以第一筆就是最早購買的資料。

4. 承上，輸出該商品的貨名：

公式	▪ 方法一：**=INDEX(貨名,XMATCH("牛頭牌*",貨名,2))** ▪ 方法二：**=XLOOKUP("牛頭牌*",貨名,貨名,,2)**
說明	▪ 方法一：使用 XMATCH 取得第一筆資料所在位置後，再使用 INDEX 取得貨名。 ▪ 方法二：使用 XLOOKUP 將搜尋與結果範圍皆設定為貨名即可。

> **TIPS**
>
> **正規表示式 (Regular Expression)**
>
> 正規表示式是電腦科學中一種描述文字模式的語法，透過一組特定的規則定義文字的結構檢索、替換和操作文字內容。許多程式設計語言都支援利用正規表示式進行字串操作，而在 Google Sheets 中也有以下函式支援使用正規表示式進行篩選、查找與取代。
>
> ▪ REGEXMATCH (文字, 規則運算式)：TRUE / FALSE，文字是否有符合規則運算式的內容。
> ▪ REGEXEXTRACT (文字, 規則運算式)：文字中符合規則運算式的內容，若沒有符合的內容會輸出 #N/A!。
> ▪ REGEXREPLACE (文字, 規則運算式, 取代內容)：將文字中全部符合規則運算式的內容取代成取代內容。
> ▪ QUERY：在條件中使用 **"matches '…' "**，例如 **"select sum(B) where A matches '.*咖啡.*' "**。
>
> 而 ChatGPT 已經對正規表示式的操作瞭若指掌，若想要在 Google Sheets 進行更複雜的文字操作，可以直接詢問 ChatGPT，就不用重頭開始了解正規表示式的語法囉。

● 4.3.2　布林值四則運算：實現複雜條件的和 / 或

▶ 使用時機與方式

在 Google Sheets 中可使用 AND / OR 綜合判斷多個布林值 (即 TRUE / FALSE)，舉例來說要確認「國文成績 > 80 且數學成績 > 80」的公式如下：

=AND(國文成績>80,數學成績>80)

但如果想要判斷較複雜的邏輯時,可以使用將布林值視為數字進行加減,此時 TRUE = 1、FALSE = 0。延續上個例子,可以使用以下兩種方式替換上面的公式:

> (國文成績>80)*(數學成績>80)=1:
> 如果都超過 80 分就會變 1*1=1,因此會輸出 TRUE,若任一條件不成立就會變成 0,因此輸出 FALSE
>
> (國文成績>80)+(數學成績>80)=2:
> 如果都超過 80 分就會變 1+1=2,因此會輸出 TRUE,若任一條件不成立就會輸出 FALSE

▶ **範例說明**

接下來將使用以下成績單搭配兩個進階的範例,說明如何使用布林值的四則運算判斷複雜的條件,其中各欄都已被命名為第 1 列的文字。

1. 計算有兩科以上 (含) 超過 60 分的學生數:

公式	=COUNTA(FILTER(A2:A,(C2:C>60)+(D2:D>60)+(E2:E>60)>=2)) =COUNTIF(ARRAYFORMULA((C2:C>60)+(D2:D>60)+(E2:E>60)),">=2")
說明	▪ 核心算式:(C2:C>60)+(D2:D>60)+(E2:E>60)>=2 ▪ 在 FILTER 中可以直接使用核心算式作為篩選條件,再使用 COUNTA 計算篩選後的學生數 ▪ 如果要使用 COUNTIF 篩選,要在核心算式外包上一層 ARRAYFORMULA 才能逐列計算每一位學生是否符合條件

2. 列出第一位國文、數學都超過 80 分的學生:

公式	=XLOOKUP(1,ARRAYFORMULA((C2:C>80)*(D2:D>80)),A2:A) =XLOOKUP(2,ARRAYFORMULA((C2:C>80)+(D2:D>80)),A2:A)
說明	兩種方式都是用 XLOOKUP 篩選出符合條件的學生姓名,因此只會列出第一位;核心算式分成以下兩種,但不論使用哪一種都要包上一層 ARRAYFORMULA 才能逐列計算每一位學生是否符合條件: ▪ (C2:C>80)*(D2:D>80):如果兩個條件都成立,相乘等於 1 (1*1) ▪ (C2:C>80)+(D2:D>80):如果兩個條件都成立,相乘等於 2 (1+1)

● 4.3.3 在公式中使用陣列：輕鬆組合計算過程與輸出

如第 4.1.4 節介紹，陣列可以用來調整範圍的排列順序，並作為函式的輸入，以下將使用成績單搭配三個範例介紹如何在公式中使用陣列。

1. 在成績單 F1 計算每一位學生的總平均：

公式	={"總平均";ARRAYFORMULA((C2:C+D2:D+E2:E)/3)}
說明	先使用 ARRAYFORMULA 一次計算所有資料的總平均，再使用陣列加上表頭，格式為「{"欄位";...}」。 此方法直接在表頭輸入公式，能避免使用者因為調整資料而影響計算結果。

2. 使用 VLOOKUP 取得學號 A04 的學生：

公式	=VLOOKUP("A04",{B2:B,A2:A},2,0)
說明	VLOOKUP 要搜尋的項目 (在此為 "A04") 一定要在範圍的首欄。若不在首欄，可以用陣列重組範圍，讓要搜尋的欄位放到首欄。 此範例就是直接將將範圍改為 {B2:B,A2:A}，再指定輸出第 2 欄 (即 A2:A)。

> **TIP**
> 此範例也可以直接使用 XLOOKUP 完成，即 =XLOOKUP("A04",B2:B,A2:A,,0)

3. 取得所有英文 80 分的學生與總平均，並將輸出增加表頭 (學生 & 總平均)：

公式	={"學生","總平均";FILTER({A2:A,F2:F},E2:E=80)}
說明	公式中使用兩次陣列，以下詳細拆解公式的邏輯： ▪ FILTER 輸出的欄位：要輸出的欄位有兩個且不相鄰，因此可以使用陣列合併範圍，即 {A2:A,F2:F}。 ▪ 增加表頭：因為輸出有兩個欄位，因此使用陣列合併表頭時也要有兩個欄位，格式為 {"學生","總平均";...}。以逗號分隔不同欄位後，再用分號換成下一列。

由以上三個範例可知，陣列可重組各項函式的輸入範圍，並將公式在表頭避免被更動，然而需特別注意在表格資料中，表頭不支援公式，所以範例 1. / 3. 會無法使用。

4.3.4 在內建功能中使用公式：實現更客製化的條件設定

在第 3 章介紹到的資料驗證 / 條件式格式設定 / 篩選器 / 資料透視表都可以自訂公式設定進階條件，實現更客製化的設定。本小節將使用交易記錄檔搭配範例示範各項用法。

▶ **在條件式格式設定中使用公式**

在條件式格式規則視窗中的格式規則中選擇「自訂公式：」並輸入公式即可。公式應該用套用範圍中「最左上角的儲存格」作為參照依據，例如套用範圍是 A1:E5，不同的公式參照結果如下：

公式	判斷依據的儲存格
B3 > 10	A1:E5 會分別使用 B3:F7 儲存格的內容判斷
$B1 > 10	A1:E5 會分別使用 $B1:$B5 儲存格的內容判斷 (因為 B 欄採絕對參照)

舉例來說，如果要將貨名包含「台灣」或「臺灣」的資料整列填滿顏色設為淺綠色 2。要套用的範圍是 A2:J759，若要檢驗 $H2:$H759 是否包含「台灣」或「臺灣」，輸入的公式應該使用 $H2 判斷。此時可以請 ChatGPT 協助完成公式：

問

我想在 Google Sheets 中判斷 $H2 儲存格是否包含「台灣」或「臺灣」，輸出為 TRUE / FALSE

答

可能會出現以下幾種公式，

=REGEXMATCH($H2, "台灣|臺灣")
=OR(ISNUMBER(SEARCH("台灣", $H2)), ISNUMBER(SEARCH("臺灣", $H2)))
=COUNTIF($H2, "*台灣*") + COUNTIF($H2, "*臺灣*") > 0

設定規則與完成結果如下 (自訂公式太長無法完整顯示)：

[圖：Google Sheets 條件式格式規則設定畫面，套用範圍 A2:J759，自訂公式 =REGEXMATCH($H2, "f"]

> **TIP**
> - 目前各項生成式 AI 與 Google Sheets 內建功能的整合性還不夠強，因此詢問時建議把問題拆的更小提高回答正確率，例如在此只問「判斷 $H2 儲存格 ...」而非「要設定條件式格式 ...」。
> - 在各項內建功能中套用自訂公式時，條件的輸出都是「TRUE / FALSE」，才能篩選出 TRUE 的值，後面的範例也是一樣的原則。

▶ 在篩選器中使用公式

只要在篩選器的「依條件篩選」中選擇「自訂公式：」並輸入公式即可，公式可以使用其他儲存格的範圍，與條件式格式設定相同。

舉例來說，如果想篩選「店號為 105 且在 2022/1/20 (含) 以前」或「店號為 122」的交易記錄，另存篩選器並命名為「抽樣資料」，可以請 ChatGPT 完成公式：

> **問**
> 我想在 Google Sheets 中判斷「$C2 為 "105" 且 $D2 日期早於 2022/1/20」或「$C2 為 "122"」，輸出為 TRUE / FALSE

> **答**
> =OR(AND($C2="105",$D2<DATE(2022,1,20)),$C2="122")

在任一欄輸入此公式都能得到正確的篩選結果，篩選後另存檢視畫面即可，完成結果如下 (自訂公式太長無法完整顯示)：

CHAPTER 4　成為大師的第一步！徹底理解公式的底層邏輯與實務應用

4-35

▶ 在資料驗證中使用公式

在資料驗證中，只要條件中有提供「值或公式」的項目都可以輸入值或公式，包括：

- ☑ **文字相關**：包含 / 不包含 / 完全符合的內容。
- ☑ **數字 / 日期相關**：大於 / 小於 / 介於 / 等於等項目，都可以指定特定值或公式。
- ☑ **自訂公式**：與條件式格式設定、篩選器原理相同，但建議公式本身與套用範圍有關以避免邏輯混亂。

舉例來說，想要限制儲存格 L2（開始日期）、M2（結束日期）輸入的日期，L2 不能早於最早的交易日期早、M2 不能晚於最晚的交易日期，而且 L2 不能比 M2 晚。

所有與內容判斷相關的資料驗證皆可直接輸入公式，根據敘述可以統整成以下規則：

- ☑ **L2（開始日期）**：日期介於**第一筆資料 MIN(D:D)** 與 **M2** 之間。
- ☑ **M2（結束日期）**：日期介於 **L2** 與 **最後一筆資料 MAX(D:D)** 之間。

梳理好規則後，便能直接在資料驗證中使用公式了。其中<mark>條件中的 M2 / L2 都要加上 = 以轉成公式</mark>，不然 Google Sheets 會讀成文字而非儲存格中的值。設定結果如下圖，建議讀者可以在設定完成後在 L2:M2 輸入各種值測試是否正常運作。

4-36

```
套用範圍
'4.3.4 在內建功能中使用公式'!L2

條件
日期介於                    ▼

=MIN(D:D)
和
=M2
```

```
套用範圍
'4.3.4 在內建功能中使用公式'!M2

條件
日期介於                    ▼

=L2
和
=MAX(D:D)
```

▶ 在資料透視表中使用公式

資料透視表的「值」除了匯總原本資料範圍中的欄位外,也可以使用公式計算結果,只要點選編輯器值旁邊的「新增 → 計算結果欄位」並輸入公式即可,而輸入公式時有以下兩點要注意:

☑ 使用資料範圍的欄位計算時,會以「欄位表頭名稱」表示,例如 '交易編號'、'會員卡號'。
☑ 只能使用資料範圍中的資料,不能串接到其他範圍或工作表。

而除了「值」之外,「篩選器」也可以使用公式,用法與「在篩選器中使用公式」相同,在此不重複介紹。

了解以上的原則後,如果想要在 O1 儲存格建立資料透視表統計 M2:N2 的日期區間內每一位會員的交易次數與交易總金額,各元素的作法如下:

☑ **列**:會員卡號。
☑ **值**:交易次數、交易總金額都需要新增計算結果欄位,分別如下:
  - **交易次數**:使用「=COUNTUNIQUE('交易編號')」計算不重複的交易編號數量,匯總依據設為「自訂」。
  - **交易總金額**:使用「=SUMPRODUCT('數量','售價')」計算所有數量 × 售價加總,匯總依據設為「自訂」。

☑ **篩選器**:選擇交易日期並輸入值介於「=M2」和「=N2」即可用儲存格作為篩選依據。

上述設定完成後,再更改計算結果欄位的名稱即可。完成的編輯器各元素與結果如下:

列　　　　　　　　　新增

會員卡號　　　　✕

排序：遞增
排序依據：會員卡…
☑ 顯示總計

欄　　　　　　　　　新增

值 方向：欄數　　　新增

交易次數　　　　✕

公式
=COUNTUNIQUE('交易編號')

匯總依據：自訂
顯示方式：預設

交易總金額　　　✕

公式
=SUMPRODUCT('數量','售價')

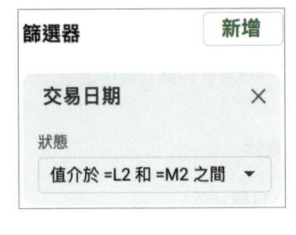

匯總依據：自訂
顯示方式：預設

篩選器　　　　　　新增

交易日期　　　　✕

狀態：值介於 =L2 和 =M2 之間

	O	P	Q
1	會員卡號	交易次數	交易總金額
2	1771	1	867
3	1852	6	2,299
4	1902	1	599
5	2181	3	1,542
6	2193	2	625
7	2944	1	225
8	3436	1	900
9	3706	2	1,192

TIPS　計算結果欄位的「匯總依據」

透視表的值如果選擇範圍中的欄位，可選擇 SUM / COUNT 等匯總依據，但計算結果欄位只有 SUM 與自訂兩種，其計算方式如下：

- **SUM**：會將欄位加總後再運算。以交易總金額為例，如果公式輸入「='數量'×'售價'」並選擇匯總依據為 SUM，系統會使用 =SUM('數量')×SUM('售價') 計算，因此只適合用於加減，不適合用於乘除！
- **自訂**：會直接使用公式中的匯總函式計算，例如 SUMIF / COUNTA / AVERAGEIFS 等，而本節示範的 COUNTUNIQUE、SUMPRODUCT 也都是匯總函式。

4-38

CHAPTER

5

跨工具夢幻連動！整合
Google Workspace 工具
的智慧工作術

了解如何使用進階的 Google Sheets 公式完成報表自動化後，本章將進一步介紹各種能與 Google Sheets 連動與自動化的工具，讓自動化的範圍從試算表擴張到各式 Google 工具，包括 Google 表單、文件、簡報、BigQuery、Looker Studio、Apps Script 等，其中 Apps Script 更是第二部分各專案都會用到的工具。建議各位讀者可以跟著書中操作一次，了解 Google 是如何整合 Workspace 各項工具的功能吧！學完本章後你將會學到：

- ☑ 使用智慧型方塊插入 Google 各項應用程式，並使用資料擷取取得相關資訊。
- ☑ 串接 Google 表單回覆並即時連動。
- ☑ 將整理後的結果插入至 Google 文件 / 簡報中。
- ☑ 下載並使用外掛程式套件，完成進階需求。
- ☑ 建立 BigQuery 專案並串接 Google Sheets 的資料，及在 Google Sheets 中使用 BigQuery 的資料進行分析。
- ☑ 建立 Looker Studio 互動式的資料視覺化報表，並管理資料源及報表權限。
- ☑ 建立 Apps Script 專案，並使用巨集、生成式 AI 撰寫程式碼。

第五章示範空白檔案　　第五章示範完成檔案

TIP
掃描 QR Code 建立副本一起操作吧！

5.1 優化工作效率的強大工具

本節將先介紹如何在日常的功能中與其他工具串接，包括 (1) 在 Google Sheets 中附上 Google 雲端的檔案 / 地圖 / 財經等工具、(2) 如何與文件 / 簡報 / 表單進行最基本的互動、(3) 在各式 Google 工具中使用外掛套件以完成進階的功能。學完本節的內容後，您將充分體驗 Google 工具的強大整合性與開放性！

● 5.1.1 智慧型方塊

▶ 使用智慧型方塊插入各類資訊

在 Google Sheets 中能快速插入智慧型方塊，或將各種 Google 的應用程式轉為智慧型方塊，包括下拉式選單、評分、Google 信箱、Google 雲端硬碟檔案 (資料夾、文件、CSV、PDF 等皆可)、Google 日曆事件、Google 地點、Youtube 影片、Google 財經資訊，各項資訊插入結果如下圖：

	A	B
1	種類	方塊
2	下拉式選單	高
3	評分	★★★★☆
4	Google 信箱	杜昕
5	Google 雲端硬碟檔案	Chapter 3. 不用公式也沒問題！Google Sheets 內建的資料整理術
6		Chapter 3. 不用公式也沒問題！Google Sheets 內建的資料整理術 (完成版)
7	Google 日曆事件	跨年派對
8	Google Map 地點	National Taiwan University
9	Youtube 影片	Rick Astley - Never Gonna Give You Up (Official Music Video)
10	Google 財經資訊	0050

使用智慧型方塊的有以下好處：

- ☑ **美觀呈現**：有別於使用網址呈現，智慧型方塊能直接顯示網址的類型、內容。
- ☑ **高互動性**：各式智慧型方塊互動的功能不同。例如點擊 Google 日曆事件就能顯示詳細資訊，或是將此份 Google Sheets 檔案插入至該事件中作為附件；點擊 Google 財經資訊就能顯示即時價格並轉至對應的頁面。

了解智慧型方塊的使用範圍、外觀與好處後,接下來介紹以下兩種可以插入智慧型方塊的方式:

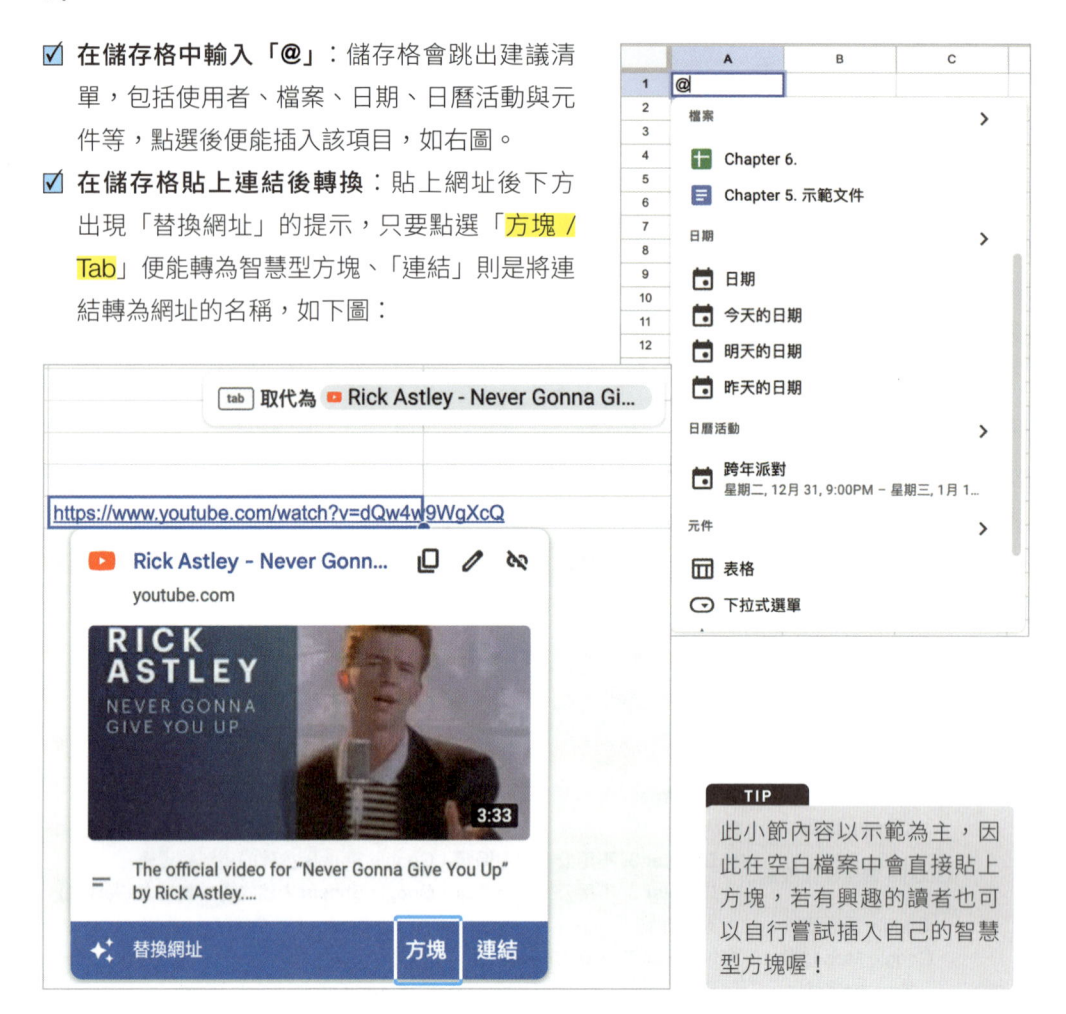

- ☑ **在儲存格中輸入「@」**:儲存格會跳出建議清單,包括使用者、檔案、日期、日曆活動與元件等,點選後便能插入該項目,如右圖。
- ☑ **在儲存格貼上連結後轉換**:貼上網址後下方出現「替換網址」的提示,只要點選 <u>方塊 / Tab</u> 便能轉為智慧型方塊、「連結」則是將連結轉為網址的名稱,如下圖:

> **TIP**
> 此小節內容以示範為主,因此在空白檔案中會直接貼上方塊,若有興趣的讀者也可以自行嘗試插入自己的智慧型方塊喔!

▶ 資料擷取取得方塊中的元素

資料擷取是將 Google 使用者 / 雲端硬碟檔案 / 日曆事件的智慧型方塊資訊擷取至不同資料列或資料欄,只要點選 <u>資料 → 資料擷取</u> 便能進入資料擷取視窗,視窗中的「擷取」頁面可設定項目包括:

- ☑ **擷取來源**:要擷取哪個儲存格中的智慧型方塊。
- ☑ **要擷取的資料**:要擷取的內容,每種智慧型方塊可擷取的資訊不同。
- ☑ **擷取至**:要將擷取的資料存放在哪個儲存格,擷取多項資料時會延伸至多欄。

另外，如果智慧型方塊的資訊有更動，可至「重新整理並管理」頁面中點選「全部重新整理」更新至最新的資訊。

以下圖為例，信箱可擷取電子郵件、姓名資訊兩項資料，完成以上三項設定後，只要點選「解壓縮」即可輸出智慧型方塊中的電子郵件與姓名。

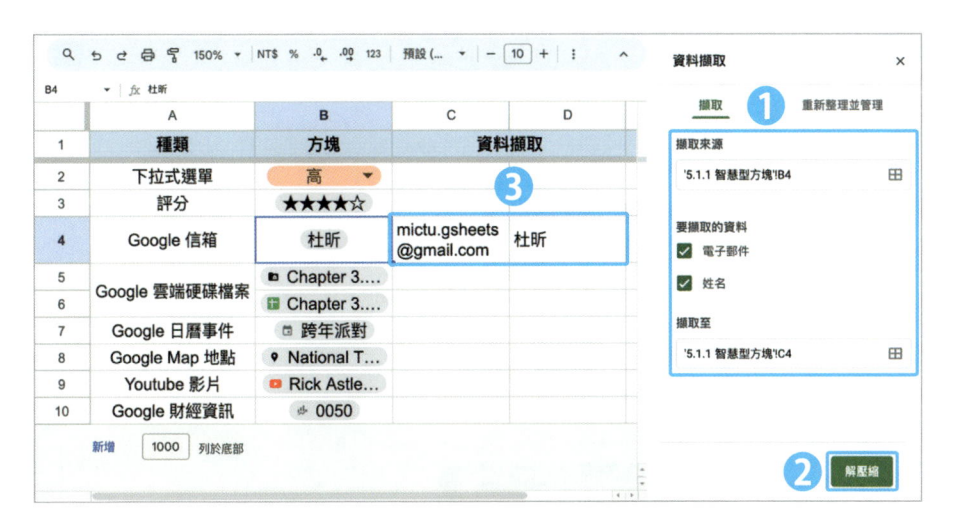

> **TIP**
> 擷取資料也能使用公式完成，例如輸入「=B4.email」就會輸出 B4 智慧型方塊的 Email，其實資料擷取也是在點選「解壓縮」後直接插入公式完成的喔。

● 5.1.2 與 Google 表單、文件、簡報串接

▶ 與 Google 表單連動

在工作 / 課堂報告中，不免會需要製作 Google 表單來搜集資料，而表單回覆的結果除了能使用內建的摘要功能查看外，更可以輸出到 Google Sheets 中，在此我們簡單建立一份表單如右圖：

接下來只要點選「回覆 → 連結至試算表 → 選擇回應目標位置」，點選建立後就可以在目標試算表看到表單回應，會插入一張工作表並以表格形式即時記錄所有回覆，如下圖：

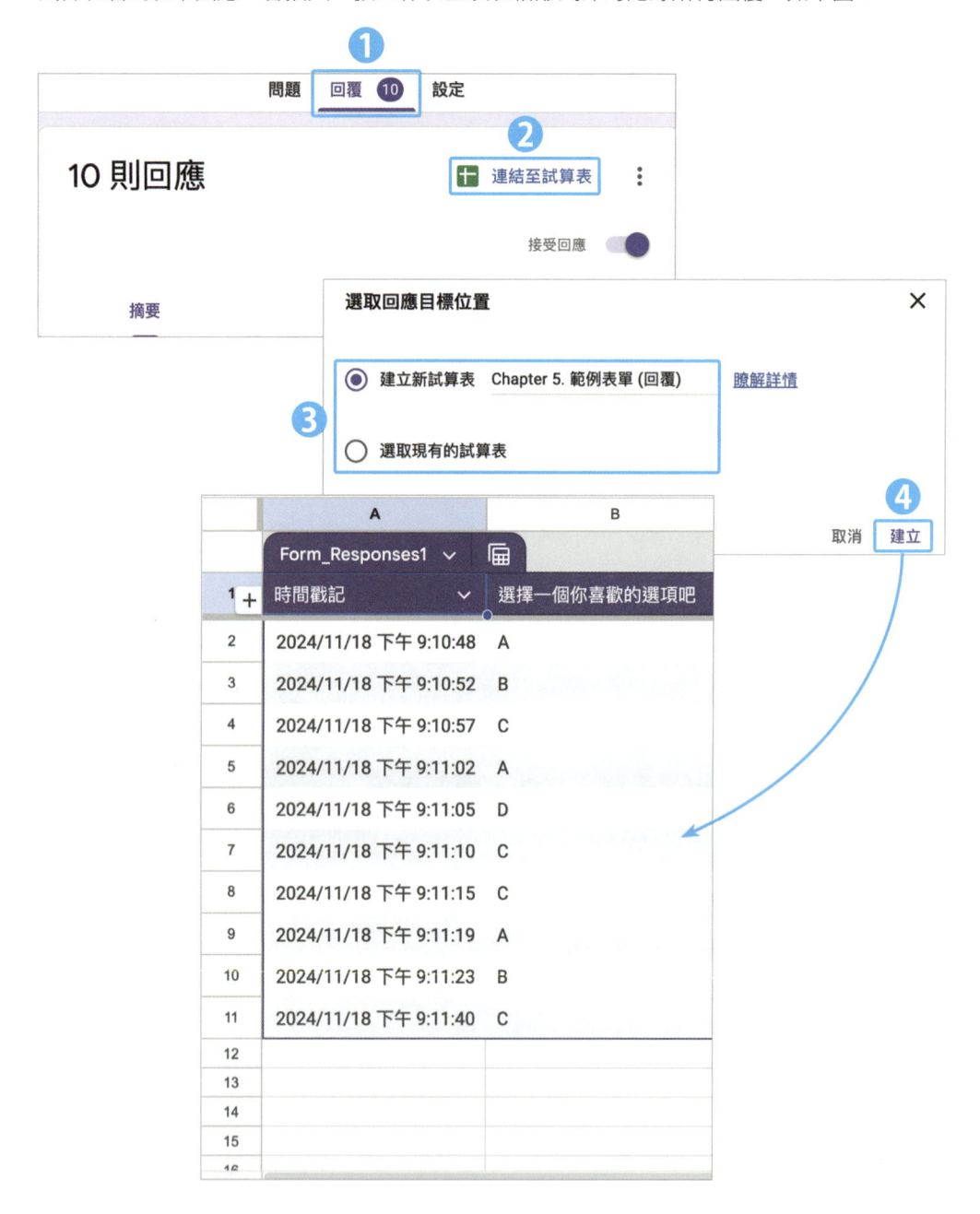

連接表單內容後，就可以使用內建的各種公式、圖表、資料透視表分析表單的回覆內容。如果要設定表單內容，可以在工具列的「工具 → 管理表單」中進行以下幾種設定：

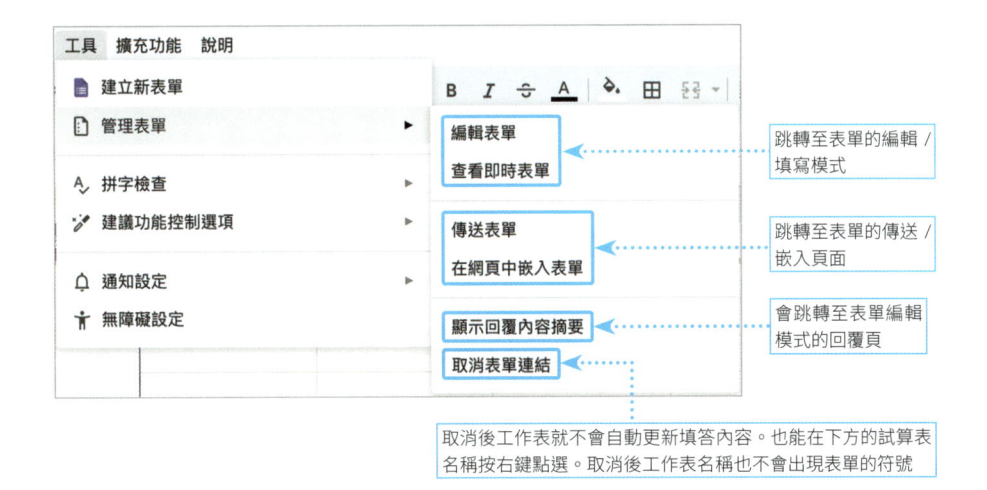

▶ 將分析的內容同步到 Google 文件 / 簡報中

如果要在文件 / 簡報中使用 Google Sheets 的表格 / 圖表資料，可以直接複製 Google Sheets 的內容並在文件 / 簡報貼上，貼上之後會跳出視窗詢問是否要連接至試算表，選擇「連接至試算表」後便能與 Google Sheets 的資料連動，如下圖：

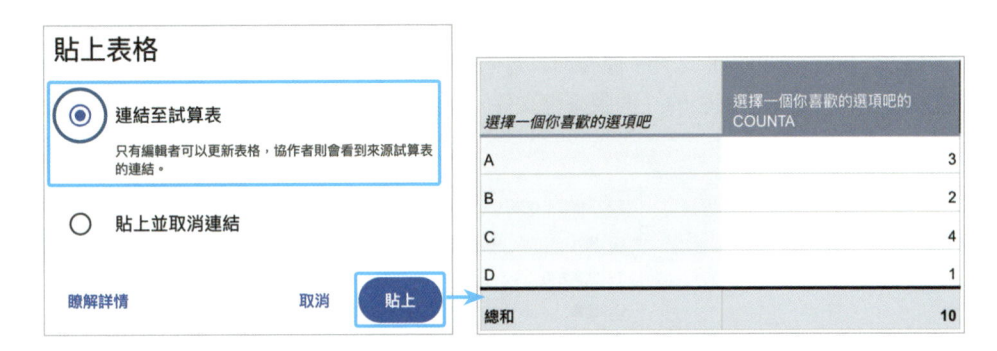

而貼上後文件 / 簡報可以進行以下兩項編輯：

- ☑ **更新資料**：若原始表格 / 圖表變動時，表格 / 圖表上方會出現更新符號，只要點選「更新」便能同步內容。

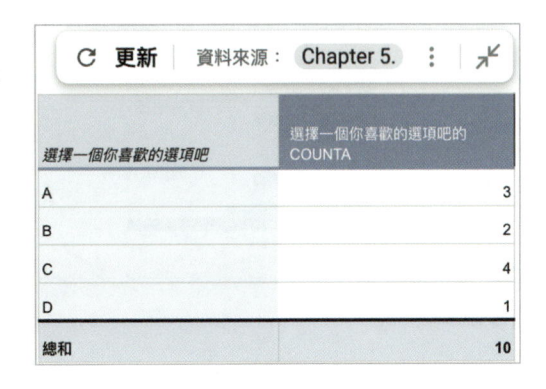

☑ **編輯連接內容**：點選連接的表格 / 圖表旁的 ⋮ 符號便能調整以下內容：

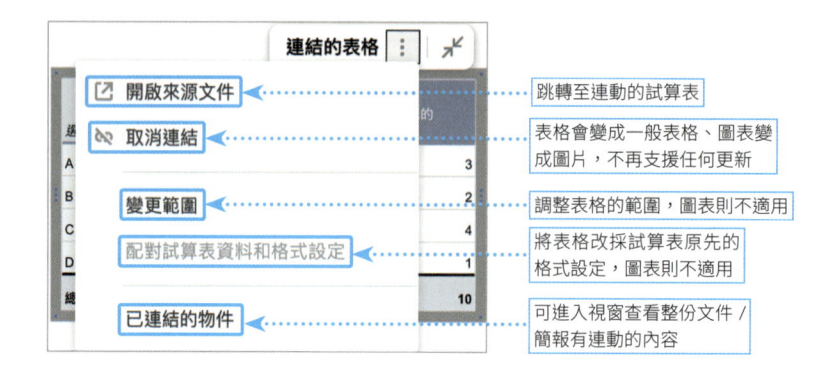

- 開啟來源文件 ┄┄┄ 跳轉至連動的試算表
- 取消連結 ┄┄┄ 表格會變成一般表格、圖表變成圖片，不再支援任何更新
- 變更範圍 ┄┄┄ 調整表格的範圍，圖表則不適用
- 配對試算表資料和格式設定 ┄┄┄ 將表格改採試算表原先的格式設定，圖表則不適用
- 已連結的物件 ┄┄┄ 可進入視窗查看整份文件 / 簡報有連動的內容

了解如何讓 Google Sheets 與其他 Google 的產品連動後，可以將所有需要分析的資料都透過 Google 的工具完成，節省做報告時在不同系統之間轉換的難度與時間。

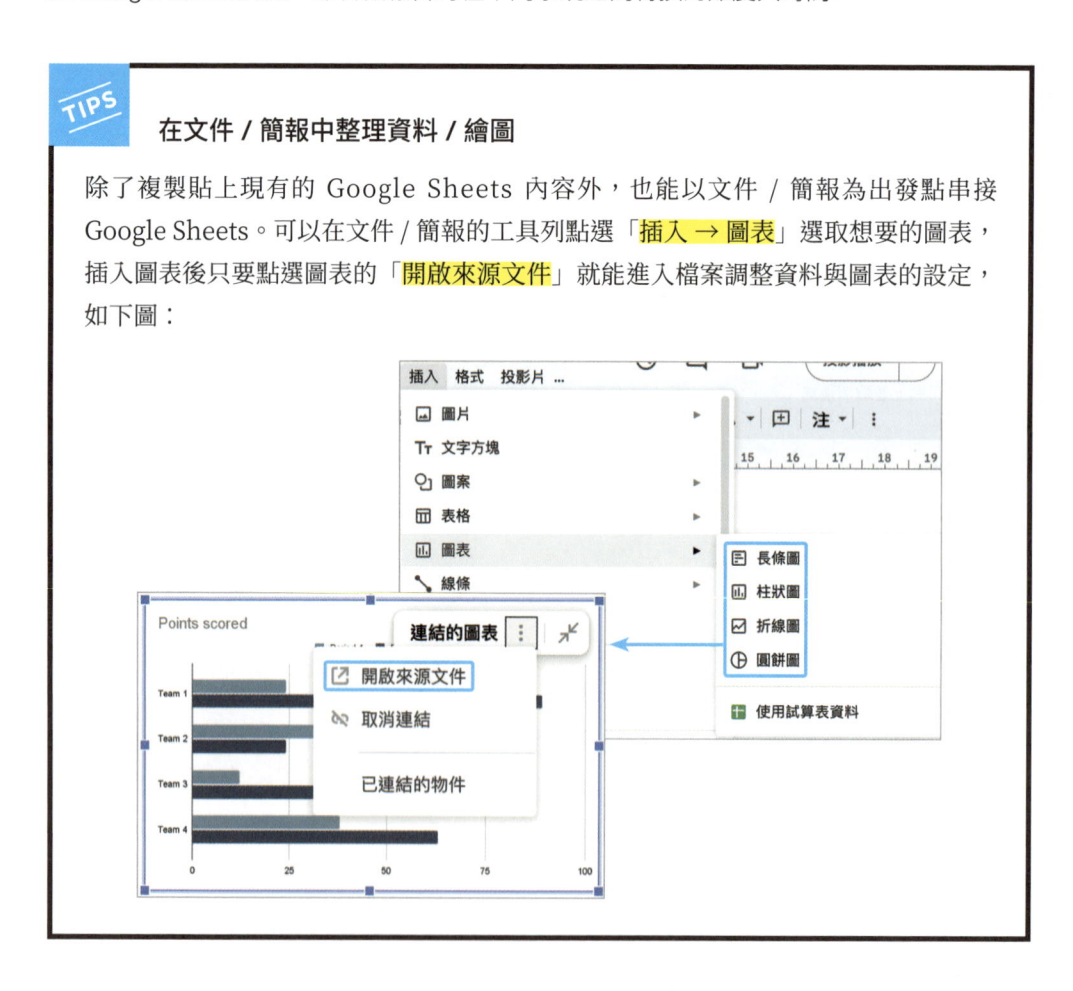

TIPS

在文件 / 簡報中整理資料 / 繪圖

除了複製貼上現有的 Google Sheets 內容外，也能以文件 / 簡報為出發點串接 Google Sheets。可以在文件 / 簡報的工具列點選「**插入 → 圖表**」選取想要的圖表，插入圖表後只要點選圖表的「**開啟來源文件**」就能進入檔案調整資料與圖表的設定，如下圖：

5-8

5.1.3 使用外掛套件

▶ 如何下載外掛套件

Google 工具另一個強大之處在於有很多官方或民間開發的外掛程式，可以節省日常工作中的時間，這些外掛程式會安裝在你的 Google 雲端硬碟上，因此不限於 Google Sheets，文件 / 簡報 / Gmail 等都有實用的外掛程式可供下載。

如果想要在 Google Sheets 中使用 GPT-4o 和 Gemini 等生成式 AI，可以下載外掛套件 GPT Workspace，從 Google Sheets 中下載的步驟如下：

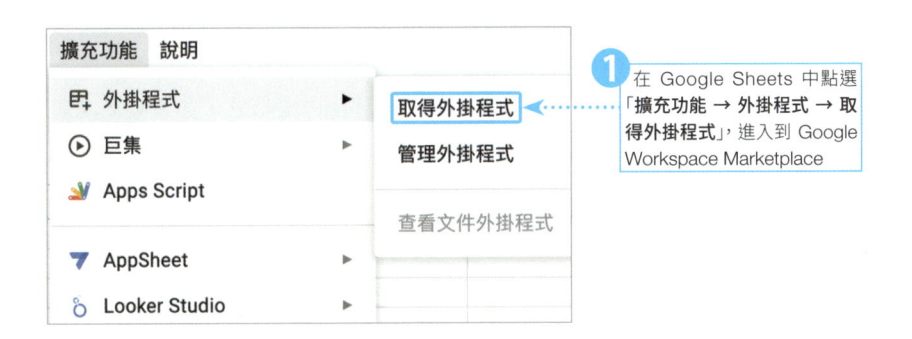

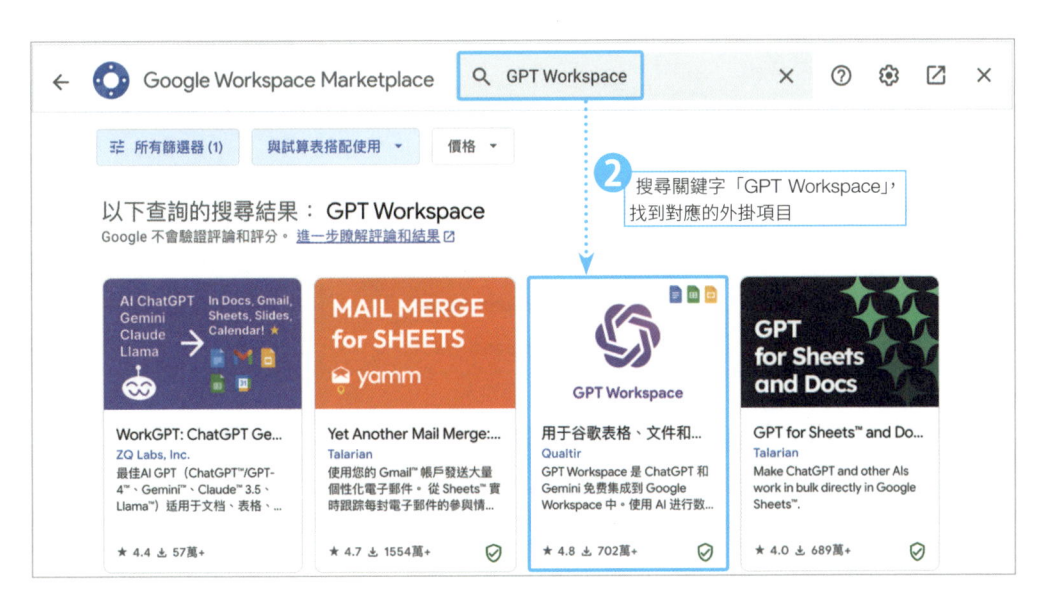

❶ 在 Google Sheets 中點選「擴充功能 → 外掛程式 → 取得外掛程式」，進入到 Google Workspace Marketplace

❷ 搜尋關鍵字「GPT Workspace」，找到對應的外掛項目

[圖：Google Workspace Marketplace 中搜尋 GPT Workspace 的畫面]

❸ 安裝 GPT Workspace，過程請一路點選信箱與允許即可下載

下載完成後在「擴充功能」中可以找到所有下載過的外掛程式，如下圖。接下來將介紹如何使用 GPT Workspace 讓 AI 完成各式需求。

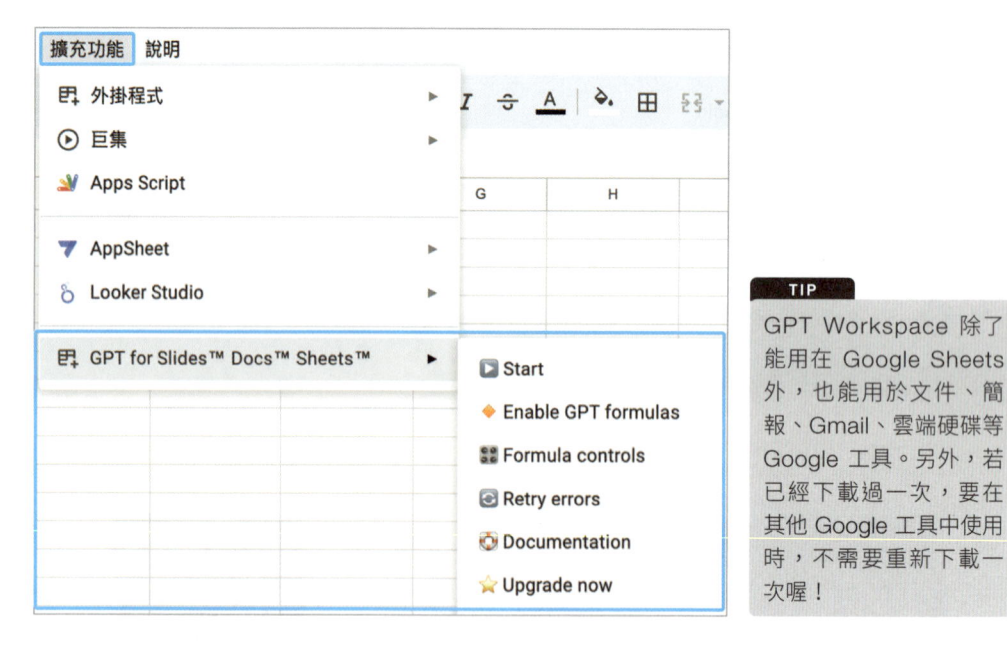

[圖：擴充功能選單，顯示 GPT for Slides™ Docs™ Sheets™ 的子選單，包含 Start、Enable GPT formulas、Formula controls、Retry errors、Documentation、Upgrade now]

TIP
GPT Workspace 除了能用在 Google Sheets 外，也能用於文件、簡報、Gmail、雲端硬碟等 Google 工具。另外，若已經下載過一次，要在其他 Google 工具中使用時，不需要重新下載一次喔！

▶ **GPT Workspace：使用 AI 函式解決問題**

GPT Workspace 與 Google Sheets 互動的方式可分成以下兩種：

☑ **在右側視窗互動**：點選「▶ Start」後會右側出現下圖的視窗，選擇儲存格後可在下方的 Chatbot 輸入 prompt，並在 AI 回覆至最下方選擇「插入」便能將回覆內容貼上至選擇的儲存格中，或「複製」到任何一個地方都可以。

5-10

☑ **使用公式互動**：點選「◆ Enable GPT formulas」後便能在 Google Sheets 中使用 GPT Workspace 的函式，可在視窗中的「公式列表」查看各函式的用法與使用時機，列舉如下：

想法生成	=GPT("我想設計一本書介紹 Google Sheets 的用法，包括如何串接其他 Google 工具、生成式 AI 等功能，預計共有 15 章，幫我設計每一章的標題")
公式輸入	=GPT_LIST("計算每位學生的平均分數，每位學生為一行。只顯示平均分數。",A7:E14)
資料搜尋	=GPT_TABLE("台灣各縣市面積大小")

若要將公式轉換為值或重跑一次，可以點選「⦂ Formula controls」進入控制視窗，選擇「凍結全部 / 範圍」可將公式轉換為值、「刷新全部 / 範圍」能讓公式重新生成結果。

除了 Google Sheets 外，GPT Workspace 也能使用在文件 / 簡報 / Gmail 中，而官網、Youtube 有詳細的介紹影片與文檔，因此在本書不多做介紹。但使用時請務必注意以下幾點：

☑ 雖然可以免費下載且每天有一定數量的 token，但大量使用時需要付費。
☑ 實際對話時中文的效果較英文差，建議斟酌使用。
☑ 使用 AI 搜尋資料時可能產生幻覺與出錯，因此一定要再次檢查輸出的正確性。

5.2
Google Sheets × BigQuery：
輕鬆分析巨量資料

假設你是一間連鎖超市的老闆，你可能會用到前面幾章範例使用的交易記錄檔、會員資料檔，但實際上這些資料可能會有數千萬筆資料，還包括進貨記錄、折價券與促銷活動資料、各分店資訊、客戶支付方式資料等，此時傳統的 Excel / Google Sheets 無法儲存這麼大量的資料，此時你可能就會將數據放到雲端儲存，而 BigQuery 是 Google 開發的一種儲存巨量資料的倉儲服務，讓分析師、資料科學家可以用 SQL 語法輸入指令查詢資料，不用擔心資料量太大的問題，本節將會介紹如何建立 BigQuery 專案，並與 Google Sheets 互動。

● 5.2.1 新增一個 BigQuery 專案

▶ BigQuery 專案是什麼

可以把 BigQuery 想成一間房子，而房子裡面有以下三種不同的顆粒度：

- ☑ **專案** (Project)：房子裡的每個「房間」，每個專案的設計都不同，例如資料的組織方式、使用權限等，也會分開計算專案的使用資源與費用。
- ☑ **資料集** (Dataset)：房間裡的每個「書櫃」，每個資料集就像一個資料夾，用來存放相關的資料表。
- ☑ **資料表** (Table)：書櫃裡的「書」，每個資料表就像一張 Google Sheets 工作表，用來儲存實際資料。

因此在使用 BigQuery 之前，需要先有一個專案、資料集，才能夠存放各種資料並查詢，也才有計算費用的基礎。

> **TIP**
> BigQuery 每個月有一些免費查詢與儲存額度，本書介紹的內容都可以在免費額度內使用，讀者可以放心跟著書中操作。

▶ 新增 BigQuery 專案

若要建立一個新的專案，可以在 BigQuery 的控制台裡 (https://console.cloud.google.com/bigquery) 新增，步驟如下：

1. 點選左上角「選取專案」，進入選取專案介面後選擇右上角的「新增專案」。
2. 設定專案的名稱與位置，若是私人信箱將位置選為「無機構」即可，完成後點選「建立」。

完成後回到控制台，就能在選取專案介面中找到剛剛建立的專案，選取後就能進到專案中，作為計算費用、存放資料庫與資料表的依據，如下圖：

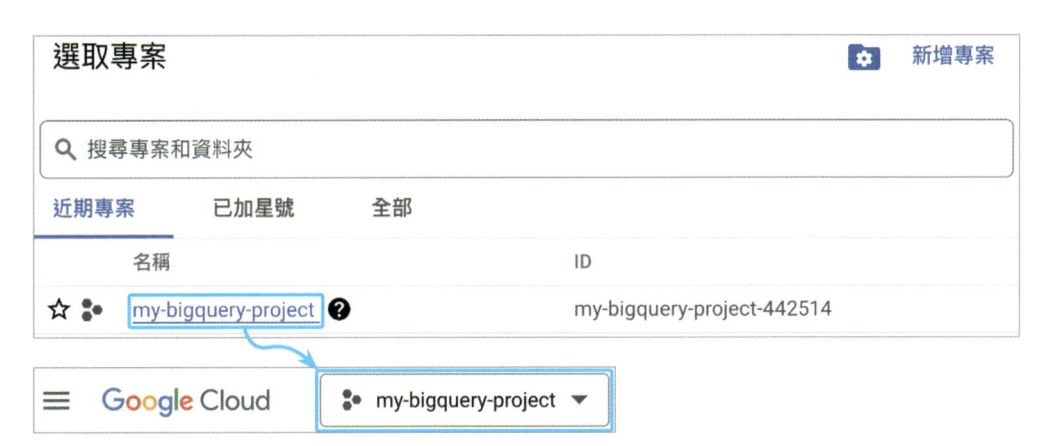

▶ 建立資料集

若要在專案中建立資料集，可以在 BigQuery Studio 中新增，只要點選左上角導覽選擇「BigQuery → BigQuery Studio」即可進入 BigQuery Studio，如右圖。

專案介面如下圖，左側為專案中各項資料集與功能，右側為寫程式碼的地方：

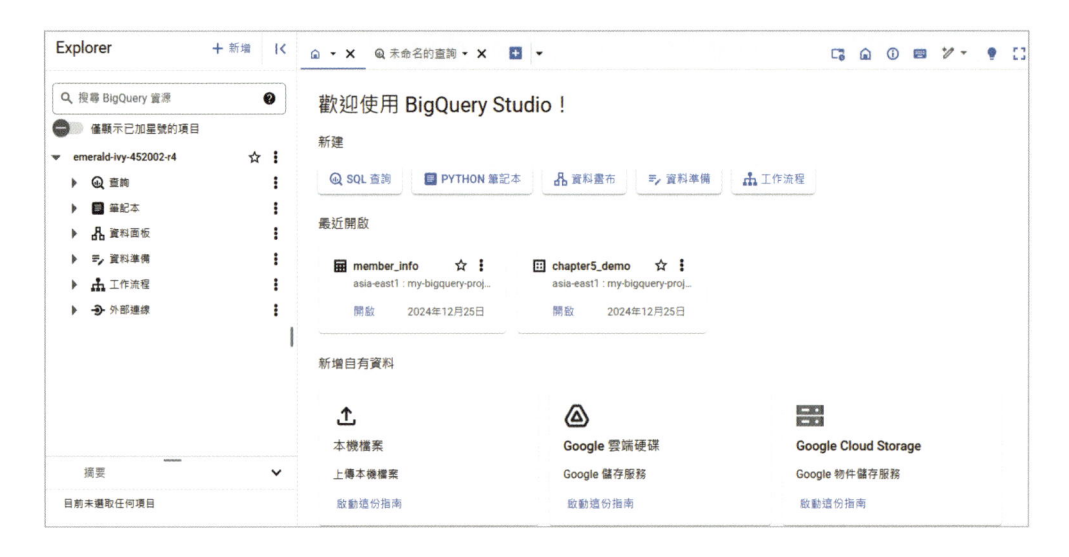

建立資料集的步驟如下：

1. 點選左側專案名稱的「⋮」，點選「建立資料集」，會跳出建立資料集介面。
2. 在建立資料集介面設定資料集 ID、位置類型選擇「地區、asia-east1（台灣）」，完成後點選「建立資料集」。

完成後左側清單便會出現剛剛新增的資料集，點選後會出現資料集相關的資訊，如下圖：

而下一節我們將介紹如何讓 Google Sheets 的工作表上傳到 BigQuery 的資料表！

● 5.2.2　將 Google Sheets 資料串接至 BigQuery

資料表建立的方式有很多種，可以串接其他雲端服務、公開資料或本機資料，在此僅介紹與 Google Sheets 最相關的 — 將工作表的資料同步至 BigQuery 中。以下示範將本章 Google Sheets 的「會員資料檔!A:I」同步，步驟如下：

1. 點選左上角 Explorer 右側的「+ 新增」，進入介面後選擇「Google Cloud Storage」。

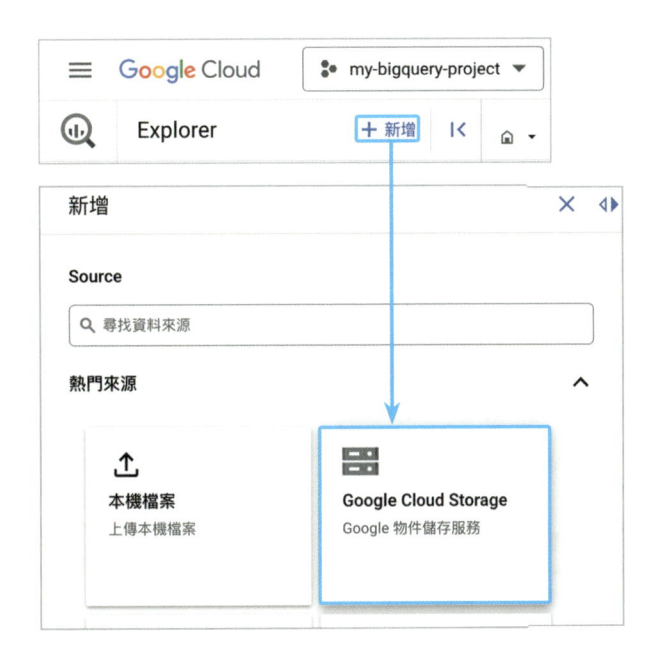

2. 設定資料表的來源、目的地、結構定義與進階選項，設定完畢後點選「建立資料表」即可，如下圖：

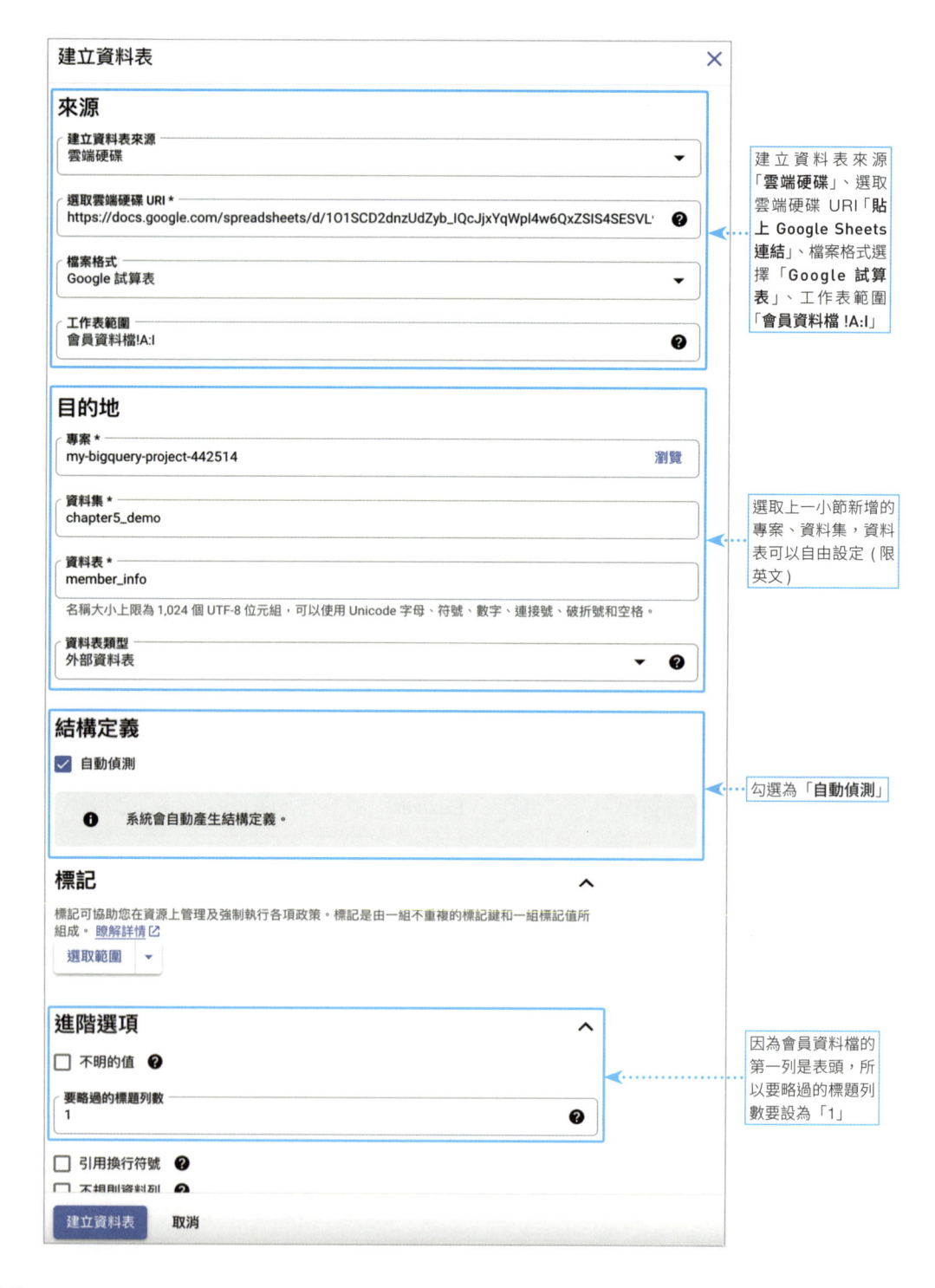

建立資料表

來源

建立資料表來源
雲端硬碟

選取雲端硬碟 URI *
https://docs.google.com/spreadsheets/d/1O1SCD2dnzUdZyb_IQcJjxYqWpl4w6QxZSIS4SESVL

檔案格式
Google 試算表

工作表範圍
會員資料檔!A:I

> 建立資料表來源「雲端硬碟」、選取雲端硬碟 URI「貼上 Google Sheets 連結」、檔案格式選擇「Google 試算表」、工作表範圍「會員資料檔!A:I」

目的地

專案 *
my-bigquery-project-442514　瀏覽

資料集 *
chapter5_demo

資料表 *
member_info

名稱大小上限為 1,024 個 UTF-8 位元組，可以使用 Unicode 字母、符號、數字、連接號、破折號和空格。

資料表類型
外部資料表

> 選取上一小節新增的專案、資料集，資料表可以自由設定(限英文)

結構定義

☑ 自動偵測

ℹ 系統會自動產生結構定義。

> 勾選為「自動偵測」

標記

標記可協助您在資源上管理及強制執行各項政策。標記是由一組不重複的標記鍵和一組標記值所組成。瞭解詳情

選取範圍 ▾

進階選項

☐ 不明的值

要略過的標題列數
1

☐ 引用換行符號
☐ 不規則資料列

[建立資料表]　[取消]

> 因為會員資料檔的第一列是表頭，所以要略過的標題列數要設為「1」

5-16

建立完畢後，左側就會出現對應的資料表名稱並可用來搜尋，例如我們想撈取所有 member_info 的資料，可以使用 ChatGPT 生成 SQL 程式碼並執行，步驟如下：

① 在視窗中撰寫 SQL 撈取想要的資料

② 完成 SQL 後點選「執行」，下方將會顯示對應查詢結果

③ 完成查詢後，可以將 SQL 程式碼儲存或設定排程

如果要編輯欄位的預設值與相關說明，可以點選「編輯結構定義」調整

> **TIP**
> 使用此方式建立資料表時，不支援欄位名稱使用中文，所以本章都把欄位名稱改成英文。另外 Google Sheets 資料若有新增或變動時 BigQuery 也會立刻同步。

5-17

5.2.3 在 Google Sheets 分析 BigQuery 的資料

▶ 新增資料連線

若要在 Google Sheets 中使用 BigQuery 的資料，可以點選「<mark>資料 → 資料連接器 → 連接至 BigQuery</mark>」進入新增進入連線視窗，選擇對應的雲端專案、資料集與資料表即可，如下圖：

1. 選擇雲端專案。

2. 選擇資料集與資料表，可選擇公開資料集、個人資料集，或是選擇下方的「<mark>已儲存的查詢和查詢編輯器</mark>」輸入 SQL 程式碼查詢，完成後點選「<mark>連線</mark>」即可。

在此將上一小節建立的 member_info 連接至 BigQuery，連接後預覽畫面如下頁圖：

5-18

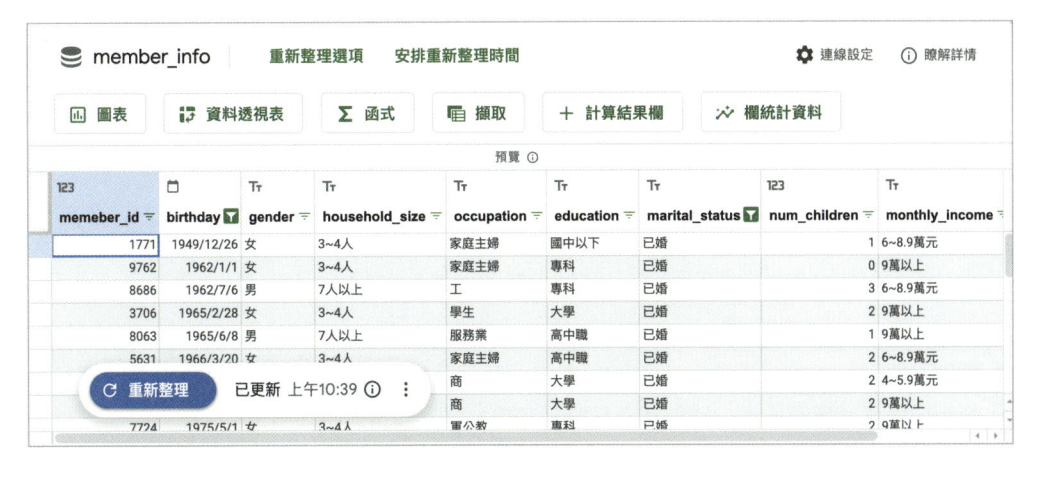

接下來將介紹如何使用與編輯 BigQuery 的資料。

▶ 使用資料表分析

在預覽畫面中，有圖表、資料透視表、函式、擷取四個方式可以分析 BigQuery 的資料，以下簡單介紹每種方式的意義：

- ☑ **圖表**：可點選 member_info 工作表的「圖表」來插入圖表，操作方式與一般圖表相同，但在設定圖表細節時並不會出現結果，而是等所有設定中與欄位相關的項目設定完成後點選「套用」才會顯示圖表的結果，如下圖：

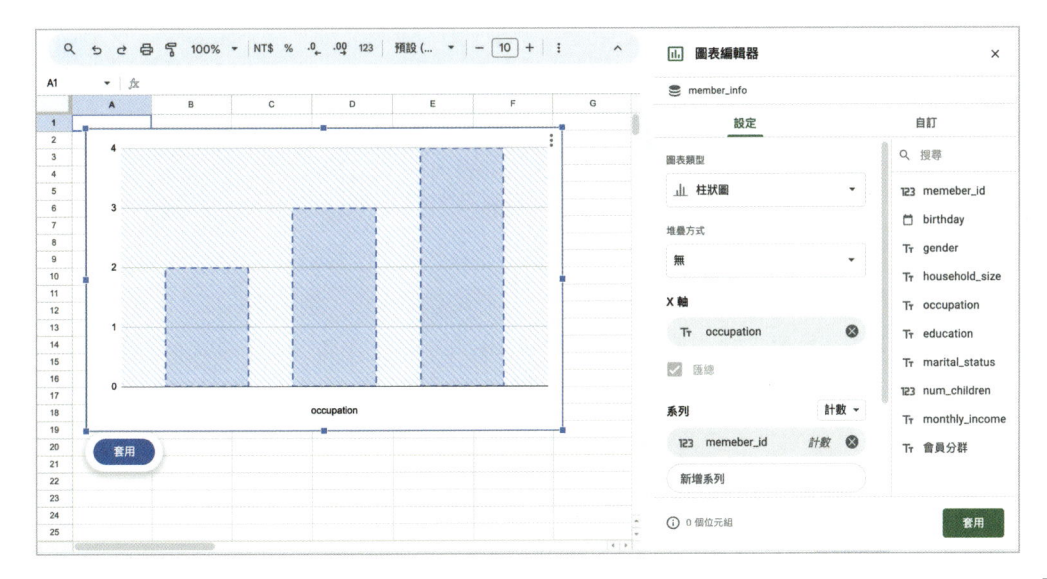

5-19

- ☑ **資料透視表**：與圖表相同，要等所有欄位的項目設定完成後點選「<mark>套用</mark>」顯示數據。
- ☑ **函式**：要使用資料表的欄位時，顯示方式為「資料表名稱!欄位名稱」，例如要查詢最早的會員生日，可以輸入「=MIN(member_info!birthday)」，輸入後一樣要點選「<mark>套用</mark>」才會顯示結果。

> **TIP**
> 如果資料表的欄位名稱是中文，則顯示方式為「資料表名稱!' 欄位名稱 '」。

- ☑ **擷取**：將資料表的資料原封不動輸出以進行其他分析，但有列數限制且資料太多時也可能讓運作速度變慢，擷取時一樣要點選「套用」才會顯示結果。

▶ 編輯資料表

除了將資料表的資料使用 Google Sheets 分析外，也可以在資料表匯出的工作表中編輯，包括以下兩種方式：

- ☑ **篩選與排序**：可以在預覽畫面各欄位的漏斗符號篩選與排序，與一般 Google Sheets 的篩選相似。而設定完條件後預覽畫面會變虛線，需點選「<mark>套用</mark>」以重新整理。

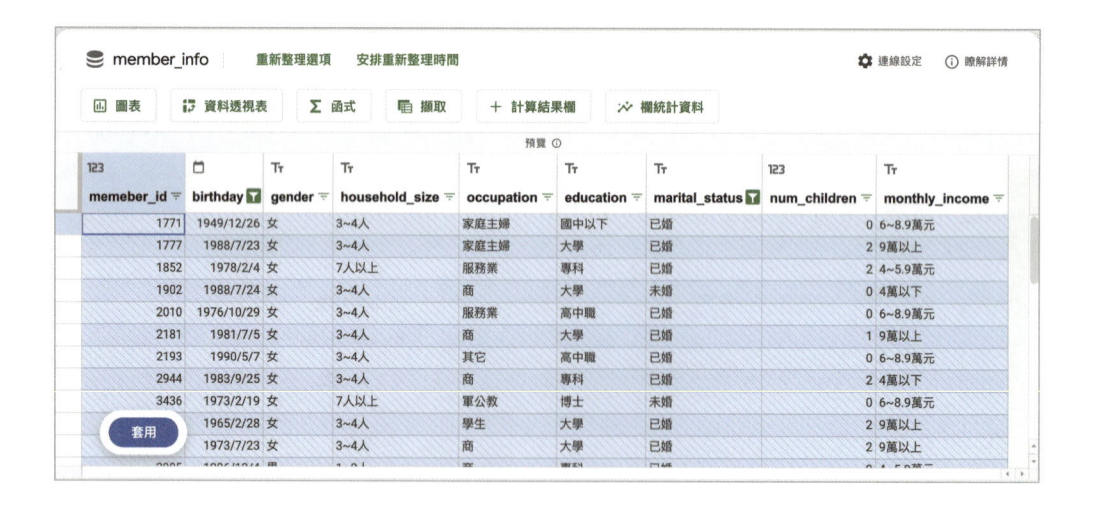

- ☑ **計算結果欄**：可以根據現有欄位搭配部分公式新增新的欄位，例如要新增「會員分群」，分成高收入群 / 家庭主婦 / 其他三類，條件分別為月收入 9 萬以上 / 月收入未達 9 萬且職業是家庭主婦 / 不符合前面兩群。則公式輸入方式如下圖：

新增後點選「套用」，檢視畫面便會新增一個欄位，也能使用此欄位分析資料囉！

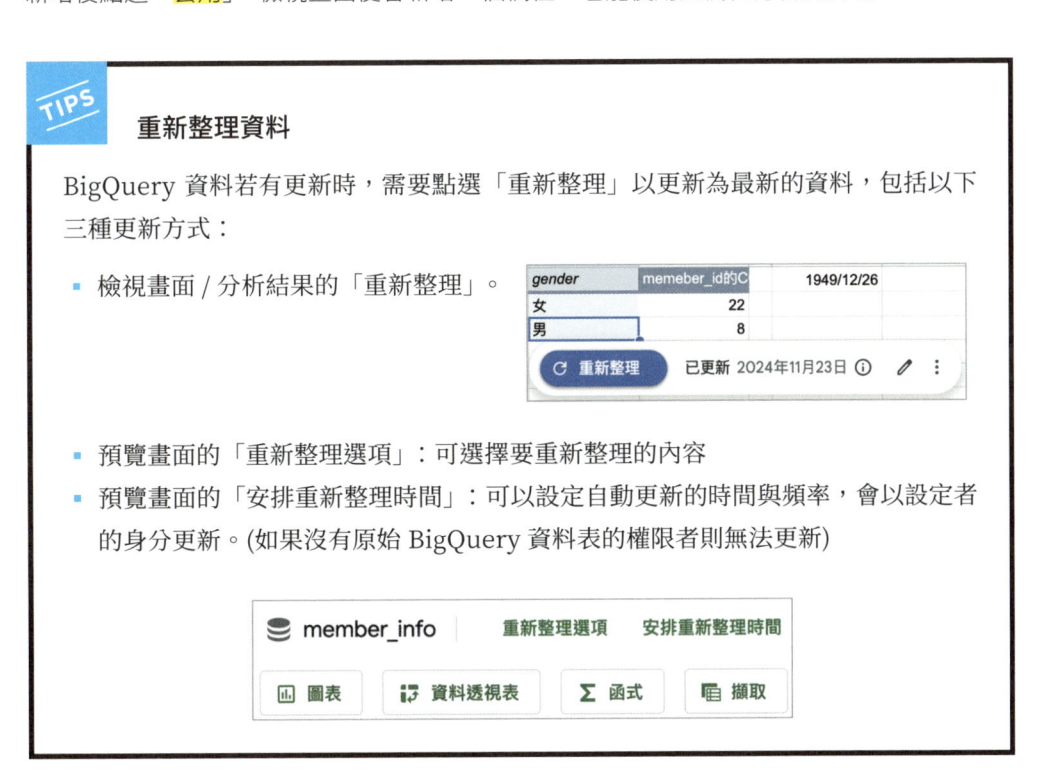

> **TIPS 重新整理資料**
>
> BigQuery 資料若有更新時，需要點選「重新整理」以更新為最新的資料，包括以下三種更新方式：
>
> - 檢視畫面 / 分析結果的「重新整理」。
>
> - 預覽畫面的「重新整理選項」：可選擇要重新整理的內容
> - 預覽畫面的「安排重新整理時間」：可以設定自動更新的時間與頻率，會以設定者的身分更新。(如果沒有原始 BigQuery 資料表的權限者則無法更新)

5.3 Google Sheets × Looker Studio：完成精緻的互動式報表

Looker Studio (原名 Google Data Studio) 是 Google 的視覺化工具，可以串接 GA、Google Sheets、BigQuery 等資料，並轉成易理解的圖表、表格和儀表板。Looker Studio 可以調整的細節非常多，在此只簡單介紹如何新增報表、串接 Google Sheets 資料並建立圖表，若有興趣深入研究的讀者歡迎參考官方範本、文件與影片介紹，以得到更深入且全面的操作。

本節完成報表 QR Code

5.3.1 新增一個 Looker Studio 專案

只要進入 Looker Studio 的報表管理頁面 (https://lookerstudio.google.com/navigation/reporting) 就能建立專屬的報表。如下圖，只要點選「建立」或「空白報表」即可新增一張空白的報表，以建立屬於自己的報表囉！

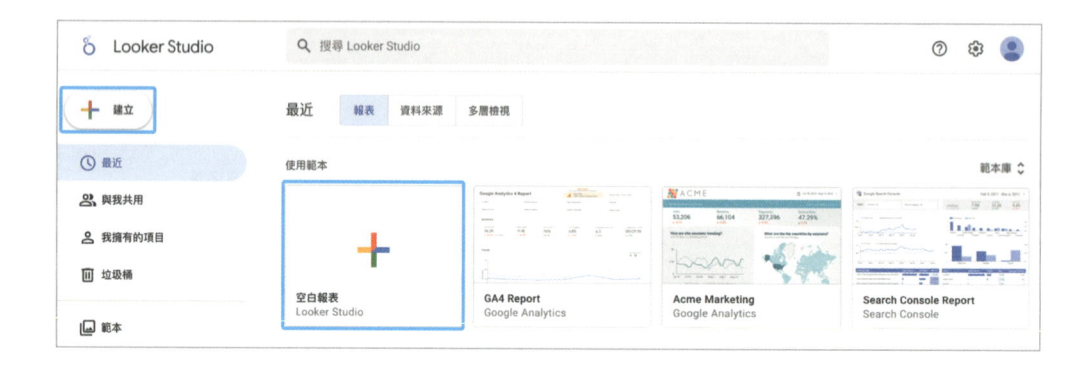

建立報表後第一件事是選擇要串接的資料，在本節將示範如何與 Google Sheets 的工作表連動，其步驟如下：

1. 點選上方工具列的「新增資料 → Google 試算表」。

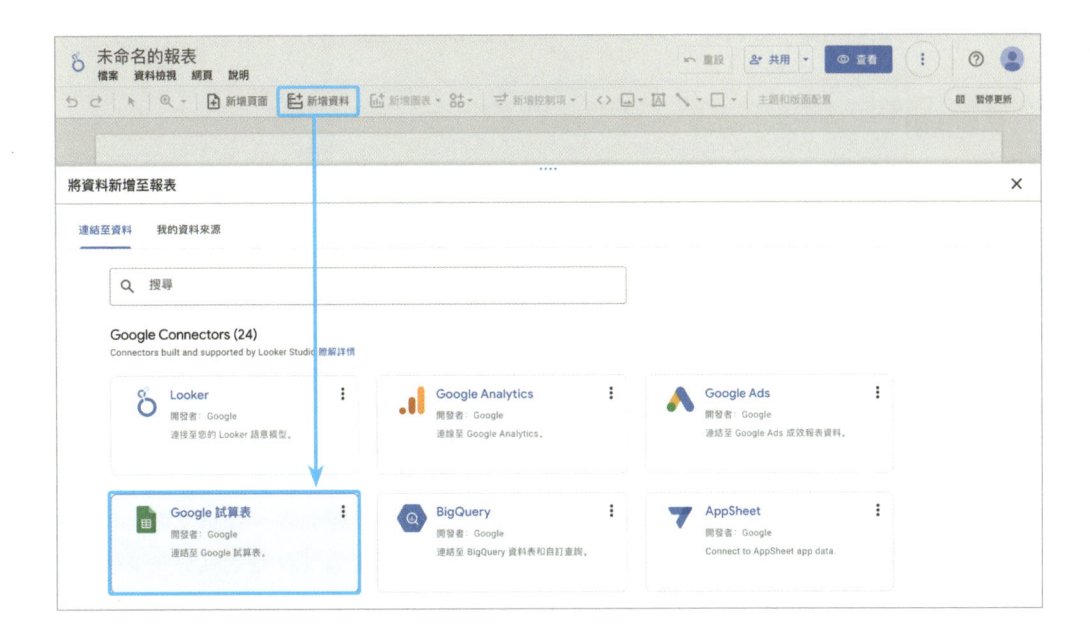

2. 選擇要串接的試算表，請選擇本章試算表的「會員資料檔」，並勾選「使用第一列做為標題」、「包含隱藏與刪除的儲存格」，完成後點選「新增」。

完成以上兩項步驟後，就能在此份報表中使用會員資料檔的資料製作圖表囉！

● 5.3.2　使用 Looker Studio 繪製圖表

本節將透過兩個範例簡介如何在 Looker Studio 建立圖表，並說明各圖表之間的互動性。

▶ 範例說明

若要建立一張圓環圖，顯示會員職業分布的比例，可透過以下步驟完成：

1. 選擇工具列的「新增圖表 → 圓環圖」，並在報表中點選想要插入的位置。

2. 開啟右側的「屬性」視窗，有「設定」、「樣式」兩個視窗，分別負責選擇串接資料及欄位、圖表外觀設定。在此將「設定」的資料來源設為稍早新增的工作表，維度選擇「occupation」。

3. 在「樣式」視窗中，勾選「顯示標題」並將標題改為「會員職業分布」，並設為粗體、藍色、加底線。

完成結果如下圖：

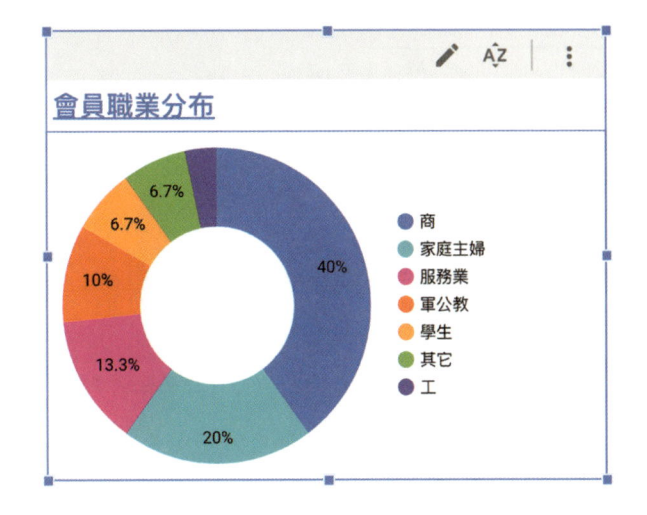

了解如何製作圖表後，可以用一樣的方式製作折線圖，步驟與完成結果如下：

1. 選擇工具列的「新增圖表 → 柱狀圖」，並在報表中點選想要插入的位置。
2. 在「設定」中將資料來源設為稍早新增的工作表，維度選擇「monthly_income」。
3. 在「樣式」中勾選「顯示標題」並將標題改為「會員月收入」，並設為粗體、藍色、加底線。

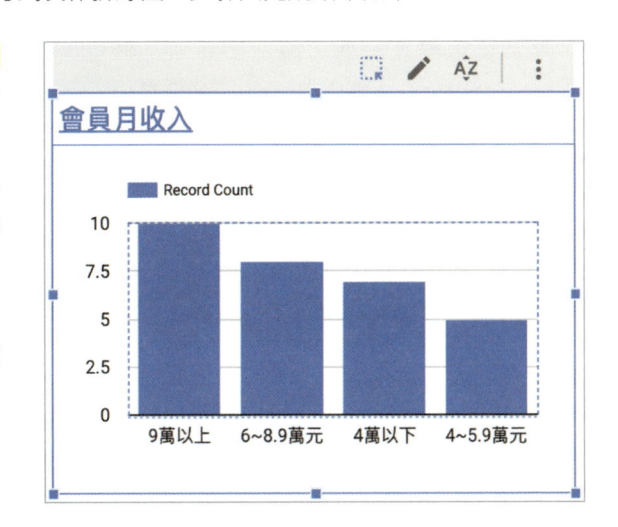

▶ 報表互動

編輯完報表後只要點選右上角的「查看」便能進入檢視模式。而 Looker Studio 除了可以製作較精細的圖表外，也可以讓檢視者與報表互動，以篩選特定條件下的資料趨勢，做法包括以下兩種：

☑ **直接點選圖表的特定資料**：以下圖為例，只要點選「9萬以上」，會員職業分布就會連動呈現「monthly_income = "9 萬以上"」資料的 occupation 分布。

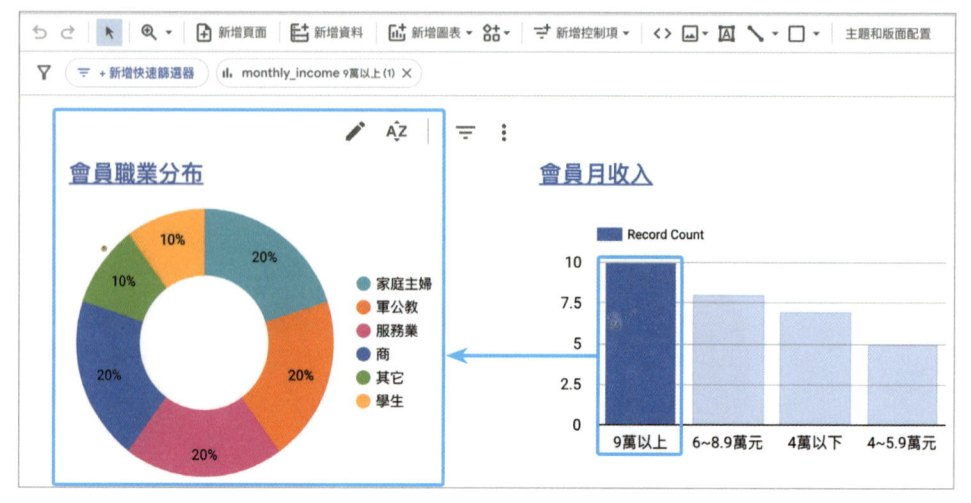

☑ **新增控制項**：點選工具列中「<mark>新增控制項 → 下拉式選單</mark>」並設定控制欄位與預設值，便能與 Google Sheets 一樣增加篩選器控制項，如右圖新增一個 household_size 的控制項後，便能在檢視模式篩選資料。

5-26

5.3.3　報表共用與資料來源管理

▶ 報表共用

若完成 Looker Studio 報表後要發布給其他使用者時，可點選右上角的「共用」設定，如下圖。分享檔案權限的方式包括以下兩種：

- ☑ 具有存取權的使用者：與 Google Sheets 相同，可輸入 Email 設定共用清單。
- ☑ 連結設定：編輯權限包括「檢視者 / 編輯者」兩種，連結功能包括「受限制 / 不公開 / 公開」三種，意義分別如下：

  - 受限制：即有存取權的使用者才能打開。
  - 不公開：有連結的使用者都可以檢視 / 編輯，但無法在報表管理頁面中搜尋到。
  - 公開：有連結的使用者都可以檢視 / 編輯，且能在報表管理頁面中搜尋到。

▶ 資料來源管理與更新

Looker Studio 的報表預設每 15 分鐘更新一次，如果資料有即時更新而要立即同步時，可以點選右上角的「更多選項 (⋮ 符號) → 重新整理資料」以即時更新。

然而，如果報表同時串接大量資料來源，或資料本身過於龐大時，可以考慮降低資料更新的頻率，此時可以點選工具列的「資源 → 管理已新增的資料來源」查看現有的資料，並點選「編輯」設定資料細節，可編輯的項目如下頁圖：

資料來源								× 關閉
名稱		連接器類型	類型	已在報表中使用	狀態	動作		別名
Chapter 5. 跨工具夢幻連動...		Google 試算表	內嵌	2 個圖表	有效	✏ 編輯 　複製　移除　設為可重複使用		ds0

➕ 新增資料來源

⬇

- 重新命名資料名稱
- 若選擇「檢視者的憑證」則檢視者需要本身有原始資料的權限，才能查看此資料相關的圖表
- 如果原始資料更新頻率較低，可以設長一點

← Chapter 5. 跨工具夢幻連動！整合 Goo...	範圍： 內嵌　資料憑證： 杜昕　資料更新間隔： 15 分鐘　社群視覺呈現存取權： 開啟　完成

編輯連結 | 依電子郵件篩選　　　　　　　　　　　　　　　➕ 新增欄位　➕ 新增參數

欄位 ↓	類型 ↓	預設匯總 ↓	說明 ↓	🔍 搜尋欄位
維度 (9)				
birthday	📅 日期	無		
education	ABC 文字	無		
gender	ABC 文字	無		
household_size	ABC 文字	無		
marital_status	ABC 文字	無		
memeber_id	ABC 文字	無		
monthly_income	ABC 文字	無		
num_children	123 數字	總和		
occupation	ABC 文字	無		
指標 (1)				
Record Count	123 數字	自動		

- 用於原始資料有新增欄位時，可重新選擇工作表與資料範圍
- 可以設定欄位名稱、資料類型、預設匯總
- 增加可分析的欄位

5-28

5.4 Google Apps Script：打造個人化的跨工具整合流

Google Apps Script (以下簡稱 Apps Script) 是一個強大的雲端腳本語言，讓使用者能透過類似 JavaScript 的程式碼整合 Google 的試算表、文件、簡報、日曆等功能，自動化重複性的工作，完全免費且不需要安裝任何開發環境即可完成，本節將介紹如何啟動 Apps Script、運用 ChatGPT 撰寫程式碼。而 Chapter 6~11 的實務範例也都會持續看到 Apps Script 的身影，因此若完全沒有接觸過本節內容的讀者，請務必跟著指示親自操作看看喔！

5.4.1 第一支 Apps Script 程式

▶ 第一支程式：跟世界說你好

若要在 Google Sheets 中使用 Apps Script，只要點選「擴充功能 → Apps Script」進入 Apps Script 的編輯器介面，便能開始撰寫程式。第一支程式將示範如何在編輯器中輸出「Hello World!」，步驟如下：

1. 在編輯器輸入以下程式：

```
function sayHello() {
  console.log('Hello World!');
};
```

2. 點選工具列的「將專案儲存至雲端硬碟」(或 Ctrl / ⌘ + S)。

3. 選取要執行的函式為「sayHello」並點選「執行」，會在執行記錄中輸出「Hello World!」。

上述的程式碼運作邏輯如下：

- ☑ **function sayHello() {...}**：每次 Apps Script 都是執行一個函式，因此先輸入 **function sayHello()** 建立一個名為 sayHello 的函式，並在 { } 中輸入函式要執行的內容。
- ☑ **console.log('Hello World!')**：在編輯器 (console) 中輸出 (log) 文字，其中文字使用單引號、雙引號包起來皆可。

▶ 第二支程式：如何與儲存格互動

Apps Script 除了在編輯器中輸入與輸出外，也能與檔案互動，例如要在工作表「5.4 Google Apps Script：打造個人化的跨工具整合流」的 A1 儲存格輸入「Hello World!」，可使用以下程式碼：

```
function sayHelloInSheets() {
  var spreadsheet = SpreadsheetApp.getActiveSpreadsheet(); // 取得目前試算表
  var sheet = spreadsheet.getSheetByName("5.4 Google Apps Script：打造個人化的跨工具整合流"); // 取得指定名稱的工作表
  sheet.getRange("A1").setValue("Hello World!"); // 在 A1 儲存格輸入 "Hello World!"
}
```

輸入並執行 **sayHelloInSheets** 函式後，就能看到 A1 儲存格的內容改變囉！

> **TIP**
> - 程式碼中每一行最後面的「// …」是單行註解，不會被執行，主要用來描述程式邏輯、標註待處理的地方等，可以讓人更容易理解程式的功能和邏輯！
> - 因為程式會編輯 / 使用試算表的資料，第一次執行時，會跳出「審查權限」的要求，只要點選「允許」就能夠使用 Apps Script 與試算表互動，之後執行時不會再跳出此視窗。後續章節中與文件 / 簡報等工具互動時也會跳出要求視窗，只要用相同方式處理即可。

▶ Apps Script 介面簡介

了解 Apps Script 的基本運作方式後，接下來介紹 Apps Script 介面中有哪些功能，首先左側專案結構的視窗可設定項目如下圖：

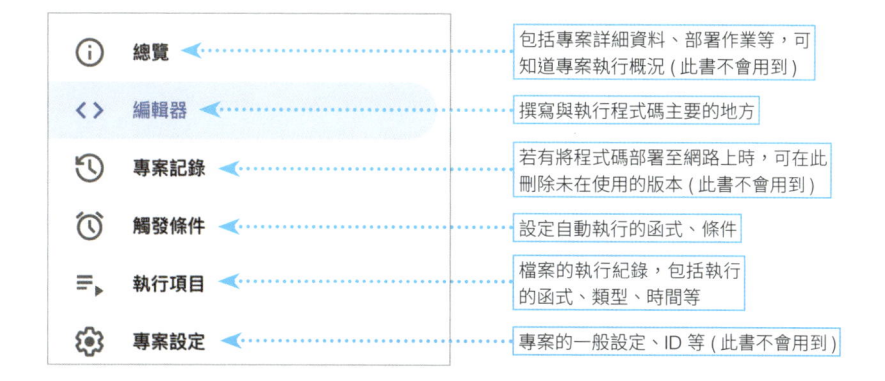

```
ⓘ  總覽  ←……………  包括專案詳細資料、部署作業等,可
                    知道專案執行概況 ( 此書不會用到 )

<>  編輯器  ←……………  撰寫與執行程式碼主要的地方

🕓  專案記錄  ←……………  若有將程式碼部署至網路上時,可在此
                      刪除未在使用的版本 ( 此書不會用到 )

⏰  觸發條件  ←……………  設定自動執行的函式、條件

☰▶ 執行項目  ←……………  檔案的執行紀錄,包括執行
                      的函式、類型、時間等

⚙  專案設定  ←……………  專案的一般設定、ID 等 ( 此書不會用到 )
```

而點擊「編輯器」項目後,與程式碼執行相關的項目如下圖:

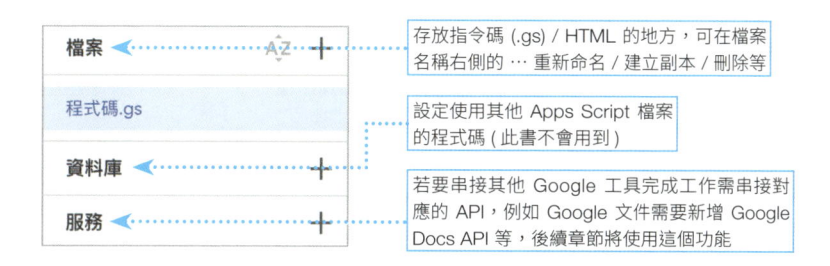

```
檔案      ←……………  存放指令碼 (.gs) / HTML 的地方,可在檔案
                    名稱右側的 … 重新命名 / 建立副本 / 刪除等

程式碼.gs
                    設定使用其他 Apps Script 檔案
資料庫    ←……………  的程式碼 ( 此書不會用到 )

服務      ←……………  若要串接其他 Google 工具完成工作需串接對
                    應的 API,例如 Google 文件需要新增 Google
                    Docs API 等,後續章節將使用這個功能
```

了解如何執行 Apps Script 程式碼及相關介面後,接下來將介紹如何使用更聰明的方式撰寫程式碼:

● 5.4.2 錄製巨集生成程式碼

▶ 撰寫程式碼的三種方式

撰寫 Apps Script 程式碼的方式可分成手動編寫、錄製巨集、使用生成式 AI 三種,優缺點分別如下:

撰寫方式	優點	缺點
手動編寫	完全根據需求客製化程度高。	需要花較多的時間學習與實際撰寫。
錄製巨集	錄製後自動生成程式碼,只需根據需求手動調整即可。	錄製的程式碼較基本,複雜的需求可能要大幅的手動調整,因此仍需具備程式基礎。
使用 生成式 AI	▪ 可直接複製貼上生成的程式碼,大幅提高撰寫效率,也能解決較複雜的案例。 ▪ 撰寫程式碼時會備註各程式碼的用途,可供快速學習。	▪ 較冷門的需求可能會回答錯誤,若要提升生成品質則需要訂閱。 ▪ 有時程式碼較冗餘,影響執行效能與可閱讀性。

雖然三種方式皆有優缺點，但使用生成式 AI 需要的時間、技術門檻最低，因此後續各章節主要會使用 ChatGPT 生成程式碼，提供輸入的 Prompt 及對應的輸出。然而本節仍會介紹錄製巨集的用法，讓各位有基本的認識。

▶ 錄製巨集

如果想讓每一張工作表的表頭都粗體、水平置中，過往需要分兩次執行，然而在 Google Sheets 中可以使用錄製巨集並設定快捷鍵，就能一鍵完成粗體 + 水平置中設置，步驟如下：

1. 點選 Google Sheets 工具列的「擴充功能 → 巨集 → 錄製巨集」選擇「使用絕對參照」，如下圖。其中絕對參照 / 相對參照的意義分別如右：

- **使用絕對參照**：只會在錄製的儲存格上執行。例如把 A1 設為粗體，執行巨集時永遠只會調整 A1。
- **使用相對參照**：執行巨集時會在所選儲存格和附近儲存格執行。例如在 A1 設為粗體，若在 C1:C3 執行巨集會將 C1:C3 標為粗體。

2. 將儲存格標粗體，設為水平置中。
3. 在巨集介面點選「儲存」，將名稱設為「粗體置中 (絕對參照)」並點選「儲存」。

各位讀者可用相同方式並改使用相對參照再錄製一次巨集。

完成以上兩個巨集後，便能在「擴充功能 → 巨集」中執行 / 編輯 / 刪除巨集，如下圖：

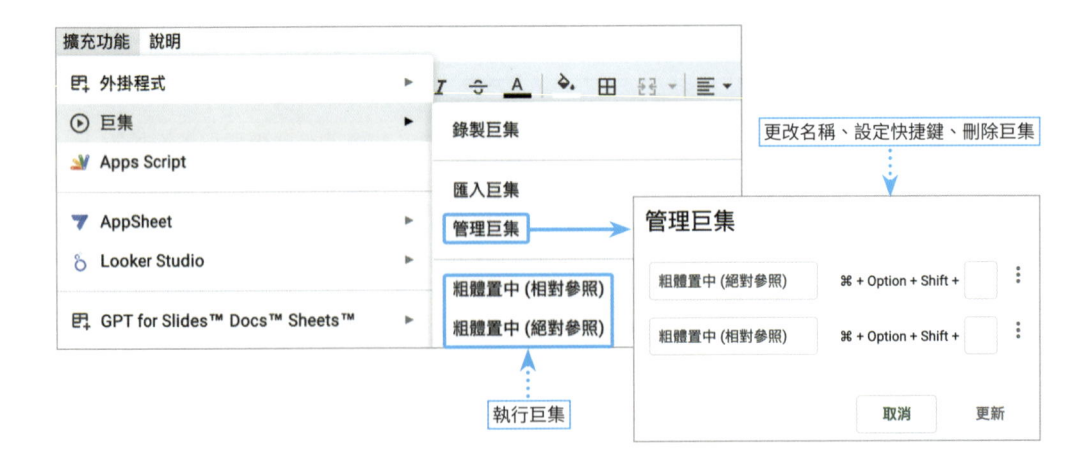

若要查看與編輯巨集生成的程式碼,只要進入 Apps Script 編輯器介面即可。使用絕對參照、相對參照的程式碼分別如下:

```javascript
function myFunction() {    // 使用絕對參照
  var spreadsheet = SpreadsheetApp.getActive();
  spreadsheet.getRange('A1').activate();
  spreadsheet.getActiveRangeList().setFontWeight('bold')
  .setHorizontalAlignment('center');
};

function myFunction1() {    // 使用相對參照
  var spreadsheet = SpreadsheetApp.getActive();
  spreadsheet.getActiveRangeList().setFontWeight('bold')
  .setHorizontalAlignment('center');
};
```

TIPS 巨集與程式碼的關係

- 巨集是「生成與執行 Apps Script 函式」的工具,本身無法編輯與刪除,因此如果在「管理巨集」中更改巨集名稱或刪除巨集時,Apps Script 的程式碼並不會被更動或刪除。
- 如果要將原本 Apps Script 中的函式轉成可在 Google Sheets 直接執行的巨集時,可點選「匯入巨集 → 新增函式」即可。例如下圖把 **sayHelloInSheets** 轉為巨集後,執行時就能在 A1 輸入「Hello World!」。

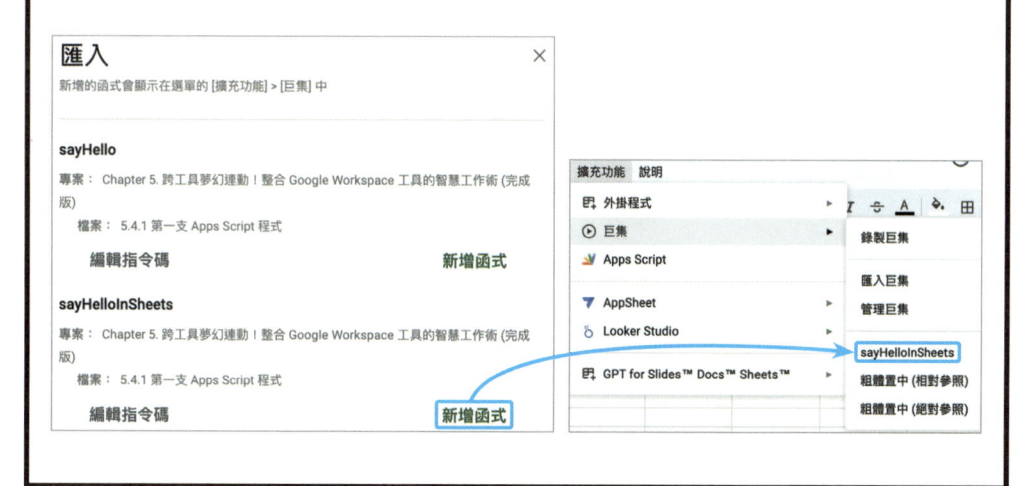

● 5.4.3 使用生成式 AI 生成程式碼

本節將使用兩個範例說明如何使用 ChatGPT 生成程式碼，只要將程式碼複製到 Apps Script 中並執行函式即可，兩範例的需求、Prompt 與 ChatGPT (4o mini) 生成程式碼如下：

▶ 範例 1：資料統計

☑ 需求：統計會員資料檔中的會員職業，各職業依會員數多到少排序。

> **問**
>
> 生成 Apps Script 程式碼，統計工作表「會員資料檔」的 E2:E 每個值出現的次數，依次數由高到低輸出到工作表「5.4.3 使用生成式 AI 生成程式碼」的 A:B 中，並將兩欄的標題分別設為「職業」和「會員數」。

☑ ChatGPT 輸出結果 (以下為作者撰寫時生成之版本，每次生成可能有些許差異，請各位讀者稍加留意)：

```javascript
function countMemberJobs() {
  // 打開當前試算表
  var ss = SpreadsheetApp.getActiveSpreadsheet();
  // 取得「會員資料檔」工作表
  var sourceSheet = ss.getSheetByName("會員資料檔");
  // 取得「5.4.3 使用生成式 AI 生成程式碼」工作表
  var targetSheet = ss.getSheetByName("5.4.3 使用生成式 AI 生成程式碼");
  // 取得 E2:E 欄位的所有資料
  var data = sourceSheet.getRange("E2:E").getValues();
  // 創建一個物件來計算每個職業出現的次數
  var jobCount = {};
  // 遍歷資料並統計職業的出現次數
  data.forEach(function(row) {
    var job = row[0];
    if (job) {  // 確保職業名稱非空
      jobCount[job] = (jobCount[job] || 0) + 1;
    }
  });
  // 將統計結果轉換為二維陣列 [職業, 會員數]
  var result = [];
  for (var job in jobCount) {
    result.push([job, jobCount[job]]);
  }
  // 按照會員數從高到低排序
  result.sort(function(a, b) {
    return b[1] - a[1];  // 以會員數排序，降序
```

```
    });
    // 清空目標工作表的內容，準備輸出新數據
    targetSheet.clearContents();
    // 設置標題
    targetSheet.getRange("A1").setValue("職業");
    targetSheet.getRange("B1").setValue("會員數");
    // 輸出結果到目標工作表
    targetSheet.getRange(2, 1, result.length, 2).setValues(result);
}
```

▶ **範例 2：生成圖表**

☑ 需求：延續上例，將統計結果繪製成柱狀圖。

> 問
>
> 生成 Apps Script 程式碼，將工作表「5.4.3 使用生成式 AI 生成程式碼」的 A2:B 繪製成柱狀圖，兩欄分別為「職業」和「會員數」，並貼上至工作表的 C1 儲存格中。

☑ ChatGPT 輸出結果：

```
function createBarChart() {
  var ss = SpreadsheetApp.getActiveSpreadsheet();
  var sheet = ss.getSheetByName("5.4.3 使用生成式 AI 生成程式碼");

  // 設定資料範圍，A2:B 是職業和會員數
  var dataRange = sheet.getRange("A2:B" + sheet.getLastRow());
  // 建立柱狀圖
  var chart = sheet.newChart()
    .setChartType(Charts.ChartType.COLUMN)   // 設置為柱狀圖
    .addRange(dataRange)                      // 設置資料範圍
    .setPosition(1, 3, 0, 0)                  // 設置圖表的位置 (C1 儲存格)
    .setOption('title', '職業與會員數柱狀圖')  // 設定圖表標題
    .setOption('hAxis', {
        title: '會員數'
    })
    .setOption('vAxis', {
        title: '職業'
    })
    .build();

  // 將圖表添加到工作表中
  sheet.insertChart(chart);
}
```

兩範例的最終結果如下圖所示：

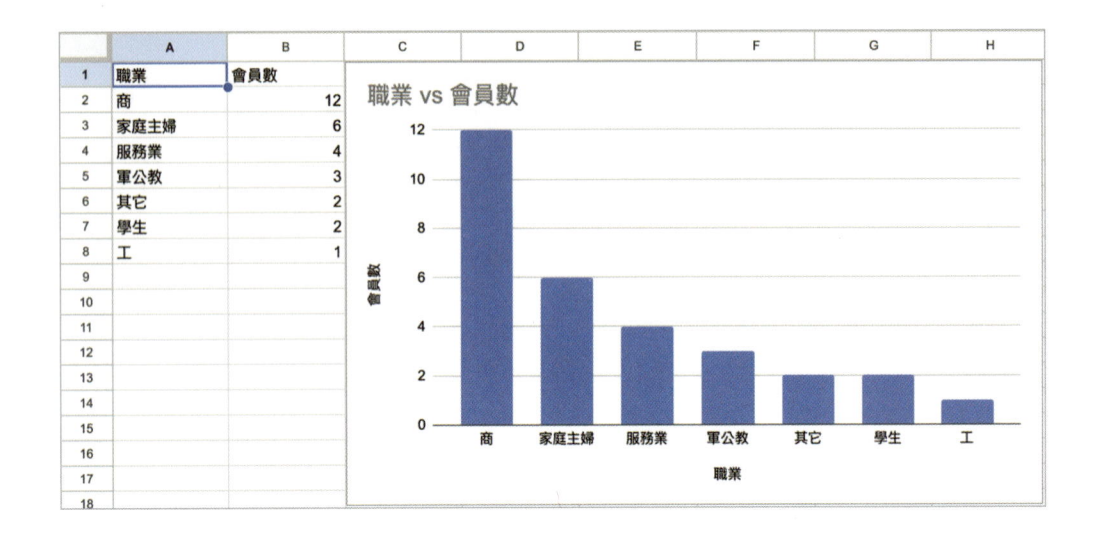

	A	B
1	職業	會員數
2	商	12
3	家庭主婦	6
4	服務業	4
5	軍公教	3
6	其它	2
7	學生	2
8	工	1

職業 VS 會員數（長條圖：商 12、家庭主婦 6、服務業 4、軍公教 3、其它 2、學生 2、工 1）

TIPS 生成 Apps Script 程式碼的 Prompting 技巧

在撰寫 Prompt 時要清楚描述需求，以增加生成式 AI 正確的機率，可以使用以下的 Prompting 架構增加正確輸出的機率：

> **問**
>
> (1) 生成 Apps Script 程式碼，(2) 完成以下步驟：
>
> 1. (3) 將工作表「○○○」的 ○○：○○ 儲存格 (4) 匯總 / 繪製圖表 / 計算 …，其中 A / B / C 欄位依序為 △△△ / △△△ / △△△…。
>
> 2. 將 …
>
> 3. 將 …，(3) 把最終結果輸出至工作表「○○○」的 ○○ 儲存格。

(1). 在一開始就提及 Apps Script，避免 AI 輸出其他程式語言。

(2). 若要求非常複雜時，建議化為多個步驟，或是分多次 Prompt 漸進式說明。

(3). 清楚說明資料來源與最終輸出的位置，提及「工作表 / 儲存格 / 範圍 / 欄 / 列」避免判斷錯誤，並建議用括號標示工作表名稱。

(4). 說明計算過程時可以說明應用場景，但要說明各欄位的名稱，避免判斷錯誤。若欄位的名稱較難判斷資料型態時，可以增加舉例說明。

CHAPTER

6

告別協作混亂！
打造簡潔、高彈性的
活動管理模板

一般來說，只要在必要的計算與查找時使用公式，就能夠完成基本的自動化以提升工作效率，然而實務上往往更複雜，欄位內容、工作表命名、內容格式不一致等原因都提升公式輸入的複雜度，此時便需要重新釐清整個業務流程痛點，從根本打造高效自動化又能快速複用的模板。而本章將改編作者工作時執行的專案。在學完本章後你將會學到：

- ☑ 產品開發各階段的首要任務。
- ☑ 梳理既有的業務流程痛點，並轉化為原型。
- ☑ 完成複雜但高度自動化公式的心法與常用函式，包括 LET、ARRAYFORMULA、LAMBDA 等函式。
- ☑ 優化完成度高的自動化模板，及優化失敗的備援機制。
- ☑ Google Sheets 模板的歸檔邏輯。

第六章示範空白檔案　　第六章示範完成檔案

TIP
掃描 QR Code 建立副本一起操作吧！

6.1
專案痛點與產品初步規劃

在專案管理中，協調各部門需求以避免溝通錯誤、提升資料處理效率，是成功執行專案的關鍵。因此在深入使用 Google Sheets 建立自動化模板前，將先示範如何透過梳理專案中的各項流程與需求，設計一個初步的解決方案，從而打下高效執行專案的基礎。

● 6.1.1　專案痛點梳理

假設你是電商公司的行銷專員，負責每年 618、雙 11、雙 12 等檔期的行銷活動規劃，會需要大量的跨部門協作，以下圖的活動頁面為例，製作時通常需要以下幾個流程：

1. 根據活動主題，與製圖團隊決定主視覺。
2. 決定版位配置，包括共有幾個區塊、每個區塊的溝通主軸、呈現方式等。例如「熱銷必買主打品」是一個區塊，共陳列 4 種商品，每項商品顯示圖片、商品名稱、價格、12 字以內的介紹 (例如：「最高登記送 9724P 幣」)。
3. 決定每個區塊的商品種類，並請商品部門提供每個時段陳列在各版位的商品與相關行銷素材。例如上圖四個版位分別為家電 / 家電 / 日用 / 日用品類的商品，將請對應商品部門提供要陳列的商品名稱、連結、原始圖檔。
4. 如果商品需要特別製作圖片，需請商品部門提供圖片，並由製圖團隊製圖。
5. 將所有素材備齊後，請資訊團隊製作網頁，並於指定時間上線活動網頁。

然而，只要有跨部門協作就可能有溝通不良導致錯誤或延遲，例如因為工作表雜亂使商品部門漏填寫陳列商品資訊，進而耽誤製圖與上線的時間等，對於分秒必爭的電商產業都會帶來鉅額的損失。有鑑於此，打造讓其他部門同仁能輕鬆查看與填寫的試算表，絕對是最好的溝通工具。

以雙 11 活動為例，在工作表「版位表」中有 3 個版位 (實務上通常超過 10 個)，如下圖。可發現每個版位要填寫的商品資訊不同，且有尚未完成的部分。除此之外，行銷專員要請對應的商品部門同仁填寫商品資訊、製圖人員填寫製圖後連結時，也需要一筆一筆查找尚未填寫的欄位；填寫的人員也不容易直接找到。

本章將介紹如何優化此試算表，製作高彈性的模板 (Template)，並建立查詢表讓各部門的人員皆能輕鬆找到要填寫的內容！

1. 雙11首頁頭版

活動檔期	上線日期	品類	製圖人員	商品名稱	商品連結	原始圖檔連結	製圖後連結
倒數三天	11/8	3C	阿勇	Samsung Galaxy Buds2 無線耳機			
		周邊		Logitech 藍牙無線鍵盤 K380			
		家電		Philips 蒸氣熨斗 GC4540	X	X	
		日用		大容量可重複使用水壺			
		食品		有機綜合果仁小吃包 150g			
		休閒		折疊式戶外野營椅			
		時尚		Levi's 501 牛仔褲			
		書籍		《高效能時間管理的藝術》			
倒數兩天	11/9	3C	小明	Fitbit Versa 3 健康追蹤手錶			
		周邊		Razer DeathAdder V2 電競滑鼠			
		家電		Panasonic 微波爐 NN-SN686S			
		日用		不鏽鋼便當盒 (多層設計)			
		食品		低糖牛軋糖 250g			
		休閒		便攜式折疊瑜伽墊			
		時尚		Zara 休閒風格連帽外套			
		書籍		《思考致富：成功的秘密》			

2. 雙11首頁二版

活動檔期	上線日期	品類	製圖人員	商品名稱	商品簡介 (10字內)	商品連結	原始圖檔連結	製圖後連結
十萬火急	11/11 0:00	3C	阿美	智能手錶 ProFit 2	健康數據隨時掌握	Link	Link	Link
		3C		無線藍牙耳機 SoundWave	音質卓越隨心享受	Link	Link	Link
		周邊		多功能USB集線器	一機多用方便連接	Link	Link	Link
		家電		智能掃地機器人 CleanBot	自動清掃省時省力	Link	Link	Link
		日用		可重複使用的環保購物袋	攜帶方便環保選擇	Link	Link	Link
早起鳥兒	11/11 6:00	3C	大華	便攜式行動電源 PowerBank 30000	隨時充電旅途無憂			
		休閒		戶外露營椅 ComfyChair	輕便舒適隨時休息			
		時尚		復古風格手提包 Vintage Chic	時尚設計優雅出行			
		書籍		現代詩選集《心靈的獨白》	細膩詩篇感受心靈			
		3C		高效能遊戲顯示卡 TurboGraphic 7	流暢畫面極致遊戲體驗			

3. 活動頁頭版

活動檔期	上線日期	品類	商品名稱	商品簡介 (9字內)
雙11前導A	11/01 0:00	食品	有機水果禮盒	新鮮健康，安心享用
		3C	Apple無線藍牙耳機	音質卓越，隨心享受
		書籍	《投資策略全書》	智慧投資，助你成功
		家電	美的智能電壓鍋	一鍵烹飪，美味簡單
		周邊	可攜式USB風扇	清涼隨行，消暑必備

6.1.2 產品初步規劃

▶ **產品開發流程**

自動化的工作流程也能算是一種優化內部協作與資料處理效率的「產品」，而產品的開發通常會有以下幾個步驟：

產品初步規劃 → 打造原型 (Prototype) → 初始設計 → 驗證與測試 → 產品正式上線

1. **產品初步規劃**：定義目標客群及其需求、分析各作法之優劣，以確立產品核心價值與功能範疇。
2. **打造原型**：快速製作產品雛形，規劃使用者流程，快速驗證產品可行性。
3. **初始設計**：完成 UI / UX 設計、技術架構規劃等，產出接近正式可上線之版本並接收初步回饋。
4. **驗證與測試**：進行功能、效能和使用者測試，確保產品穩定性與易用性。
5. **產品正式上線**：產品正式發表與商業化，並於上線後追蹤使用者回饋、制定後續優化與使用者拓展計畫等。

而接下來的章節也會使用上述的流程一步一步介紹，每個步驟的操作方式！

▶ **產品初步規劃**

在規劃產品時，應該從不同的使用者出發，發想最終產品需要什麼元素，避免浪費時間設計出一堆不實用的功能！如果要把本章的版位表轉為模板，並建立一張查詢表，==讓各部門同仁可輕鬆填寫並篩選尚未完成的列==，則：

1. 身為行銷專員，應該如何建立可==快速複製並修改，讓各部門同仁都能輕鬆填寫==的模板？模板應該具備哪些要素？
2. 身為填寫 / 確認資訊的同仁，我會希望查詢表有哪些可以篩選的條件、如何輸出才能讓我最容易填寫 / 提醒其他同仁填寫？
3. 身為自動化試算表的製作人員，要如何串接才能讓查詢表輸出每張表尚未填寫完畢的資料？

各位讀者可以試著花一些時間思考並回答以上三個問題。有了初步構想後，以下分享作者的答案：

1. 身為行銷專員,應該如何建立可快速複製並修改,讓各部門同仁都能輕鬆填寫的模板?模板應該具備哪些要素?

> A. 目前將一檔活動所有版位數量塞在一張工作表,但每個版位要填寫的內容與總列數都不一樣,不適合填寫時的篩選與查找。
>
> → 以<mark>一個版位一張工作表</mark>(以下稱為版位表)的形式開發,可以確保每張工作表都只有一個表頭,以利填寫時篩選、查詢表製作公式使用。
>
> B. 「模板」是每個版位要呈現的內容,至少包括表頭、該欄負責填寫的部門;另外可以先包含所有可能出現的欄位與其負責填寫的單位,等建立複本時再刪除不需要的欄位即可。

2. 身為填寫 / 確認資訊的同仁,我會希望查詢表有哪些可以篩選的條件、如何輸出才能讓我最容易填寫 / 提醒其他同仁填寫?

> A. 每個部門要填寫的欄位不同,因此一定要<mark>能輸入部門才能切換至對應的視角</mark>。
>
> B. 商品部門、製圖部門的同仁若要查詢時,會分別需要<mark>查詢自己的品類、製圖人員</mark>,因此需納入篩選條件中,但應該設為選填以維持查詢彈性。
>
> C. 輸出要能清楚列示每一張版位表的哪一列沒有完成,但因為沒有辦法直接在查詢表填寫,所以會希望可以<mark>附上超連結</mark>就能快速跳轉到該列。

3. 身為自動化試算表的製作人員,要如何串接才能讓查詢表輸出每張表尚未填寫完畢的資料?

> A. 每張版位表需要有固定的欄位,用來統計各部門的同仁是否已經完成該列需要填寫的所有欄位。
>
> B. 為了判斷要填寫的「品類」與「製圖人員」,這兩欄應該出現在每張工作表且名稱應該一致。
>
> C. 在版位表與查詢表中,皆需要下拉式選單填寫品類、製圖人員,因此可以另外建立一張表作為資料驗證的依據,若有新增與刪改也較容易更新。

而下一節我們將把上述的構思實際轉換為產品的原型。

6.2 打造原型與初始設計

在上一節了解需求背景並初步規劃有哪些工作表、工作表應有的內容的串接模式後，接下來我們將根據規劃的內容轉為可理解與快速調整的版本，並驗證初步規劃的可行性。

● 6.2.1 打造原型

▶ 版位模板

在上一節規劃的內容中，與模板相關的項目包括：

1A. 以一個版位一張工作表（以下稱為版位表）的形式開發，可以確保每張工作表都只有一個表頭，以利填寫時篩選、查詢表製作公式使用。

1B. 「模板」是每個版位要呈現的內容，至少包括表頭、該欄負責填寫的部門；另外可以先包含所有可能出現的欄位與其負責填寫的單位，等建立複本時再刪除不需要的欄位即可。

3A. 每張版位表需要有固定的欄位，用來統計各部門的同仁是否已經完成該列需要填寫的所有欄位。

3B. 為了判斷要填寫的「品類」與「製圖人員」，這兩欄應該出現在每張工作表且名稱應該一致。

綜合以上幾點，版位模板應該包含以下幾項元素：

- ☑ **欄位名稱**：可以先把各欄位可能包含的所有欄位加上，之後不需要再刪除。另外應該包含品類、製圖人員兩欄，作為之後公式判斷的依據。
- ☑ **負責填寫部門**：為下拉式選單，選項包括行銷部門／商品部門／製圖部門。
- ☑ **各部門填寫狀況**：在每張表有固定欄位統計，可使用每張表的最前面 3 欄。

綜合以上，可新增一張工作表並命名為「X. 版位名稱 (模板)」，並輸入目前出現過的所有表頭名稱及負責填寫的部門，並在最左邊三欄判斷「是否填寫完畢」欄位，完成後如下圖：

	A	B	C	D	E	F	G	H	
1	行銷部門 ▼	商品部門 ▼	製圖部門 ▼	行銷部門 ▼	行銷部門 ▼	行銷部門 ▼	行銷部門 ▼	商品部門 ▼	商品部
2	是否填寫完畢	是否填寫完畢	是否填寫完畢	活動檔期	上線日期	品類	製圖人員	商品名稱	商品簡介
3	☐	☐	☐	倒數三天	11/8	3C	阿勇	Samsung Galaxy Buds	
4	☐	☐	☐	倒數三天	11/8	周邊	阿勇	Logitech 藍牙無線鍵盤	
5	☐	☐	☐	倒數三天	11/8	家電	阿勇	Philips 蒸氣熨X	
6	☐	☐	☐	倒數三天	11/8	日用	阿勇	大容量可重複使用水壺	
7	☐	☐	☐	倒數三天	11/8	食品	阿勇	有機綜合果仁小吃包 15	
8	☐	☐	☐	倒數三天	11/8	休閒	阿勇	折疊式戶外野營椅	
9	☐	☐	☐	倒數三天	11/8	時尚	阿勇	Levi's 501 牛仔褲	
10	☐	☐	☐	倒數三天	11/8	書籍	阿勇	《高效能時間管理的藝	
11	☐	☐	☐	...					
12	☐	☐	☐						

X. 版位名稱（模板）

▶ 查詢表

在上一節規劃的內容中，與查詢表相關的項目包括：

2A. 每個部門要填寫的欄位不同，因此==一定要能輸入部門才能切換至對應的視角==。

2B. 商品部門、製圖部門的同仁若要查詢時，會分別需要==查詢自己的品類、製圖人員==，因此需納入篩選條件中，但應該設為選填以維持查詢彈性。

2C. 輸出要能清楚列示每一張版位表的哪一列沒有完成，但因為沒有辦法直接在查詢表填寫，所以會希望可以==附上超連結==就能快速跳轉到該列。

綜合以上幾點，在篩選條件、輸出項目、清單列表應包含的項目與作法如下：

- ☑ **篩選條件**：包括 (1) 部門、(2) 品類、(3) 製圖人員，其中 (1) 是必填、(2) / (3) 是選填。
- ☑ **輸出項目**：包括每個版位有哪幾列尚未完成，並有對應的超連結。因為每一張工作表可能都會有很多未完成的列，所以每一欄是一個版位、下面則顯示該版位有哪些列尚未完成，並附上超連結。

綜合以上，可新增另一張工作表並命名為「查詢表」，並從第 1 列開始放入各項篩選條件，A 欄為篩選的條件、B 欄為各條件的下拉式選單，可以使用「==資料 → 資料驗證==」設定完成。

	A	B	C	D
1	部門	行銷部門 ▼	<< 行銷部門 / 商品部門 / 製圖部門	
2	品類		<< 清單列表中的品類	
3	製圖人員		<< 清單列表中的製圖人員	
4				
5	1. 雙11首頁頭版	2. 雙11首頁二版	3. 活動頁頭版	
6	第 X 列	第 X 列	第 X 列	<< 之後會有連結
7	第 X 列	第 X 列	第 X 列	
8	第 X 列		第 X 列	
9			第 X 列	
10				

查詢表

▶ 清單列表

在上一節規劃的內容中，有提及清單列表的內容如下：

> 3C. 在版位表與查詢表中，皆需要下拉式選單填寫品類、製圖人員，因此可以另外建立一張表作為資料驗證的依據，若有新增與刪改也較容易更新。

因此新增一張工作表並命名為「清單列表」，將品類、製圖人員的清單放置在此，如右圖：

	A	B
1	品類清單	製圖人員清單
2	3C	小明
3	周邊	阿美
4	家電	大華
5	日用	小李
6	食品	小芳
7	休閒	阿勇
8	時尚	
9	書籍	

完成後再將各版位模板、查詢表中需要下拉式選單的儲存格使用「資料 → 資料驗證」設定即可，如下圖：

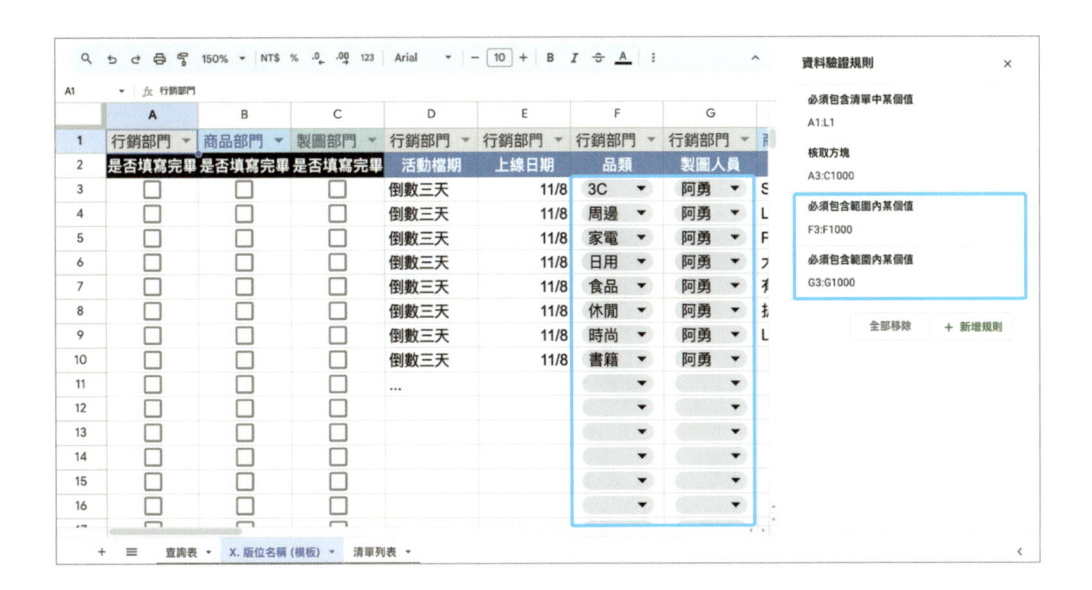

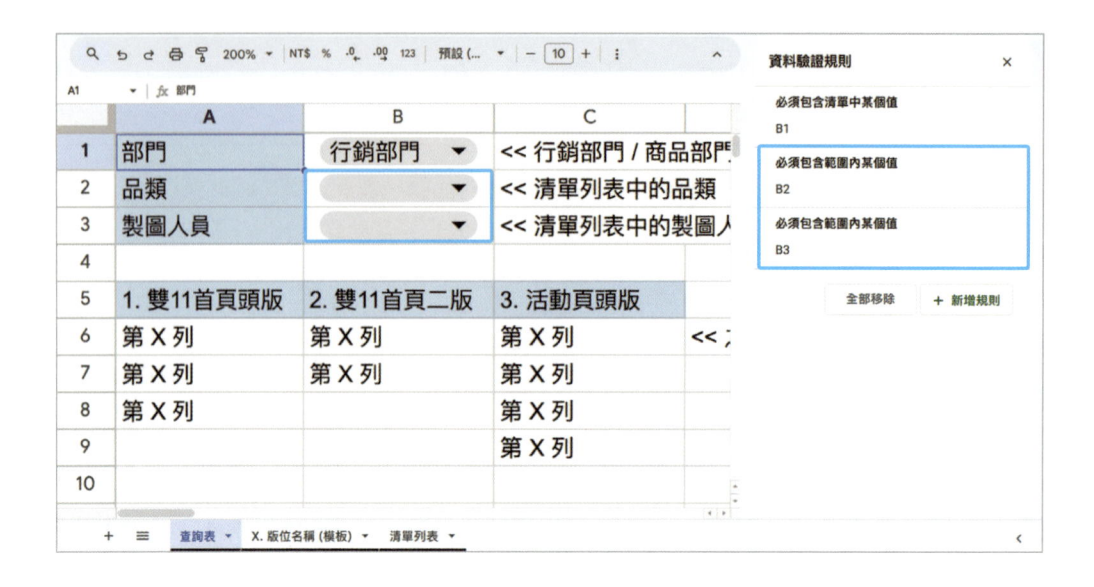

完成以上原型後,接下來將進一步輸入公式,讓模板與查詢表得以自動化運作!

6.2.2　初始設計:各版位模板自動化

此小節將介紹如何將模板進行自動化,包括如何輸入公式判斷各部門已填寫完畢,以及自動化完成後如何建立各版位的工作表。

▶ 判斷是否填寫完畢

在模板的 A:C 欄需要使用公式判斷各部門是否已填寫完畢。最終結果如下圖,只要該部門負責填寫的欄位全數填寫完畢時,A:C 欄就會打勾 (TRUE),反之則不會打勾 (FALSE)。

在實務上開發並沒有辦法一步到位,而是會先從最基本的案例開始再逐漸濃縮,因此以下也分成三個步驟由淺入深介紹如何完成高度自動化的公式:

1. 在 A3 判斷第 3 列行銷部門是否已填寫完畢：

公式	=COUNTBLANK(D3:G3)=0
說明	▪ D3:G3 為行銷部門要填寫的欄位。 ▪ 使用 COUNTBLANK(...)=0 可以將輸出轉為 TRUE / FALSE，如果已全部填寫完畢則會是 TRUE，反之則是 FALSE。

然而以上公式在不同部門需要重新設定，例如在 B3 就會使用 =COUNTBLANK(H3:K3)=0，以此類推。因此接下來將優化公式，讓 A:C 欄都能使用相同的公式判斷。

2. 在 A3:C3 使用相同公式判斷各部門是否已填寫完畢：

公式	在 A3 輸入 =COUNTIFS($D$1:$1,A$1,$D3:3,"")=0
說明	▪ 如果要在同一列使用相同公式，需同時判斷兩個條件：(1) 是否由該部門填寫、(2) 是否為空值，因此使用 COUNTIFS 判斷。 　1. 是否由該部門填寫：可使用第 1 列判斷，另外因為不確定要填寫的欄位有幾欄，因此使用 D1:1。 　2. 是否為空值：使用 COUNTIFS 後需另外增加條件判斷是否為空值 ("")。 ▪ 若要將公式複製到其他儲存格，應該將第 1 列、D 欄設為絕對參照，A:C 欄、第 3 列設為相對參照，確保能正確切換部門、要判斷填寫完成的列。

然而以上公式如果新增列時，需要將公式複製到新增的列，因此接下來將公式使用 LAMBDA 與 BYROW 一次判斷所有列！

3. 在 A2:C2 判斷各部門每一列是否已填寫完畢：

公式	={"是否填寫完畢";BYROW($D3:1000,LAMBDA(填寫內容,COUNTIFS($D$1:$1,A$1,填寫內容,"")=0))}
說明	▪ 將 (2) 是否為空值原本的 $D3:3 用 BYROW + LAMBDA 逐列執行，並將範圍擴大為 $D3:1000，若列數超過 1000 列時可再調整範圍。 ▪ 如第 4.3.3 節所介紹，可使用陣列將公式放在表頭，即 {表頭名稱; 公式}。

完成以上三階段後，便能在 A2:C2 中判斷整張工作表各部門是否已完成，以作為查詢表後續判斷的依據。另外，因為 A:C 欄中含有公式，因此建議完成後可以保護範圍並隱藏，避免因為填寫人員變動使公式無法正確判斷。而完成版位表後，接下來說明如何使用此模板建立版位表，讓各版位得以輕鬆填寫！

> **TIPS**
>
> **再更簡潔一點：在 A2 判斷各部門每一列是否已填寫完畢**
>
> 在步驟 3. 中已經把公式都濃縮到 A2:C2 中，而實際上可以用 BYCOL + LAMBDA 再將公式濃縮到 A2 中。只要讓 BYCOL 逐欄執行 A1:C1 即可，因此公式為：
>
> ```
> =BYCOL(A1:C1,LAMBDA(部門,{"是否填寫完畢";BYROW(D3:1000,LAMBDA(填寫內容,COUNTIFS(D1:1,部門,填寫內容,"")=0))}))
> ```
>
> 此外，因為所有公式都被濃縮至單一儲存格，因此不需要設定絕對參照。

▶ 如何使用模板建立版位表

模板完成後接下來把既有的三個版位 (1. 雙 11 首頁頭版、2. 雙 11 首頁二版、3. 活動頁頭版) 使用模板呈現。以「1. 雙 11 首頁頭版」為例，步驟如下：

1. 複製「X. 版位名稱 (模板)」，並重新命名為「1. 雙 11 首頁頭版」。
2. 將首頁頭版不需要的欄位刪除，並將既有的資訊複製貼上至 D:K 欄，如下圖：

	D	E	F	G	H	I	J	K
1	行銷部門	行銷部門	行銷部門	行銷部門	商品部門	商品部門	商品部門	製圖部門
2	活動檔期	上線日期	品類	製圖人員	商品名稱	商品連結	原始圖檔連結	製圖後連結
3	倒數三天	11/8	3C	阿勇	Samsung Galaxy Buds2 無線耳機			
4	倒數三天	11/8	周邊	阿勇	Logitech 藍牙無線鍵盤 K380			
5	倒數三天	11/8	家用	阿勇	Philips 蒸氣熨斗 GC4540	X	X	
6	倒數三天	11/8	日用	阿勇	大容量可重複使用水壺			
7	倒數三天	11/8	食品	阿勇	有機綜合果仁小吃包 150g			
8	倒數三天	11/8	休閒	阿勇	折疊式戶外野營椅			
9	倒數三天	11/8	時尚	阿勇	Levi's 501 牛仔褲			

3. 將不需要的列刪除，若不刪除將會被判斷為各部門皆沒有完成填寫。

接下來可使用一樣的方式完成另外兩個版位的設置，其中「3. 活動頁頭版」雖然沒有製圖需求，但不需要因此刪除 C 欄，因為公式會將製圖部門視為填寫完畢，且刪除後查詢表也會因此判斷錯誤。

> **TIP**
>
> 在原本的版位表中，活動檔期、上線日期等欄位皆有使用垂直合併儲存格，但在使用自動化表格時請避免使用，因為合併儲存格會讓左上角外的儲存格皆被視為空值。例如將 D3:D10 合併後，D4:D10 都會被視為空值。

6.2.3 初始設計：查詢表自動化

查詢表中需要輸出符合搜尋條件中所有未完成的列，並附上超連結，完成後的公式與結果如下圖：

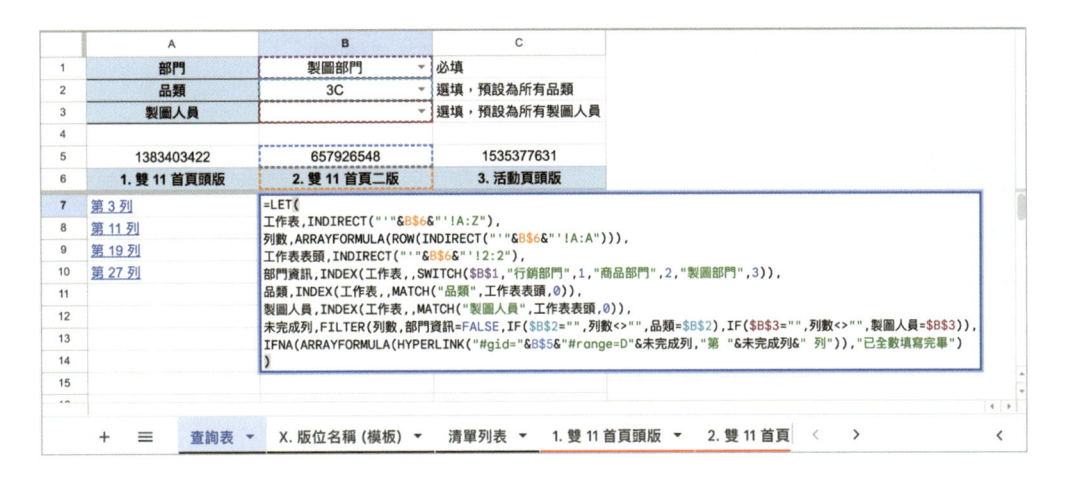

	A	B	C
1	部門	製圖部門	必填
2	品類	3C	選填，預設為所有品類
3	製圖人員		選填，預設為所有製圖人員
4			
5	1383403422	657926548	1535377631
6	1. 雙 11 首頁頭版	2. 雙 11 首頁二版	3. 活動頁頭版
7	第 3 列	=LET(	
8	第 11 列	工作表,INDIRECT("'"&B$6&"'!A:Z"),	
9	第 19 列	列數,ARRAYFORMULA(ROW(INDIRECT("'"&B$6&"'!A:A"))),	
10	第 27 列	工作表頭,INDIRECT("'"&B$6&"'!2:2"),	
		部門資訊,INDEX(工作表,,SWITCH($B$1,"行銷部門",1,"商品部門",2,"製圖部門",3)),	
11		品類,INDEX(工作表,,MATCH("品類",工作表頭,0)),	
12		製圖人員,INDEX(工作表,,MATCH("製圖人員",工作表頭,0)),	
13		未完成列,FILTER(列數,部門資訊=FALSE,IF($B$2="",列數<>"",品類=$B$2),IF($B$3="",列數<>"",製圖人員=$B$3)),	
		IFNA(ARRAYFORMULA(HYPERLINK("#gid="&B$5&"#range=D"&未完成列,"第 "&未完成列&" 列")),"已全數填寫完畢")	

上圖的公式在 A7:C7 都是使用相同的公式並考慮所有條件。因為公式非常的長，所以接下來從最基本的案例開始，分成六個步驟說明各項內容：

1. 輸出「1. 雙 11 首頁頭版」行銷部門未完成的列數：

公式	=LET(　列數,ARRAYFORMULA(ROW('1. 雙 11 首頁頭版'!A:A)), 　行銷部門資訊,'1. 雙 11 首頁頭版'!A:A, 　FILTER(列數,行銷部門資訊=FALSE))
說明	• 使用 ROW 可取得單一儲存格所在的列，要取得整列時需使用 ARRAYFORMULA 轉為陣列公式。 • 上一節在 A 欄統計行銷部門是否填寫完畢，所以在此篩選的條件為「A:A 是 FALSE 的項目」。

如果是商品部門 / 製圖部門，篩選的條件要進行轉換，所以接下來我們將公式改寫以根據儲存格內容決定輸出的部門。

2. 將 1. 增加部門切換：

公式	=LET(　工作表,'1. 雙 11 首頁頭版'!A:Z, 　列數,ARRAYFORMULA(ROW('1. 雙 11 首頁頭版'!A:A)), 　部門資訊,INDEX(工作表,SWITCH($B$1,"行銷部門",1,"商品部門",2,"製圖部門",3)), 　FILTER(列數,部門資訊=FALSE))
說明	使用 SWITCH 根據 B1 輸入的部門決定要輸出工作表的第幾欄，並使用 INDEX 選擇該欄位。

能順利篩選部門後，再來增加品類、製圖人員的條件！

3. 將 2. 增加品類、製圖人員篩選條件：

公式	=LET(　工作表,'1. 雙 11 首頁頭版'!A:Z, 　列數,ARRAYFORMULA(ROW('1. 雙 11 首頁頭版'!A:A)), 　工作表表頭,'1. 雙 11 首頁頭版'!2:2, 　部門資訊,INDEX(工作表,,SWITCH($B$1,"行銷部門",1,"商品部門",2,"製圖部門",3)), 　品類,INDEX(工作表,,MATCH("品類",工作表表頭,0)), 　製圖人員,INDEX(工作表,,MATCH("製圖人員",工作表表頭,0)), 　FILTER(列數,部門資訊=FALSE,品類=$B$2,製圖人員=$B$3))
說明	▪ 使用 MATCH 尋找 **"品類"**、**"製圖人員"** 在工作表表頭的第幾欄，並使用 INDEX 取得該欄的資訊。 ▪ 在 FILTER 中增加品類、製圖人員的條件即可篩選指定品類、製圖人員的資料。

然而，如同第 6.2.1 小節所述，品類、製圖人員為選填，如果沒有填寫品類 / 製圖人員時應該輸出所有品類 / 製圖人員的資料，因此我們將 FILTER 的條件稍做調整。

4. 將 3. 的品類、製圖人員調整為選填：

公式	=LET(　工作表,'1. 雙 11 首頁頭版'!A:Z, 　列數,ARRAYFORMULA(ROW('1. 雙 11 首頁頭版'!A:A)), 　工作表表頭,'1. 雙 11 首頁頭版'!2:2, 　部門資訊,INDEX(工作表,,SWITCH($B$1,"行銷部門",1,"商品部門",2,"製圖部門",3)), 　品類,INDEX(工作表,,MATCH("品類",工作表表頭,0)), 　製圖人員,INDEX(工作表,,MATCH("製圖人員",工作表表頭,0)), 　FILTER(列數,部門資訊=FALSE,IF($B$2="",列數<>"",品類=$B$2),IF($B$3="",列數<>"",製圖人員=$B$3)))
說明	▪ 在 FILTER 的條件中可以使用 IF 判斷 B2、B3 是否為空值分別設定條件，但條件要與輸出範圍 (即列數) 的列數相同且要是 TRUE / FALSE，所以只要將條件設為「全部都是 TRUE」的條件即可，在此使用「列數<>""」因為所有資料都有對應的列，所以一定是 TRUE。 ▪ $B$2="" 可以替換為 ISBLANK($B$2)、$B$3="" 可以替換為 ISBLANK($B$3)。

設定完所有的篩選條件後，接下來將輸出調整成想要的格式。

5. 將 4. 的輸出調整為指定格式並附上連結：

公式	=LET(　工作表,'1. 雙 11 首頁頭版'!A:Z, 　列數,ARRAYFORMULA(ROW('1. 雙 11 首頁頭版'!A:A)), 　工作表表頭,'1. 雙 11 首頁頭版'!2:2, 　部門資訊,INDEX(工作表,,SWITCH($B$1,"行銷部門",1,"商品部門",2,"製圖部門",3)), 　品類,INDEX(工作表,,MATCH("品類",工作表表頭,0)), 　製圖人員,INDEX(工作表,,MATCH("製圖人員",工作表表頭,0)), 　未完成列,FILTER(列數,部門資訊=FALSE,IF($B$2="",列數<>"",品類=$B$2),IF($B$3="",列數<>"",製圖人員=$B$3)), 　IFNA(ARRAYFORMULA(HYPERLINK("#gid="&A$5&"#range=D"&未完成列,"第 "&未完成列&" 列")),"已全數填寫完畢"))

▼ NEXT

| 說明 | <ul><li>先將原本 FILTER 的結果存成變數，以利進行後續格式調整。</li><li>可使用 HYPERLINK 將儲存格附上超連結及連結名稱，兩者都是字串。設定分別如下：<ul><li>超連結：因為是同一張試算表因此不需附上網址，只需對應的工作表編號 (gid) 與儲存格即可，格式為「#gid=工作表編號#range=儲存格」，在此將每一張工作表的 gid 放在第 5 列、範圍統一使用該列的 D 欄，因此使用「"#gid="&A$5&"#range=D"&未完成欄位」。</li><li>連結名稱：輸出形式為「第 X 列」，因此使用「"第 "&未完成欄位&" 列"」。</li></ul></li><li>HYPERLINK 只會輸出在單一儲存格，因此使用 ARRAYFORMULA 轉為陣列公式以套用至所有未完成的列。</li><li>如果所有欄位都填寫完畢，FILTER 會出現 #N/A!，在此使用 IFNA 調整輸出。</li></ul> |

> **TIP**
> gid 是在第 4.2.7 小節介紹 IMPORTRANGE 時提及的「無需理會的工作表 ID」，在此終於派上用場了，各位可以在點選不同工作表時觀察網址的變化，便能得到每張工作表專屬的 ID。

到這裡我們已經能取得「1. 雙 11 首頁頭版」未完成的列了，而在將公式套用到其他張工作表時只需要更改工作表相關的範圍即可。然而如果有 10 張以上的工作表時，還是需要花蠻多時間更改，所以我們再進一步使用 INDIRECT 調整公式的工作表範圍，讓公式可以直接套用到所有的工作表中。

6. 將 5. 複用至其他工作表：

| 公式 | =LET(
工作表,INDIRECT(""""&A$6&"""!A:Z"),
列數,ARRAYFORMULA(ROW(INDIRECT(""""&A$6&"""!A:A"))),
工作表表頭,INDIRECT(""""&A$6&"""!2:2"),
部門資訊,INDEX(工作表,,SWITCH($B$1,"行銷部門",1,"商品部門",2,"製圖部門",3)),
品類,INDEX(工作表,,MATCH("品類",工作表表頭,0)),
製圖人員,INDEX(工作表,,MATCH("製圖人員",工作表表頭,0)),
未完成列,FILTER(列數,部門資訊=FALSE,IF($B$2="",列數<>"",品類=$B$2),IF($B$3="",列數<>"",製圖人員=$B$3)),
IFNA(ARRAYFORMULA(HYPERLINK("#gid="&A$5&"#range=D"&未完成列,"第 "&未完成列&" 列")),"已全數填寫完畢")
)　　　　　　　　　　　　　　　　　　　　　　▼ NEXT |

說明	▪ INDIRECT(儲存格字串) 可以輸出儲存格字串的範圍，例如「INDIRECT("'1. 雙 11 首頁頭版'!A:Z")」會輸出工作表「1. 雙 11 首頁頭版」A:Z 欄的資料。 ▪ 在此將工作表名稱放在第 6 列，例如工作表表頭使用「INDIRECT("'"&A$6&"'!2:2")」取得第 2 列 ("'" 是雙引號 + 單引號 + 雙引號)，其中特別注意 A6 的前後需要加上單引號讓公式將其判斷為工作表。

如此一來，有新的版位表需要填寫時，只要將版位表的 gid、工作表名稱分別放到第 5、6 列，並複製第 6 列的公式即可快速建立篩選器！

> **TIPS　本節的公式可以使用生成式 AI 完成嗎？**
>
> 作者試用各主流生成式 AI 模型後，即使分成多個步驟最多都只能完成到第 2 步驟，且公式較為冗長無架構。而為了方便介紹，本節各範例是直接使用公式完成，而總結來說生成式 AI 無法完成本節公式的原因如下：
>
> ▪ 公式涉及太多不同張工作表的判斷，增加生成式 AI 理解的難度。
> ▪ 生成式 AI 傾向使用更多儲存格完成問題，較不會使用 LET 等自定義函式，因此會讓公式較為冗長，遇到新的需求時也更容易出錯。
>
> 綜合以上，作者也評估生成式 AI 在短期對仍難完成如此複雜的公式，因此建議讀者在熟悉如何使用生成式 AI 串接各項 Google 工具的同時，也要熟練各項公式的用法，才能讓實現更有結構、有彈性的自動化工作！

6.3 產品驗證、測試與正式上線

最後一節將聚焦在專案的「驗證與測試」階段，介紹如何對自動化模板進行優化與微調，並在微調後正式上線前，如何教育使用者、設置權限管理機制與優化檔案管理流程，確保模板能供各利害關係人順利使用，為未來數據分析提供準確可靠的資料基礎。

6.3.1 驗證與測試

將各模板都自動化後，在正式請各單位使用此模板填寫前，需要先請行銷部門的其他同仁進一步測試，確認產品是否有需要微調之處，避免等到正式上線後才修改，造成使用者無所適從。以下假設其他同仁針對各版位模板提出兩項可調整與優化處，並說明對應的修改方式。

▶ 優化 1：在第 1 列增加說明儲存格

行銷部門想要在每張工作表的第 1 列附上圖檔所在的資料夾連結，讓商品與製圖部門的同仁更方便的放上檔案，如下圖。

首先，可以在版位模板最上面插入 1 列，如果已經有從模板複製的版位工作表，則每張工作表都需要插入 1 列，插入後便能在 D 欄寫入想要公告的訊息。

而除了調整模板外，在每次更新時也都需要再檢查一次檢查表的公式是否仍能正常運作，在此只需更新原先的「工作表表頭」即可，如下：

=LET(…, 工作表表頭,INDIRECT(""""&A$6&""'!2:2"), …)

更改為

```
=LET(…, 工作表表頭,INDIRECT("'"&A$6&"'!3:3"), …)
```

即可,其他部分皆不需調整!

▶ **優化 2:客製化「是否填寫完畢」的條件**

原先判斷是否填寫完畢時,只要儲存格內容並非空值即為填寫完畢,但其他同仁擔心填寫格式錯誤而需再花時間溝通,因此希望能進一步設定填寫條件。

以上圖為例,希望能在「商品簡介」限制字數不超過 10 個字、商品連結 / 原始圖檔連結 / 製圖後連結確實是超連結。在此我們在部門與工作表表頭之間插入一列來填寫條件,並規定填寫方式如下:

- ☑ **超連結**:填入「URL」。
- ☑ **字數限制**:輸入最多可以輸入幾個字,例如商品簡介可填寫「10」。
- ☑ **無條件**:即有填寫即可,可以直接留空。

如下圖所示:

	D	E	F	G	H	I	J	K	L
1	請將原始檔 / 完成檔放於以下連結: 原始檔: 完成檔:								
2	行銷部門	行銷部門	行銷部門	行銷部門	商品部門	商品部門	商品部門	商品部門	製圖部門
3						10	URL	URL	URL
4	活動檔期	上線日期	品類	製圖人員	商品名稱	商品簡介 (10字內)	商品連結	原始圖檔連結	製圖後連結
5	十萬火急	11/11 00:00	3C	阿美	智能手錶 ProFit 2	健康數據隨時掌握	Link	Link	Link
6	十萬火急	11/11 00:00	3C	阿美	無線藍牙耳機 SoundWave	音質卓越隨心享受	Link	Link	Link
7	十萬火急	11/11 00:00	周邊	阿美	多功能USB集線器	一機多用方便連接	Link	Link	Link

而接下來我們將調整 A4 儲存格中「是否填寫完畢」的公式,在 6.2.2 節中使用三個步驟判斷是否填寫完畢,而在此將使用一樣的方式逐步調整:

1. 在 B5 判斷第 5 列商品部門是否已填寫完畢：

公式	=ISNA(FILTER($D$4:$4,$D$2:$2=$B$2,IFS($D$3:$3="URL",NOT(ISURL($D5:5)), ISNUMBER($D$3:$3),LEN($D5:5)>$D$3:$3, $D$3:$3="",$D5:5="")))
說明	▪ 各欄位需要的條件不同，所以在此不使用 COUNTIFS 而用彈性較高的 FILTER 完成。輸出所有尚未完成或填寫不符合規定的表頭，如果整列都填完畢且符合條件，FILTER 會輸出 #N/A!，因此在外面包上一層 ISNA 讓 #N/A! 轉為 TURE，即填寫完畢。 ▪ FILTER 需要的條件有兩個，一是部門是否為商品部門、二是是否填寫完畢，其中是否填寫完畢又分成超連結、字數限制、無條件三種，可使用 IFS 根據 $D$3:$3 的值個別設定條件如下： ➢ 超連結：可使用 ISURL() 判斷是否是超連結，但因為要輸出「不符合規定」的項目，所以要包上一層 NOT 以篩選不是超連結的項目。 ➢ 字數限制：先使用 ISNUMBER 判斷是否為數字，若是數字的話再使用 LEN 計算 $D5:5 長度並與 $D$3:$3 比較。 ➢ 無條件：如果 $D$3:$3 為空值，則一樣判斷 $D5:5 是否為空值即可。

2. 在 A4 一次判斷各部門是否已填寫完畢：

公式	=BYCOL(A2:C2,LAMBDA(部門, {"是否填寫完畢";BYROW(D5:1000,LAMBDA(填寫內容, ISNA(FILTER(D4:4,D2:2=部門,IFS(D3:3="URL",NOT(ISURL(填寫內容)), ISNUMBER(D3:3),LEN(填寫內容)>D3:3, D3:3="",填寫內容=""))))}))
說明	在第 6.2.2 小節中使用 BYCOL + BYROW 完成內容，在此可維持原本的架構並將原本 COUNTIFS 的內容調整為 1. 的 ISNA + FILTER 的架構。只要把 $B$2 / $D$3:$3 分別改為部門 / 填寫內容即可。

與修改 1 相同，如果已經有從模板複製的版位工作表，則每張工作表的 A4 儲存格都需要調整。而除了模板外，檢查表的公式需要再一次調整如下：

```
=LET(…, 工作表表頭,INDIRECT(""""&A$6&""'!4:4"), …)
```

完成以上的調整後，再提供給行銷部門的同仁確認，若沒有其他要調整的地方後，就能夠在下一次的檔期中使用此模板輸入內容囉！

6.3.2 正式上線

在正式上線前，需要再注意以下幾個要點，以確保上線後大家願意且能確實填寫相關的內容：

1. **教學各部門使用者**：包括行銷 / 商品 / 製圖部門的同仁及主管，可召開教學會議並提供相關說明文件以成功導入至組織中。
2. **落實權限管理機制**：應設定各工作表與儲存格可編輯的人選、並適當隱藏公式相關欄位，避免同仁編輯時異動到公式而無法正確輸出。例如本章可以進行以下設定：

   - **設定編輯權限**：將清單列表、各版位表的 A:C 欄 (是否填寫完畢)、1~4 列、查詢表的 5~7 列設定編輯權限。
   - **隱藏工作表**：將清單列表隱藏，若有異動時再由行銷部門的同仁更新。

3. **完善檔案管理流程**：在本章範例中設定每次檔期都會是一張試算表，因此可以建立一張 Google Sheets 模板，往後每個月的檔期都複製模板再修改即可。而除了檔案模板外，也需要梳理檔案所在的資料夾架構，以本章為例，可以將資料夾結構設定如右：

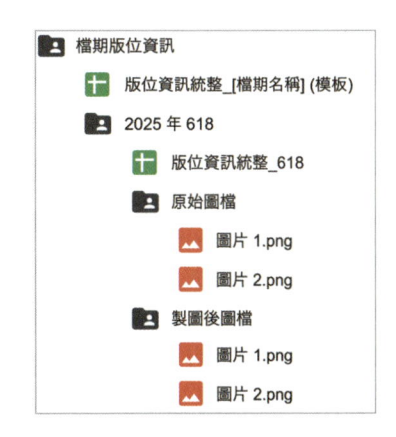

將每個檔期開設一個資料夾並分享給各部門填寫，內含版位資訊統整 (即本章檔案)、原始圖檔、製圖後圖檔資料夾。而在每個檔期之上有一個大資料夾「檔期版位資訊」作為留存，並將模板放置在此資料夾中，每次檔期只需要新增資料夾並建立 Google Sheets 模板副本，並建立原始圖檔、製圖後圖檔資料夾即可。

而樹立了標準的資料處理流程、落實填寫制度與文化後於各部門後，在效率優化、後續分析都有效益，如下：

效率優化	<ul><li>各部門可輕鬆填寫並追蹤未完成的項目，降低建立與使用篩選器的時間</li><li>行銷專員可確保各部門資料填寫合規，降低手動檢查之速度。</li><li>可快速統整各部門填寫狀況並於會議中統一呈報，不需要各別統計。</li></ul>
後續分析	因資料結構化，後續較容易匯整各版位商品，以進行後續分析並調整決策，例如：<ul><li>各品類商品的流量與銷售量提升，以分析客戶有興趣的商品種類，以調整後續陳列商品的策略。</li><li>各版位對流量、銷售量的影響，測試版位順序、呈現資訊的內容是否對後續的轉換有影響。</li><li>連結各曝光時段的商品價格，確認流量與銷售量提升的誘因是否與價格有關。</li></ul>

完成本章的內容後，各位讀者也不妨想想目前的工作／生活中，有哪些資料統整與分析的環節也可以透過統一的模板、彈性的查詢模式輕鬆檢視吧！

CHAPTER

7

使用 Google Sheets + 表單打造客製化的 記帳工具

在第 5 章介紹過如何將 Google 表單的回應連動至 Google Sheets 中,然而此種方式只能將回復原封不動的輸出,仍需要在試算表中進行額外整理。本章我們將進一步介紹另一種方式:在表單中使用 Apps Script 輸出整理後的回應到 Google Sheets 中。在本章將以作者實際使用的記帳 Google 表單為例,完整介紹 (1) 表單設計邏輯、(2) 資料整理流程梳理成 ChatGPT Prompt,到 (3) 使用 Google Sheets 儀表板製作邏輯與實踐等環節,學完本章後你將會學到:

- ☑ 實際記帳時可以考慮的面向,以及作者建議的認列邏輯。
- ☑ 使用 Google 表單設計記帳表單,包括大架構與客製化調整細節。
- ☑ 梳裡資料處理的流程,並轉化為生成式 AI 的 Prompt。
- ☑ 在 Google 表單中使用 Apps Script 並自動觸發。
- ☑ 使用 Google Sheets 整理支出紀錄並安排預算。

第七章示範空白檔案　　第七章示範完成檔案

TIP
掃描 QR Code 建立副本一起操作吧!

7.1 記帳表單設計

在產品開發時，心中要有「以終為始」的概念，也就是在設計產品時先預想最終產出包括哪些內容，再從結果回推處理的流程與機制。因此本節將先梳理記帳的認列與分類邏輯，再設計貼合對應功能的表單。

7.1.1 設計的前置準備

▶ 為何使用 Google 表單記帳

在作者大學時曾使用坊間幾種不同的記帳 App，雖然各種 App 都有美觀的介面、新奇的功能，但使用一段時間後總覺得有以下幾個痛點：

- ☑ 分類系統不夠靈活，只能使用 App 預設的分類邏輯，太靈活又會導致操作不易上手
- ☑ 分析功能較粗淺，若要匯出原始資料深入分析需要花錢或無法即時連動
- ☑ 部分 App 有廣告，或進階功能需要收費

因此在出社會後，作者憑藉多年使用 Google 各產品的經驗打造個人化的記帳工具，依個人需求設計支出項目與分析維度，解決上述的痛點。而在深入介紹設計方法與細節之前，簡單統整我使用兩年後歸納出的優缺點：

優點	高客製化	可根據個人需求靈活設置表單與試算表。
	雲端備份	Google Sheets 與表單都會隨時連動並備份資料。
	支援手機	可以將表單與分析介面儲存在手機桌面並隨時使用。
	免費使用	無廣告且能免費使用，通常不會超過回應數量限制。
缺點	無法連動	每次花費需要填寫表單，沒辦法自動與支出紀錄連動。
	數據分析能力	設計圖表與分析需具備 Google Sheets 的基礎。
	用戶體驗簡潔	僅能記帳與分析，缺乏增加互動性的介面設計與遊戲機制。

各位讀者可以根據習慣與對分析的需求決定是否使用 Google 表單記帳，但無論使用與否都建議跟著本章的內容操作一遍，以了解 Apps Script 與 Google Sheets 的分析流程！

▶ 支出分類邏輯梳理

在設計表單時,要先完整梳理支出的歸納邏輯與分析構面,以製作客製化的表單與後續的分析儀表板。評估的面向如下:

1. <mark>各種支出的認列月份 / 日期</mark>:主要是源自於「實際支出現金」與「支出原因發生」的差異,「實際支出現金」是指實際付款的時刻,例如:刷卡消費、現金付款、轉帳支付、自動扣款等,而「支出原因發生」則是支出的事件實際發生的時間點,例如在 3 / 1 支付 4 / 14 出國的機票,則實際支出現金是 3 / 1,支出原因發生是 4 / 14。釐清兩個時間的差異可更準確追蹤跨月份的消費、預算控管等。而兩者日期的各種可能情況如下表:

支出種類	例子
當月 / 日發生的支出	▪ 購買三餐、聚餐 ▪ 理髮、看診
繳納過往發生的支出	▪ 在 9 月繳納 7~8 月的水電費 ▪ 繳納上月信用卡費
預付未來即將發生的支出,且支出原因產生的時間點可知	▪ 在 3 月預購 5 月演唱會的門票等 (單次) ▪ 訂閱一年份的 Netflix 等 (多次)
預付未來即將發生的支出,且支出原因產生的時間點未知	▪ 購買烹飪食材 (通常食材能在一年內使用完畢) ▪ 購買家具 (家具的使用通常為長期,使用年限不易估計)
購買點數 / 加值金等,並於未來支出發生時扣除點數 / 加值金	▪ 悠遊卡加值 ▪ 購買健身課

2. <mark>固定 / 變動支出</mark>:

支出種類	定義	例子
固定支出	通常支出頻率、金額固定	房租、訂閱費、定期票大眾運輸等
變動支出	不定期發生、金額也不固定	三餐、計程車、非定期票大眾運輸等

3. <mark>不可免 / 可免支出</mark>:不可免支出是指生活中必須支付的開支,用來維持基本生活或履行義務,通常無法避免或取消,例如房租、水電費、大眾運輸交通費等;反之,可免支出則根據個人選擇或需求調整,例如:

支出種類	定義	例子
不可免支出	指生活中必須支付的開支，用來維持基本生活或履行義務，通常無法避免或取消	房租、水電費、大眾運輸交通費等
可免支出	能根據個人選擇或需求調整	串流媒體、旅遊費等

在會計中上述各項支出都有規定與建議的處理方式，但我們並非企業，不必為了遵循這些細節而徒增煩惱。反之可以使用個人覺得簡單、合理的方式歸納即可，建議各位讀者可以花一些時間思考記帳時應如何處理，有了初步想法後再繼續閱讀以下的內容。

總而言之，作者的記帳認列原則如下：

A. 記錄在支出原因發生的時間點，而非支出事實發生的時間點。
B. 承 A.，如果支出原因延續的期間不固定，則直接記錄在支出事實發生的時間點。
C. 承 A.，如果是定期發生的支出，則直接記錄在支出事實發生的時間點，不另外回溯。例如每月固定繳納上月的網路費，但每月金額相同因此直接列為本月支出即可。
D. 固定支出只考慮支出頻率是否固定，不考慮金額是否固定，支出日期都列為該月 1 號。
E. 如果支出橫跨多個月份，應以月為單位平均分攤金額，支出日期都列為該月 1 號。
F. 不區分可免支出、不可免支出。

以上幾點原則也許不易理解，接下來套用至前面 1. 的各種支出來說明：

支出種類	例子	認列方式
當月/日發生的支出	▪ 購買三餐、聚餐費用 ▪ 理髮、看診	根據 A. 列為活動當天的支出
繳納過往發生的支出	▪ 在 9 月繳納 7~8 月的水電費	雖然是 7~8 月的費用，但水電費是定期發生的固定支出，所以根據 C+D. 直接列為 9 月 1 號的支出
	▪ 繳納上月信用卡費用	根據 A. 支出原因發生 (刷信用卡購買東西) 的時間點是上個月，因此在刷卡時就直接記錄並分類

▼ NEXT

支出種類	例子	認列方式
預付未來即將發生的支出，且支出原因產生的時間點可知	▪ 在 3 月預購 5 月演唱會的門票等 (單次費用) ▪ 訂閱一年份的 Netflix 等 (多次費用)	根據 A. 列為 5 月演唱會當天的支出 根據 A. 分攤至一年每個月，並根據 D+E. 列為每個月 1 號的固定支出
預付未來即將發生的支出，且支出原因產生的時間點未知	▪ 購買烹飪食材 (通常食材能在一年內使用完畢) ▪ 購買家具 (家具的使用通常為長期，使用年限不可估計)	根據 B. 列為購買烹飪食材 / 家具當天的支出。如果是分期付款購買則根據 E. 列為每個月的 1 號
購買點數 / 加值金等，並於未來支出發生時扣除點數 / 加值金	▪ 悠遊卡加值 ▪ 購買健身課	購買點數是為了未來支出原因發生時使用，因此應根據 A. 等未來實際使用悠遊卡支付 / 上健身課時才認列。但每次使用都要紀錄會有點麻煩，可以選擇 B. 在加值時紀錄，或是每週有固定使用頻率而使用 E. 平均分攤金額

雖然以上內容看似與 Google Sheets 自動化無關，但實際上這是所有自動化專案最重要的步驟，原因有二：一是如果不理清記帳的處理邏輯便無法轉化為優質的 Prompt，進而使生成式 AI 的產出也不如預期。二是生成式 AI 的長處在於快速產出基礎的自動化程式碼與公式，但面對複雜情境時還是需要仰賴人類的洞察力與策略思考力。

● 7.1.2　表單內容設計

梳理完支出分類邏輯後，接下來設計 Google 表單的內容，首先一定會有支出的日期、金額、分類，另外可以附上備註以記錄支出的原因。以下針對各項內容詳細介紹，包括原因、在 Google 表單中如何設定等，請讀者們在雲端硬碟中點選「新增 → Google 表單」建立一份表單一起操作吧！

▶ 支出日期

Google 表單會自動記錄回應的日期，因此不需要逐筆記錄支出日期。然而，如果都使用回應當日計算，實際記錄時可能會遇到以下問題：

- ☑ 訂閱費、分期付款等項目需要每個月登記一次分攤後的金額。
- ☑ 漏記過去的支出，補登時會以補登當天計算。
- ☑ 預付未來支出時，需要等到支出原因發生當天才能記錄。

以上問題雖然可以在 Google Sheets 中手動調整，但每次遇到都需要手動調整顯然不切實際。因此，可以加入支出日期、跨月預繳數 (一次付幾個月的錢，例如一次付一季的管理費就輸入 3) 並設定為選填，如下圖。

另外，Google 表單中可以限制回應的內容，可以點選問題右下角的「更多選項 → 回應驗證」設定，在此可以將跨月預繳數設定為大於 0 的數字，避免因輸入錯誤影響後續計算，設定完成後如下圖：

▶ 支出金額

支出金額為必填項目,並應該設為大於 0 的數字,設定完成後如下圖:

▶ 支出分類

作者在記帳時會分成食 / 衣 / 住 / 行 / 育 / 樂 / 其他,共 7 大類,再列舉各大類下的子分類,並設為必填。分類如右:

食	早餐 / 午餐 / 晚餐 / 零食飲料宵夜 / 食材添購
衣	服飾添購 / 理髮
住	房租 / 水電費 / 網路費 / 日用品添購
行	大眾運輸 / 計程車 & Uber
育	訂閱制費用 / 單次費用
樂	朋友聚會 / 情侶約會 / 訂閱制費用 / 其他
其他	醫療保健 / 其他

上述子分類會再分成固定支出、變動支出,因此在表單中不會另外分類,而是在回應表單時判斷。分類如下:

固定支出	住:房租 / 住:水電費 / 住:網路費 / 行:大眾運輸 / 育:訂閱制費用 / 樂:訂閱制費用
變動支出	其他非固定支出的子分類都列為變動支出

另外,針對大筆支出可以備註說明原因,但設定為選填即可。

▶ 問題順序與外觀調整

完成所有內容後，最後可調整表單問題的順序與外觀，如下：

☑ 問題順序：點選欲調整順序的問題後，按住上方的「⋮⋮」符號拖曳即可，如下圖。原則上可以先將必填的內容 (支出金額、分類) 排在前面、選填的內容 (支出日期、跨月預繳數、備註) 放在後面。

☑ 表單外觀：點選上方工具列的「自訂主題」後，可在右方視窗調整表單的文字樣式、頁首與顏色，如下圖：

此為上述內容設定完成後的範本 QR Code，但讀者仍需自行製作表單喔

讀者可以根據自己的習慣設定分類方式，以及固定／變動支出的歸類邏輯，所有的設定都沒有標準答案，但為了後續能跟著本書的流程操作，建議先使用上述的分類方式，待完成所有步驟後再客製化自己的版本。

> **TIPS** 如何將 Google 表單儲存在手機桌面
>
> Google 表單除了可以用手機填寫，更能使用 Chrome 的「建立網站捷徑」功能儲存到手機桌面，每次點選就會開啟一個新的 Chrome 分頁。iOS、Android 的操作方法分別如下：
>
> - iOS：使用 Chrome 開啟表單 → 點選網址右側的「分享」→ 點選「加入主畫面」並編輯詳細資料 → 點選「加入」，如下圖：
>
> - Android：使用 Chrome 開啟表單 → 點選網址右側的「更多 → 加入主畫面 → 建立捷徑」→ 重新命名並點選「新增」，如下圖：

7.2 儀表板原型打造與執行方案規劃

設計完記帳表單後,下一步要將回應輸出至 Google Sheets 中以後續進行分析與儀表板製作。因此本節將依序完成 (1) 打造儀表板原型、(2) 從原型回推所需表單資訊、(3) 規劃執行方案,以利後續實踐執行方案。

7.2.1 打造儀表板原型

儀表板是為了呈現有洞察力的分析視角,並進一步轉換為數據支持的決策,而洞察力的分析視角則取決於對數據情境的深入理解與關鍵指標的選擇。因此,各位讀者不妨花一些時間思考:「擁有支出紀錄後,你會想要知道自己哪些支出的事實?」例如:

- ☑ 這個月的支出與預算相差多少?下個月將如何調整預算與支出習慣?
- ☑ 這個月的支出比上個月同期多還是少?是哪些項目導致的?
- ☑ 每個月在食／衣／住／行／育／樂等分類分別花了多少錢,長期而言是增加還是減少?

在發想完想要探討的議題後,再進一步設計視覺化的表格與圖表,本章將製作的表格與圖表如下:

編號	項目	說明
A	本月支出總計	包括總支出、與預算及上月同期比較,以及總支出上升趨勢。
B	本月支出分布	在食／衣／住／行／育／樂等分類的總額,以及固定／變動支出總額。
C	本月支出 vs 總預算	彙整各類支出與預算的差異金額。
D	支出金額 Top 5	列出本月至今金額最大的 5 筆支出紀錄。
E	每月各類支出比較	與最近 6 個月比較各類支出的金額。
F	每月 MTD 支出比較	與最近 6 個月比較支出每日上升的趨勢。

而上述各項內容可彙整於同一張工作表,以利一次檢視所有資料,如下圖:

7.2.2　從原型回推所需表單資訊

從儀表板的原型回推至表單所需搜集的資訊時，又可以拆解成右方三個步驟：

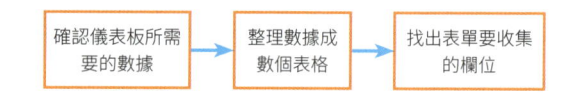

確認儀表板所需要的數據 → 整理數據成數個表格 → 找出表單要收集的欄位

本小節將依序說明三個步驟的作法。

▶ **確認儀表板所需要的數據**

前述 A~F. 所需的資料表格如下：

編號	項目	儀表板所需資料
A	本月支出總計	A1. 本月總支出　　A2. 本月總預算 A3. 上月同期支出　A4. 總支出上升趨勢
B	本月支出分布	B1. 本月食 / 衣 / 住 / 行 / 育 / 樂支出 B2. 本月固定 / 變動支出
C	本月支出 vs 總預算	C1. 本月食 / 衣 / 住 / 行 / 育 / 樂支出 C2. 本月固定 / 變動支出 C3. 各子分類每月預算
D	支出金額 Top 5	D1. 支出的日期、項目、金額
E	每月各類支出比較	E1. 最近 6 個月食 / 衣 / 住 / 行 / 育 / 樂支出
F	每月 MTD 支出比較	F1. 最近 6 個月總支出上升趨勢

▶ 整理數據成數個表格

彙整所需資訊後,接下來可以整合視角或顆粒度相近的項目設計表格,例如將所有分析食 / 衣 / 住 / 行 / 育 / 樂的項目整合等,整合後僅需要以下三張表格便可取得全部的所需內容:

- ☑ 最近 6 個月支出比較表。
- ☑ 每月預算與實際支出。
- ☑ 支出明細。

以上三張表格的內容及對應的儀表板所需資料分別如下:

1. 最近 6 個月支出比較:如下圖:

	A	B	C	D	E	F	G	H
1	視角	項目	2025/1	2025/2	2025/3	2025/4	2025/5	2025/6
2	總計	總計						
3	固定/變動	固定支出						
4		變動支出						
5	食衣住行育樂	食						
6		衣						
7		住						
8		行						
9		育						
10		樂						
11		其他						
12	MTD 支出	1						
13		2						
14		3						

因為幾乎所有表格的項目都是以「月」為單位,因此將資料的第一列設為最近 6 個月,而下方的視角與對應的儀表板所需資料如右:

視角	儀表板所需資料
總計	A1. 本月總支出 A3. 上月同期支出
固定/變動	B2. 本月固定 / 變動支出
食衣住行育樂	B1. 本月食 / 衣 / 住 / 行 / 育 / 樂支出 E1. 最近 6 個月食 / 衣 / 住 / 行 / 育 / 樂支出
MTD 支出	A4. 總支出上升趨勢 F1. 最近 6 個月總支出上升趨勢

2. <mark>每月預算與實際支出</mark>：除了實際統計每月的支出外，應該要另外建立一張表輸入各月份每個子項目的預算，可以使用最簡單的方式輸入，如下表：

	A	B	C	D	E	F	G	H
1	項目	2025/1	2025/2	2025/3	2025/4	2025/5	2025/6	...
2	食：早餐							
3	食：午餐							
4	食：晚餐							
5	食：食材添購							
6	食：零食飲料宵夜							
7	...							

然而，實際在訂定預算時應該會參考上個月實際支出，使用上表格訂定時會需要不停切換工作表參照，也無法檢視各月份預算與實際支出之間的差異。因此，我們將上表調整成可同時輸入預算並檢視實際金額與差異的表格，如下圖：

	A	B	C	D	E	F	G	H	I	J	K
1		項目		2025/1			2025/2			2025/3	
2			預算 $	實際 $	差異	預算 $	實際 $	差異	預算 $	實際 $	差異
3	每月開銷										
4		食：早餐									
5		食：午餐									
6		食：晚餐									
7		食：食材添購									
8		食：零食飲料宵夜									
9		食：總計									
13		衣：總計									
19		住：總計									
23		行：總計									
27		育：總計									
32		樂：總計									
36		其他：總計									
37	總支出										
38	總收入										
39	儲蓄(透支)額										
40											
41	支出分類										
42		固定支出									
43		變動支出									
44											

如此一來便能作為儀表板的資料範圍，同時也讓我們能隨時比較預算與實際支出的差異，對應表格所需的內容如右：

儀表板所需資料

A2. 本月總預算

C1. 本月食 / 衣 / 住 / 行 / 育 / 樂支出

C2. 本月固定 / 變動支出

C3. 各子分類每月預算

3. **支出明細**：在「D. 支出金額 Top 5」中，需要「D1. 支出的日期、項目、金額」，所以我們需要有一張工作表儲存每一筆交易的日期、項目與金額，在此姑且稱為支出明細，格式如右圖：

	A	B	C
1	支出日期	支出金額	支出類別
2	2025/01/01	12,000	住：房租
3	2025/01/01	200	食：晚餐
4	2025/01/01	500	食：食材添購
5	2025/01/01	1,000	住：網路費

▶ 找出表單要收集的欄位

在整理完儀表板所需的表格後，下一步是設計表單回應輸出所需的欄位。只要<mark>列出所有表格需要的欄位，並取這些欄位的聯集</mark>即可。三張表格所需欄位分別如下：

1. 最近 6 個月支出比較表	2. 每月預算與實際支出	3. 支出明細
• 支出月份 / 日期 • 固定 / 變動支出 • 支出的大分類 • 支出金額	• 支出月份 • 支出的子分類 • 固定 / 變動支出 • 支出金額	• 支出日期 • 支出金額 • 支出的子分類

以上三張表的聯集，得出所需欄位目前有 6 項，如下：

所需欄位	1. 最近 6 個月支出比較表	2. 每月預算與實際支出	3. 支出明細
支出月份	○	○	
支出日期			○
固定 / 變動支出	○	○	
大分類	○		
子分類		○	○
支出金額	○	○	○

初步盤點完所需欄位後，最後再增減所需欄位即可，在此調整如下：

- ☑ <mark>支出日期</mark>：可以從支出日期回推月份，因此把支出月份刪除。
- ☑ <mark>支出的大分類</mark>：可以從子分類回推（例如判斷子分類的開頭是否為「食」），因此將大分類刪除。
- ☑ <mark>備註</mark>：用於大筆支出時，因此保留此欄位以利追蹤。

調整結束後，原始資料僅需要 (A) 支出日期、(B) 支出金額、(C) 子分類、(D) 變動 / 固定支出、(E) 備註五個欄位，如下圖：

	A	B	C	D	E
1	支出日期	支出金額	支出類別	固定 / 變動支出	備註
2	2025/01/01	12,000	住：房租	固定支出	
3	2025/01/01	200	食：晚餐	變動支出	
4	2025/01/01	500	食：食材添購	變動支出	
5	2025/01/01	1,000	住：網路費	固定支出	
6	2025/01/01	600	住：水電費	固定支出	
7	2025/01/01	1,200	行：大眾運輸	固定支出	
8	2025/01/01	1,000	育：訂閱制費用	固定支出	健身房月費
9	2025/01/01	160	樂：訂閱制費用	固定支出	Netflix
10	2025/01/02	110	食：午餐	變動支出	
11	2025/01/02	70	食：零食飲料宵夜	變動支出	

釐清原始資料的目標後，下一小節將分析現況並規劃從現況到目標的執行方式！

> **TIP**
> 雖然「固定 / 變動支出」可以從子分類推算出來，但因為固定支出的組成比較複雜，用公式處理會比較麻煩，所以這邊另外加一欄來儲存這個項目。

● 7.2.3 規劃執行方案

執行方案就是讓我們從「現況」達到「目標」的作法，而上一小節梳理完「理想中的記帳欄位格式」後，這個小節會釐清 Google 表單匯出到試算表與理想格式的差異，並分析如何讓現有的記帳原始資料，調整成符合最終目標欄位的格式。

▶ 釐清現況與落差

原始資料的現況，就是來自記帳表單的直接輸出。只要在 Google 表單點選內建的「<mark>連結至試算表</mark>」，就會自動產生資料，格式如下頁圖：

	A	B	C	D	E	F
1	時間戳記	支出金額	支出類別	支出日期 (調整用)	跨月預繳數	備註
2	2025/1/1 下午 7:26:12	200	食：晚餐			
3	2025/1/2 下午 12:24:50	110	食：午餐			
4	2025/1/2 下午 12:25:06	70	食：零食飲料宵夜			
5	2025/1/2 下午 8:44:02	500	食：食材添購	2025/1/1		
6	2025/1/5 上午 11:00:28	1,000	住：網路費			
7	2025/1/8 上午 10:46:58	600	住：水電費			
8	2025/1/10 下午 10:28:14	12000	住：房租			
9	2025/1/16 上午 7:18:00	1,200	行：大眾運輸			
10	2025/1/17 下午 12:24:37	12,000	育：訂閱制費用		12	健身房月費
11	2025/1/23 下午 19:38:41	1,920	樂：訂閱制費用		12	Netflix

有了目標與現況後，接下來統整現況與目標各欄位之間的關聯性，如下表：

目標	需要做的調整
(A) 支出日期	- 跨月預繳：如果 E 欄跨月預繳數有數字，則需要調整為每個月一列。 - 基準日期：優先使用 D 欄支出日期 (調整用) 的內容，無內容則使用 A 欄時間戳記 的日期；如果是跨月預繳或固定支出則調整為基準日期所在月份的 1 號。
(B) 支出金額	- 跨月預繳：如果 E 欄跨月預繳數有數字，需要將 B 欄支出金額平均分攤到每個月。
(C) 子分類	- 可直接使用 C 欄支出類別 的資料。
(D) 變動 / 固定支出	- 固定支出：如果 C 欄支出類別 為「住：房租 / 住：水電費 / 住：網路費 / 行：大眾運輸 / 育：訂閱制費用 / 樂：訂閱制費用」任一項，則為固定支出，反之為變動支出。
(E) 備註	可直接使用 F 欄備註 的資料。

以上的落差大致可以分成 (1) 固定支出、(2) 跨月預繳、(3) 基準日期 × (跨月預繳 + 固定支出) 三類。了解落差的內容後，接下來評估各種做法的可行性與優缺點，以進一步執行！

▶ 選擇執行方案

如果要將 Google 表單的回覆在 Google Sheets 自動整理成目標格式，可以使用以下兩種方法：

- ☑ 表單匯出 + Google Sheets 公式：使用表單內建的「連結至試算表」匯出至 Google Sheets，再使用自動化公式整理成目標格式。
- ☑ Apps Script：使用 Apps Script 在表單有新回應時自動整理成目標格式。

而對讀者們而言，使用表單匯出 + Google Sheets 公式是大家較熟悉的方式，因此以下評估前述三種落差使用 Google Sheets 自動化的可能作法：

	A	B	C	D	E	F	G	H
1	時間戳記	支出金額	支出類別	支出日期 (調整用)	跨月預繳數	備註	固定 / 變動支出	基準日期
2	2025/1/1 下午 7:26:12	200	食：晚餐				變動支出	2025/1/1
3	2025/1/2 下午 12:24:50	110	食：午餐				變動支出	2025/1/2
4	2025/1/2 下午 12:25:06	70	食：零食飲料宵夜				變動支出	2025/1/2
5	2025/1/2 下午 8:44:02	500	食：食材添購	2025/1/1			變動支出	2025/1/1
6	2025/1/5 上午 11:00:28	1,000	住：網路費				固定支出	2025/1/1
7	2025/1/8 上午 10:46:58	600	住：水電費				固定支出	2025/1/1
8	2025/1/10 下午 10:28:14	12000	住：房租				固定支出	2025/1/1
9	2025/1/16 上午 7:18:00	1,200	行：大眾運輸				固定支出	2025/1/1
10	2025/1/17 下午 12:24:37	12,000	育：訂閱制費用		12	健身房月費	固定支出	2025/1/1
11	2025/1/23 下午 19:38:41	1,920	樂：訂閱制費用		12	Netflix	固定支出	2025/1/1

落差項目	要調整的內容	Google Sheets 可能作法
1. 固定支出	判斷每一種支出類別是固定或變動支出	在表單回應工作表增加輔助欄位，使用陣列公式 + SWITCH / REGEXMATCH 判斷
2. 跨月預繳	篩選跨月預繳數不是空白的項目，拆成每個月一列	雖然目前有 IF / FILTER 可以篩選與輸出符合特定條件的資料，但沒有辦法一次輸出單列 (非跨月) 與多列 (跨月) 的內容，所以需要把跨月的項目另外開一張工作表處理
3. 基準日期 ✕ (跨月預繳 + 固定支出)	根據固定 / 變動支出、跨月預繳決定	在表單回覆工作表增加輔助欄位，使用陣列公式 + IF 根據跨月預繳、固定支出判斷日期

總結來說，表單回應的工作表可以增加欄位判斷每一列的內容，但把一列拆分成多列則需要其他工作表輔助，需要把跨月的項目另外開一張工作表處理。因此在這裡我們將介紹另一種方式 —— 使用 Apps Script 自動化，讓工作表在收到新回應就自動轉換為我們想要的原始資料格式！

7.3 使用生成式 AI + Apps Script 即時同步表單回應

在上一節決定表單輸出的格式與方法後，本節將介紹如何使用 Apps Script 自動化整理與同步表單回應，而所有的程式碼會透過與生成式 AI 多輪對話完成，較複雜的語法也會特別說明，因此不熟悉 Apps Script 的讀者也可以跟著操作，一起體驗生成式 AI 與 Apps Script 的強大吧！

● 7.3.1　第一輪對話：表單回應輸出

▶ **各輪對話目標確認**

因為 Apps Script 需要取得表單資料、判斷回應內容並調整，最終再輸出至工作表，其中判斷內容與調整的細節較多，一次輸入所有調整內容可能使生成的程式無法順利運行，因此分多次 Prompt 漸進式說明。本次範例預計會分成三輪對話，分別如右：

第一輪	把表單回應的內容即時輸出到指定的 Google Sheets 工作表
第二輪	調整基準日期、判斷固定／變動支出欄位
第三輪	將跨月預繳拆成多列

> **TIP**
> 若無特別說明，本小節皆使用 Gemini 2.0，且範例的回應日期皆為 2025-02-03。

此外，本次程式碼是要取得表單回應的內容，因此要將程式碼寫在 Google 表單的 Apps Script 中，請點選 Google 表單編輯模式右上角的「更多選項 ⋮ → Apps Script」進入表單的 Apps Script 編輯器介面，如右圖。

接下來讓我們使用生成式 AI 撰寫程式碼！

TIPS 在完成版檔案中檢視 Apps Script

雖然本章的 Apps Script 需寫在 Google 表單中，但因為表單無法建立副本並檢視 Apps Script，因此本書將所有程式碼都存放於本章完成版檔案的 Apps Script 中。各位讀者建立副本時，會連 Apps Script 一起建立，如下圖：

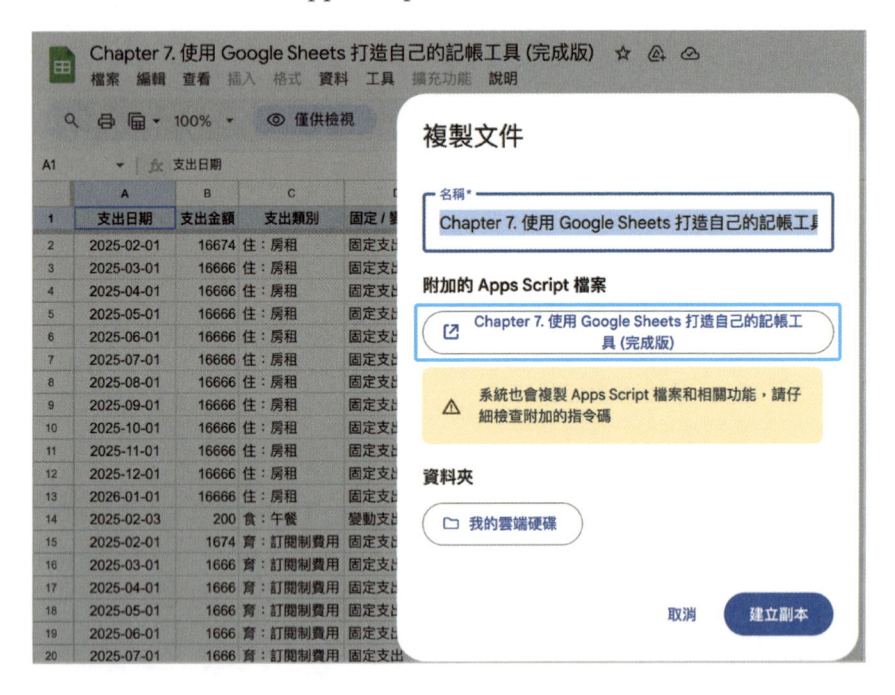

或是，在讀者建立副本後，點選「擴充功能 → Apps Script」打開檔案中的 Apps Script，如下圖：

TIP
本書的 Prompt、與輸出中的 sheet id 為範例檔案的 ID，請讀者轉換為自行操作的 ID。

▶ 第一輪：對話與觸發條件設定

首先將表單回應的內容原封不動輸出，並在第一欄輸出表單填寫的日期，Prompt 如下：

> **問**
>
> 我有一份 Google 表單，包括以下內容：
>
> 1. 支出金額：必填，格式為數字
> 2. 支出類別：必填，為單選選單，例如「食：早餐」
> 3. 支出日期（調整用）：選填，格式為年 / 月 / 日
> 4. 跨月預繳數：選填，格式為數字
> 5. 備註：選填
>
> 請生成 Apps Script 程式碼，當表單有新回應時，將回應結果貼上到 sheet id = '1UlUbjpq9eN51UMfVnFGH2E4_mM2rzVtj6F5CbjOKEcM' 的「支出 Raw Data」的 A:F 欄的最下面一列，各欄內容依序是：
>
> A 欄：今天日期，格式為 yyyy-mm-dd
>
> B 欄：支出日期（調整用）：若「支出日期（調整用）」有日期則輸出該日期，不然就輸出今天日期
>
> C 欄：支出金額：同表單內容
>
> D 欄：支出類別：同表單內容
>
> E 欄：跨月預繳數：同表單內容
>
> F 欄：備註：同表單內容

溝通要點如下：

☑ 表單的題目有哪些，每個題目的必 / 選填、輸出格式為何？
☑ 要將回應輸出到哪份檔案、工作表的哪一欄 / 列 (A:F 欄、最後一列)？
☑ 每一欄的內容是什麼，格式與判斷規則為何？

輸出結果如下：

> **TIP**
>
> 生成式 AI 產出之內容每次都有些許差異，書中的程式碼是作者撰寫時生成之版本僅供參考。另外因篇幅關係，書中只會節錄部分程式碼，完整程式碼請詳見「完成版檔案」。

```
function onFormSubmit(e) {
  // 取得表單回應
  var itemResponses = e.response.getItemResponses();
  // 取得各欄位的值
  var 支出金額 = itemResponses.find(item => item.getItem().getTitle() === "支出金額").getResponse();
  // ... (以下省略)
}
```

> **TIP**
> 如果生成式 AI 取得表單回應的方式為「var responses = e.values」，則會將表單的回應輸出成一個陣列，但此方式需使用另一種表單觸發器，操作較為複雜。因此建議直接更換另一種語言模型，或請生成式 AI 使用「e.response.getItemResponses()」輸出表單回應。

生成程式碼後請複製到編輯器中並點選 `Ctrl` / `⌘` + `S` 存檔，並進行以下步驟設定觸發條件：

1. 點選左側的「觸發條件」，並點選右下角的「新增觸發條件」。

2. 選擇要執行的功能「onFormSubmit」、活動來源「表單」與活動類型「提交表單時」，如右圖，完成後點選「儲存」。

編輯「Chapter 7. 使用 Google Sheets 打造自己的記帳...

選擇您要執行的功能

onFormSubmit

將會執行的部署作業

上端

選取活動來源

表單

選取活動類型

提交表單時

錯誤通知設定 ＋

每天通知我

取消　儲存

設定完成後，觸發條件會出現已設定的條件，若有成功顯示即為設定成功，如下圖。

觸發條件　　　　　　　　　　　　　　　目前顯示 1 個觸發條件 個觸發條件

＋ 新增篩選器

擁有者：	上次執行時間	部署	事件	函式	錯誤率
我	-	上端	表單 - 提交表單時	onFormSubmit	-

接下來，可以回到 Google 表單試填寫並確認工作表是否有成功輸出結果，成功的示意圖如下：

	A	B	C	D	E	F
1	回應日期	支出日期 (調整用)	支出金額	支出類別	跨月預繳數	備註
2	2025-02-03	2025-02-01	200000	住：房租	12	年繳房租
3	2025-02-03	2025-02-03	200	食：午餐		
4	2025-02-03	2025-02-03	20000	育：訂閱制費用	12	
5						
6						

7-23

> **TIPS　如果沒有成功執行，怎麼修正錯誤？**
>
> 若試填寫發現工作表沒有出現結果，可以點選 Apps Script 左側的「執行紀錄」查看觸發失敗的紀錄，並點選最右側的箭頭查看錯誤的原因，如下圖。
>
> | | | | | | |
> |---|---|---|---|---|---|
> | 上端 | onFormSubmit | 觸發 | 2025年2月3日 晚上9:43:02 | 0.581 秒 | 失敗 |
>
> Cloud 記錄檔
>
> 2025年2月3日 晚上9:43:03　錯誤　TypeError: Cannot read properties of undefined (reading '3') at onFormSubmit(程式碼:8:30)
>
> 重新整理
>
> 錯誤說明的格式通常是 錯誤類型：錯誤原因 (程式碼：第幾行：第幾個字)。以上圖為例，錯誤類型為 TypeError、原因為 Cannot read properties of undefined (reading '3') at onFormSubmit、錯誤的程式碼出現在第 8 行第 30 個字。
>
> 然而，儘管說明淺顯易懂，但對語法不熟悉的讀者很難直接修正錯誤，因此最好的方式是在原本的生成式 AI 視窗中貼上錯誤說明，讓生成式 AI 判讀錯誤原因並予以修正。然而，生成式 AI 畢竟不是萬靈丹，如果屢次嘗試都失敗，不妨換一個語言模型嘗試吧！

● 7.3.2　第二、三輪對話：調整至目標格式

▶ **第二輪：調整基準日期、判斷固定 / 變動支出欄位**

有了第一輪輸出後，第二輪輸出將調整基準日期，並新增固定 / 變動支出的判斷，Prompt 如下：

> **問**
>
> 微調輸出如下：
> A 欄：支出日期：若「支出日期（調整用）」有日期則輸出該日期，不然就輸出今天日。但如果是「固定支出」，則輸出前述日期的該月 1 日
> B 欄：支出金額：同表單內容
> C 欄：支出類別：同表單內容
> D 欄：固定 / 變動支出：如果支出類別是「住：房租 / 住：水電費 / 住：網路費 / 行：大眾運輸 / 育：訂閱制費用 / 樂：訂閱制費用」任一項，就是「固定支出」，反之是「變動支出」
> E 欄：跨月預繳數：同表單內容
> F 欄：備註：同表單內容

溝通要點如下：

- ☑ 因為輸入不變，所以僅說明輸出微調後的格式即可。
- ☑ 為避免固定／變動支出的支出類別文字理解有誤，因此使用括號特別標註內容。

輸出結果如下：

```
function onFormSubmit(e) {
  // ... (不變，在此省略)
  // 判斷是否為固定支出（本輪新增部分）
  var 固定支出類別 = ["住：房租", "住：水電費", "住：網路費", "行：大眾運輸", "育：訂閱制費用", "樂：訂閱制費用"];
  var 變動或固定 = 固定支出類別.includes(支出類別) ? "固定支出" : "變動支出";

  // 如果是固定支出，將日期改為該月 1 號
  if (變動或固定 === "固定支出") {
    支出日期 = 支出日期.substring(0, 7) + "-01"; // 取年月，加上 "-01" 成為該月 1 號
  }

  // 將資料寫入試算表（與第一輪相同，在此省略）
}
```

貼上並存檔後可以再測試程式是否正確調整，成功的示意圖如下：

	A	B	C	D	E	F
1	支出日期	支出金額	支出類別	固定/變動支出	跨月預繳數	備註
2	2025-02-01	200000	住：房租	固定支出	12	年繳房租
3	2025-02-03	200	食：午餐	變動支出		
4	2025-02-01	20000	育：訂閱制費用	固定支出	12	

> **TIP**
> 在 Apps Script 中，每次只能執行一個函式，而在前面第一、二輪的對話中，我們輸出的函式名稱皆為「onFormSubmit」，因此在執行第二輪對話的函式時，記得先將第一輪對話生成的程式碼註解，避免重複。
> 可以選取所有程式碼後，點選「Ctrl／⌘ + ?」來快速加上註解。

▶ 第三輪：將跨月預繳拆成多列

第三輪對話將進入 Google Sheets 公式不易完成的跨月預繳拆分成多列，因為同時又牽涉到支出金額計算，因此建議輔以範例說明，Prompt 範例如下：

> **問**
>
> 接下來不輸出跨月預繳數,而是當回覆有填寫跨月預繳數時,要調整輸出為每個月一列,並將支出日期調整為該月 1 日,支出金額則平均分攤到每一個月,除不盡的金額統一加到第一個月,例如:
>
> 1. 支出金額:5000
> 2. 支出類別:「住:日用品添購」
> 3. 支出日期(調整用):2025 / 1 / 20
> 4. 跨月預繳數:3
> 5. 備註:除濕機分 3 期共 5000
>
> 則輸出為:
>
> 支出日期 | 支出金額 | 支出類別 | 固定 / 變動支出 | 備註
> 2025/1/1 | 1668 | 住:日用品添購 | 變動支出 | 除濕機分 3 期共 5000
> 2025/2/1 | 1666 | 住:日用品添購 | 變動支出 | 除濕機分 3 期共 5000
> 2025/3/1 | 1666 | 住:日用品添購 | 變動支出 | 除濕機分 3 期共 5000

溝通要點如下:

☑ 在 Prompt 中的舉例盡可能具體,輸出正確的機率越高。
☑ 因為對話的輸入無法使用表格,通常會使用「|」代表換欄。

輸出結果如下:

```
function onFormSubmit(e) {
  // ... (不變,在此省略)
  // 處理跨月預繳 (本輪新增部分)
  if (跨月預繳數) {
    var 每月金額 = Math.floor(支出金額 / 跨月預繳數); // 計算平均金額,Math.floor() 為向下取整
    var 第一個月金額 = 支出金額 - (每月金額 * (跨月預繳數 - 1)); // 計算第一個月的金額,將餘數加到第一個月
    // ... (以下省略)
  }
}
```

貼上並存檔後可以再測試程式是否正確調整,如下頁圖 (部份截圖):

	A	B	C	D	E
1	支出日期	支出金額	支出類別	固定/變動支出	備註
2	2025-02-01	16674	住：房租	固定支出	年繳房租
3	2025-03-01	16666	住：房租	固定支出	年繳房租
4	2025-04-01	16666	住：房租	固定支出	年繳房租
5	2025-05-01	16666	住：房租	固定支出	年繳房租
6	2025-06-01	16666	住：房租	固定支出	年繳房租
7	2025-07-01	16666	住：房租	固定支出	年繳房租
8	2025-08-01	16666	住：房租	固定支出	年繳房租
9	2025-09-01	16666	住：房租	固定支出	年繳房租
10	2025-10-01	16666	住：房租	固定支出	年繳房租
11	2025-11-01	16666	住：房租	固定支出	年繳房租
12	2025-12-01	16666	住：房租	固定支出	年繳房租
13	2026-01-01	16666	住：房租	固定支出	年繳房租
14	2025-02-01	200	食：午餐	變動支出	
15	2025-02-01	1674	育：訂閱制費用	固定支出	
16	2025-03-01	1666	育：訂閱制費用	固定支出	

可以發現，程式把「食：午餐」的支出日期被一併調整為月初 (2025-02-01)，但應該要列在支出當天，所以我們進行第三輪對話修正此問題，Prompt 範例如下：

> **問**
>
> 如果沒有跨月預繳，就看是固定支出或變動支出決定付款日期。固定支出設定在當月 1 號付款、變動支出就按照原本的日期付款。

輸出結果如下：

```
function onFormSubmit(e) {
 // ... (其他程式碼，取得表單回應等)
   // 處理跨月預繳
   if (跨月預繳數) {
     // ... (其他程式碼，跨月預繳)
   } else {
      var 支出日期 = (變動或固定 === "固定支出") ? Utilities.formatDate(原始支出日期, "GMT+8", "yyyy-MM") + "-01" : Utilities.formatDate(原始支出日期, "GMT+8", "yyyy-MM-dd"); // 若無跨月預繳，固定支出日期設為當月1號，變動支出則維持原始日期
      sheet.appendRow([支出日期, 支出金額, 支出類別, 變動或固定, 備註]);
 // 寫入資料
   }
}
```

調整以上段落後就能輸出正確結果，到這裡 Apps Script 也能夠完全即時同步表單的資訊。下一節將介紹如何將原始資料透過 Google Sheets 公式與圖表，整理為第 7.2 節規劃的表格與儀表板！

7.4 資料表格與儀表板建置

在完成表單回應即時同步後,接下來將使用 Google Sheets 公式,完成第 7.2 節所規劃的儀表板原型與所需表單資訊。

為了方便說明,本節以 2025 / 6 / 30 為模擬時間點,假設已經累積了半年的記帳資料並製作成儀表板,讀者可以自行前往完成版檔案的「支出 Raw Data (範例)」工作表複製資料,另外為了更容易理解,我們已經幫原始資料的欄位取好名稱,分別是:支出日期、支出金額、支出類別、固定或變動支出、備註。

● 7.4.1 資料表格自動化:去年 6 個月支出比較

本小節完成後成果如右圖,由於 C:H 欄的公式可以直接複製,因此接下來皆以 C 欄說明。

	A	B	C	D	E	F	G	H
1	視角	項目	2025/1	2025/2	2025/3	2025/4	2025/5	2025/6
2	總計	總計	43,689	37,853	47,948	46,340	48,807	48,152
3	固定 / 變動	固定支出	15,960	16,417	16,870	15,724	16,290	15,745
4		變動支出	27,729	21,436	31,078	30,616	32,517	32,407
5	食衣住行育樂	食	6,249	3,906	4,879	4,789	6,550	4,264
6		衣	1,880	1,594	2,401	3,610	360	1,751
7		住	14,482	14,499	16,256	15,989	21,877	19,180
8		行	1,691	1,765	1,200	1,520	1,200	2,014
9		育	7,400	6,099	9,299	7,699	7,699	6,099
10		樂	11,217	9,470	13,663	11,793	8,027	13,046
11		其他	770	520	250	940	3,094	1,798
12	MTD 支出	1	16,660	16,593	18,782	17,702	21,484	20,375
13		2	17,173	17,643	20,705	18,262	21,673	21,891
14		3	17,763	17,913	21,691	20,397	21,883	21,891

▶ 月份 (第 1 列)

在 Overview 中要呈現「當月」與「過去 5 個月」的資料,因此第 1 列會根據今天的日期,自動更新顯示的月份。為了讓計算結果相同,我們會統一用「每月的 1 號」來代表該月份,可使用 TODAY + EOMONTH 完成,C1 的公式為:

```
=EOMONTH(TODAY(),-6)+1
```

以上可以理解為「今天往回推 6 個月的月底的隔天」,例如 2025 / 6 就會是 2024 / 12 / 31 的隔天,也就是 2025 / 1 / 1,而 D:H 欄就是將 EOMONTH 的 -6 改為 -5 / -4 / -3 / -2 / -1 即可。

> **TIPS** 再更簡潔一點？
>
> 如果要在 C1 儲存格一次產出連續 6 個月份的「每月 1 號」日期，可以使用 SEQUENCE + ARRAYFORMULA 完成，公式如下：
>
> `=ARRAYFORMULA(EOMONTH(TODAY(),SEQUENCE(1,6,-6,1))+1)`
>
> 其中 SEQUENCE(1,6,-6,1) 是生成 1 列、6 欄、第一欄是 -6、每一欄增加 1 的數列，而因為 EOMONTH 的月份數只能輸入一個數字，因此外面要包上 ARRAYFORMULA 轉成陣列公式。
>
> 不過只有 6 個儲存格時可以不用這麼自動化，假設要跳過某個月份時，使用此公式就要全部重新設定，個別輸入公式則可以只調整單一項目。

▶ 總計與分類 (第 2 ~ 11 列)

當我們要計算符合多個條件的數量總和時，可以用 SUMIFS、DSUM 或 QUERY 這些函數。下面我會用 SUMIFS 來示範，並從兩個不同的統計角度 — 固定 / 變動支出、食衣住行育樂來解釋：

☑ **固定 / 變動支出**：要篩選的條件包括 (1) 日期區間、(2) 固定支出，C3 的公式如下：

`=SUMIFS(支出金額,支出日期,">="&C$1,支出日期,"<="&EOMONTH(C$1,0),固定變動支出,$B3)`

前兩個條件能幫我們篩選出整個月份的資料。完成公式後再調整絕對 / 相對參照，把月份 (第 1 列)、固定 / 變動支出 (B 欄) 設成固定參照、其他的設成相對參照後，就能把公式複製到不同月份和變動支出的儲存格了。

☑ **食衣住行育樂**：與固定 / 變動支出相似，只有在支出類別需微調，C5 的公式如下：

`=SUMIFS(支出金額,支出日期,">="&C$1,支出日期,"<="&EOMONTH(C$1,0),支出類別,$B5&"*")`

上述的支出類別條件使用「$B5&"*"」即是使用第 4.3.1 小節介紹的萬用字元，並使用 & 連接兩字串。

▶ MTD 支出 (第 12 ~ 42 列)

MTD 是 Month-to-date，也就是月初至當日累積的金額。例如 C13 儲存格要加總 2025 / 1 / 1 ~ 2025 / 1 / 2 的金額、C14 要加總 2025 / 1 / 1 ~ 2025 / 1 / 3 的金額，依此類推。所以一樣可以用 SUMIFS 篩選日期區間，但截止日要根據 B 欄的「日」決定，可以用 DATE 來組合出截止日期，C12 的公式如下：

```
=SUMIFS(支出金額,支出日期,">="&C$1,支出日期,"<="&DATE(YEAR(C$1),MONTH(C$1),$B12))
```

然而，把上面的公式複製到其他列後，在以下情況會出現問題：

- ☑ **該月份未滿 31 天**：因為 DATE 只是將數字以日期格式呈現，本身還是數字，所以會自動進位，例如 DATE(2025,4,31) 會自動轉換為 2025 / 5 / 1。
- ☑ **未來的日期**：例如在 6 / 10 統計時，6 / 11 ~ 6 / 30 的支出還沒記錄完畢，但公式還是會加總金額。

針對以上兩種情況應該輸出空值 ("")，因此將以上公式調整如下：

```
=LET(截止日,DATE(YEAR(C$1),MONTH(C$1),$B12),IF(OR(截止日>TODAY(),DAY(EOMONTH(C$1,0))<$B12),"",SUMIFS(支出金額,支出日期,">="&C$1,支出日期,"<="&截止日)))
```

我們在原本的 SUMIFS 外多加一層 IF + OR 檢查是否為以上兩種情況之一，如果是的話就顯示空值。另外，因為截止日在公式中重複出現兩次 (一次是用來篩選條件，一次是用來判斷是否為未來日期)，為了讓公式看起來不要太長，我們可以在最外層用 LET 函數，把截止日設成一個變數，能讓公式更容易閱讀與理解。完成並複製以上公式後，就能完成工作表「去年 6 個月支出比較」的自動化，切換月份時也能自動跳轉並統計各類支出金額！

● 7.4.2　資料表格自動化：每月預算與實際支出

本小節完成後成果如下頁圖：

	A	B	C	D	E	F	G	H	I	J	K
1	項目		2025/1			2025/2			2025/3		
2			預算 $	實際 $	差異	預算 $	實際 $	差異	預算 $	實際 $	差異
3	每月開銷										
4		食：早餐	-	-	-	-	-	-	-	-	-
5		食：午餐	2,500	2,680	(180)	2,500	1,585	915	2,500	2,790	(290)
6		食：晚餐	1,800	1,577	223	1,800	949	851	1,800	574	1,226
7		食：食材添購	2,000	1,763	237	2,000	1,074	926	2,000	1,070	930
8		食：零食飲料宵夜	-	229	(229)	-	298	(298)	-	445	(445)
9		食：總計	6,300	6,249	51	6,300	3,906	2,394	6,300	4,879	1,421
13		衣：總計	360	1,880	(1,520)	360	1,594	(1,234)	360	2,401	(2,041)
19		住：總計	15,100	14,482	618	15,100	14,499	601	15,100	16,256	(1,156)
23		行：總計	1,700	1,691	9	1,700	1,765	(65)	1,700	1,200	500
27		育：總計	7,400	7,400	-	7,400	6,099	1,301	7,400	9,299	(1,899)
32		樂：總計	9,160	11,217	(2,057)	9,160	9,470	(310)	9,160	13,663	(4,503)
36		其他：總計	-	770	(770)	-	520	(520)	-	250	(250)
37	總支出		40,020	43,689	(3,669)	40,020	37,853	2,167	40,020	47,948	(7,928)
38	總收入		50,000	50,000	-	50,000	50,000	-	50,000	50,000	-
39	儲蓄 (透支) 額		9,980	6,311	3,669	9,980	12,147	(2,167)	9,980	2,052	7,928
40											
41	支出分類										
42		固定支出	15,960	15,960	-	15,960	16,417	(457)	15,960	16,870	(910)
43		變動支出	24,060	27,729	(3,669)	24,060	21,436	2,624	24,060	31,078	(7,018)

上圖的內容共經過以下步驟：

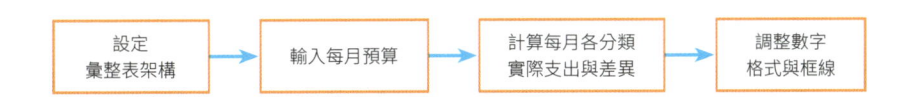

設定彙整表架構 → 輸入每月預算 → 計算每月各分類實際支出與差異 → 調整數字格式與框線

以下分別說明各步驟的執行細節。

▶ **設定彙整表架構**

基本上每個月的支出會由上往下檢視，因此把由上到下設為不同的支出種類、左到右設為每個月的金額資料。接下來進一步梳理該有的項目：

☑ 上到下 — 支出種類：由上到下可能包含以下項目：

- 各子分類。
- 各類支出總計：可以採用 (1) 大分類 或 (2) 固定 / 變動支出兩種維度，在此使用大分類總計。
- 總支出、收入與儲蓄 (透支) 金額。
- 另一種分類方式的總計：在此為固定 / 變動支出的總計。

為了讓上述的呈現更有架構與美觀，可以分兩欄縮排呈現，即最終成果的 A:B 兩欄。

7-31

- ☑ 左到右 — 每個月金額資料：每個月可以包括預算金額、實際金額及兩者的差異，因此每個月會有三欄。

綜合以上的評估，我們能設計出最終成果的雛形，接下來進一步統計各種分類的差異。

▶ 輸入每月預算

先輸入各子分類的預算金額即可，大分類／固定與變動支出稍後會使用公式加總，在此不多做說明。

▶ 計算每月各分類實際支出與差異

在此先完成 1 月的公式，完成後再複製到其他月份即可，共包括以下部分：

- ☑ 各子分類實際支出 (D 欄)：與上一小節一樣可使用 SUMIFS 完成，條件包括 (1) 日期區間、(2) 子分類支出，例如 D4 的公式如下：

=SUMIFS(支出金額,支出日期,">="&C$1,支出日期,"<="&EOMONTH(C$1,0),固定變動支出,$B4)

其中將 C1 的列、B4 的欄設為固定參照，其他設為相對參照，確保複製到 1 月份其他子分類、其他月份的早餐支出時，可以對照到正確的月份與子分類。

- ☑ 各類支出總計 (C:D 欄)：計算完所有子分類的預算與實際支出後，可以使用 SUM 或 + 加總各類支出，例如：

食：總計預算 (C9)	=SUM(C4:C8)
總支出預算 (C37)	=SUM(C9,C13,C19,C23,C27,C32,C36)
固定支出預算 (C42)	=SUM(C15:C17,C21,C26,C31)，即各類固定支出所在列的值加總
變動支出預算 (C43)	C37-C42，即總支出 ─ 固定支出

- ☑ 差異金額 (E 欄)：使用 C 欄 ─ D 欄計算預算與實際金額的差異，>0 代表還有預算、<0 則是超出預算，例如「食：早餐」的差異金額為「C4-D4」。

▶ 調整數字格式與框線

報表除了自動化之外，更要兼顧美觀才能用的長久，以下簡單介紹作者常用的設定方式：

主題	整體的色調、字體可以在「格式 → 主題」中篩選。
表頭	▪ 使用表頭 + 淺色的填滿顏色，表頭超過一列時可使用兩種不同深度的顏色表示。 ▪ 特別重要的項目改用白色粗體 + 深色填滿顏色。 ▪ 若有很多欄位，可使用不同顏色的表頭顯示不同性質的項目。
框線	▪ 重要的項目才標框線，例如不同月份、小計／總計等。 ▪ 關閉格線 (查看 → 顯示 → 格線) 並使用較淺的顏色增加部分框線，例如每個月的實際／預算／差異金額等，增加整體美觀性。
數字格式	▪ 金額增加千分位符號 (每三個數字逗號一次，例如 1,234)、小計／總計增加金錢符號。 ▪ 日期使用 yyyy / mm、yyyy-mm-dd 表達。 ▪ 如果有正負號、上升／下降可以使用顏色標記。

最後，如果要完成多個重複的格式設定時，可以使用「套用格式」，例如要將 1 月 (C ~ E 欄) 的格式複製到其他欄位，可以執行以下步驟：

選取 C:E 欄 → 點選工具列的「套用格式」 → 選擇要貼上的欄位 (F:AL 欄)

各位讀者可以斟酌使用以上原則，試著美化此工作表的內容，找出自己最喜歡、好理解的格式吧！

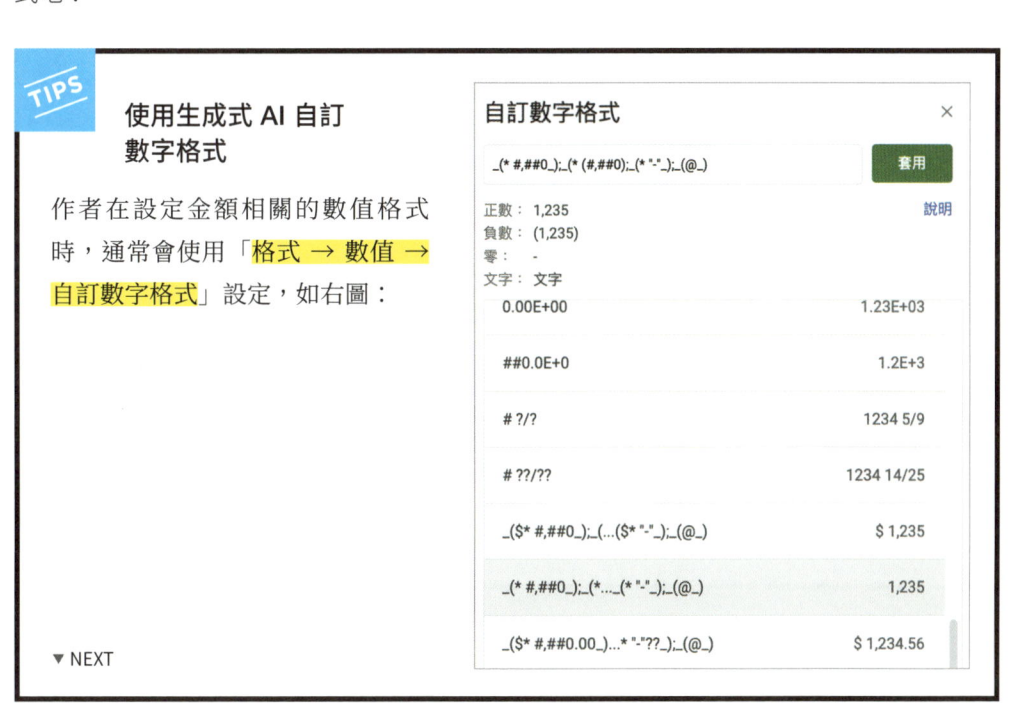

TIPS

使用生成式 AI 自訂數字格式

作者在設定金額相關的數值格式時，通常會使用「格式 → 數值 → 自訂數字格式」設定，如右圖：

▼ NEXT

以上格式是由一堆符號組成，此時可以使用生成式 AI 了解其意義並微調，對話如下：

> **問**
>
> 解析這段 Google Sheets 數字格式的意義：`_(* #,##0_);_(* (#,##0);_(* "-"_);_(@_)`

> **答**
>
> ◆ 這段數字格式代碼 `_(* #,##0_);_(* (#,##0);_(* "-");_(@)` 是 Excel 或 Google Sheets 中用於設定數字顯示格式的自訂代碼。它包含了四個部分，每個部分用分號 `;` 分隔，分別代表：
>
> 1. **正數格式：** `_(* #,##0_)`
>   - `_(*`：在數字前填充空格，使正數與負數對齊。
>   - `#,##0`：數字格式，包含千分位符號，但不顯示小數點。
> 2. **負數格式：** `_(* (#,##0)`
>   - `_(*`：在數字前填充空格，與正數對齊。
>   - `(#,##0)`：數字格式，包含千分位符號，用括號 `()` 表示負數。
> 3. **零值格式：** `_(* "-")`
>   - `_(*`：在數字前填充空格，與正數和負數對齊。
>   - `"-"`：將零顯示為連字號 `-`。
> 4. **文字格式：** `_(@_)`
>   - `_(@`：在文字前填充空格，使其與數值對齊。
>   - `@`：表示顯示文字內容。
>   - `_`：在文字後填充空格，使其與數值對齊。

> **問**
>
> 以上述 Google Sheets 格式為基底，將正數設為綠色、負數設為紅色

▼ NEXT

答

✦ 好的，你可以使用以下 Google Sheets 格式碼，將正數顯示為綠色，負數顯示為紅色：

```
[Green]* #,##0.00;[Red](*,##0.00);[Black]0.00;@
```

格式碼各部分的含義：

- **[Green]**：表示正數使用綠色顯示。
- *** #,##0.00**：正數的格式，使用千位分隔符，小數點後保留兩位。
- **;**：分隔正數、負數、零和文字的格式。
- **[Red](*,##0.00)**：負數的格式，使用紅色顯示，用括號括起來，使用千位分隔符，小數點後保留兩位。
- **[Black]0.00**：零的格式，使用黑色顯示，小數點後保留兩位。(你可以根據需要更改顏色)
- **;**：分隔零和文字的格式。
- **@**：文字的格式，直接顯示文字。

7.4.3 儀表板自動化

本小節完成後成果如下圖：

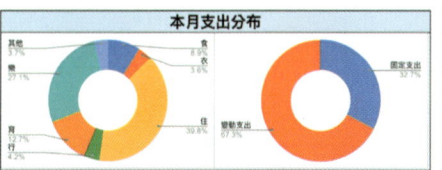

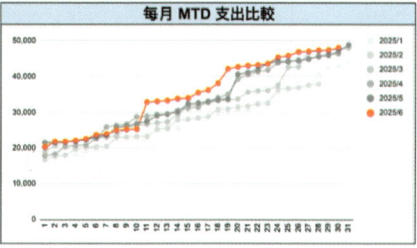

以下針對各區塊分別介紹：

▶ 區塊 A：本月支出總計

各儲存格公式分別如右：

	B	C
2	日期	2025-06-30
3	總支出	48,152
4	本月總預算	40,020
5	剩餘預算	(8,132)
6	上月同期支出	47,004
7	MoM	+2.44%

1. 總支出 / 本月總預算 / 剩餘預算 (C3:C5)：

公式	總支出公式為 =INDEX('每月預算與實際支出'!$37:$37,MATCH(DATE(YEAR(C2),MONTH(C2),1),'每月預算與實際支出'!$1:$1,0)+1)
說明	▪ 找出 C2 月份在工作表「每月預算與實際支出」所在的欄，並輸出第 37 列的值，可以得到該月預算。 ▪ 雖然工作表「每月預算與實際支出」的表頭只顯示月份，但實際上數字是每個月的 1 號，所以要使用 DATE(YEAR(C2),MONTH(C2),1) 調整日期才能使用 MATCH 成功查詢。 ▪ 在使用公式判斷合併儲存格的內容時，只會判斷出最左上角的儲存格，其他儲存格都是空值，所以要使用「MATCH(DATE(YEAR(C2),MONTH(C2),1),'每月預算與實際支出'!$1:$1,0)」得到預算所在的欄。如果要取得總支出 / 剩餘預算所在的欄則用 MATCH(...) +1 / +2 即可。

2. 上月同期支出 (C6)：

公式	=SUMIFS(支出金額,支出日期,">="&EOMONTH(C2,-2)+1,支出日期,"<="&EDATE(C2,-1))
說明	篩選條件為支出日期區間，分別使用 EOMONTH / EDATE 取得上月 1 號、上月同期日期。

3. MoM (C7)：

公式	=C3/C6-1
說明	計算這個月比上個月支出增加的比時例要 -1，另外自訂格式為「+0.00%;-0.00%」，正數時顯示 + 符號，並把百分比顯示至小數點後兩位

4. 總支出上升趨勢 (B8)：

公式	=SPARKLINE('最近 6 個月支出比較'!H12:H42,{"type","line";"color","skyblue";"lineWidth",2})
說明	原始資料範圍為該月 MTD 支出，即 '最近 6 個月支出比較'!H12:H42；設定的外觀條件依序為 (1) 折線圖、(2) 折線為淺藍色、(3) 折線圖寬度 = 2。

▶ 區塊 B：本月支出分布

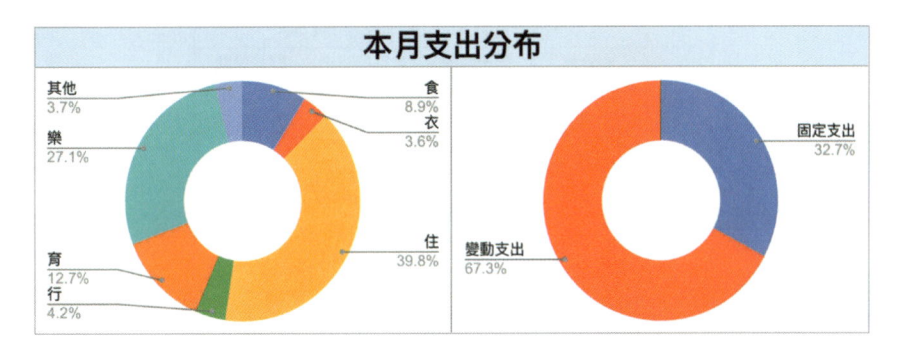

兩張圖只有資料範圍不同，可以先完成其中一張，再複製並修改資料範圍即可。以下介紹「固定 / 變動支出」圖表中「設定」的內容：

- ☑ 圖表類型：圓環圖。
- ☑ 資料範圍：必須包括項目與值，因此資料範圍包括如右兩項：

  '最近 6 個月支出比較'!B3:B4

  '最近 6 個月支出比較'!H3:H4

☑ 標籤與值：將 B 欄設為標籤、H 欄設為值，如右圖：

完成以上設定後，可以自行於「自訂」中調整想要的格式 (在此省略示範)。而在完成圖表後，只要複製並將資料範圍改成 B5:B11、H5:H11，就可以如法炮製大分類的圖表囉！

▶ 區塊 C：本月支出 vs 總預算

	H	I	J	K
2		**本月支出 vs 總預算**		
3	大分類	預算金額	本月已支出	剩餘金額
4	固定支出	15,960	15,745	215
5	變動支出	24,060	32,407	(8,347)
6	食	6,300	4,264	2,036
7	衣	360	1,751	(1,391)
8	住	15,100	19,180	(4,080)
9	行	1,700	2,014	(314)
10	育	7,400	6,099	1,301
11	樂	9,160	13,046	(3,886)
12	其他	-	1,798	(1,798)

此區塊主要使用 INDEX + MATCH 取得工作表「每月預算與實際支出」的資料，以固定支出的預算金額 (I4) 為例，公式與說明如下：

公式	=INDEX('每月預算與實際支出'!$42:$42,MATCH(DATE(YEAR($C$2),MONTH($C$2),1),'每月預算與實際支出'!$1:$1,0))
說明	已知「固定支出」在工作表的第 42 列，所以可以直接在 INDEX 中指定，並使用 MATCH 查詢要輸出的欄。

如果要將此公式複製到其他儲存格，只要進行以下調整即可：

- ☑ <mark>複製到第 7~12 列</mark>：調整 INDEX 的範圍，例如「變動支出」設為第 43 列、「食」在第 9 列，以此類推。
- ☑ <mark>複製到 J 欄</mark>：將 MATCH 求得的值 +1，同區塊 A 之作法。

完成 I、J 兩欄後，計算 I 欄 — J 欄便能得到 K 欄的剩餘金額，再將格式調整為第 7.4.2 小節之格式即可。

▶ 區塊 D：支出金額 Top 5

消費金額 Top 5		
日期	金額	項目
2025-06-11	5,342	樂：情侶約會
2025-06-19	2,145	住：日用品添購
2025-06-01	1,650	住：日用品添購
2025-06-01	1,600	育：單次費用
2025-06-11	1,600	育：單次費用

在此要篩選工作表「支出 Raw Data」的資料，可使用 SORTN + FILTER 或 QUERY 完成，在此使用 SORTN + FILTER 示範，其中 SORTN 的語法如下：

語法	SORTN(範圍, [n], [顯示所有和局], [排序欄_1, 遞增_1], [排序欄_2, 遞增_2,...])
輸入	- 範圍：要排序的資料範圍。 - n：只輸出前 n 個值，必須大於 0，預設為 1。 - 顯示所有和局：遇到一樣順位時的輸出方式，有 0 / 1 / 2 / 3 四種，預設為 0，意義分別如下： 　▷ 0：顯示前 n 列。 　▷ 1：如果有與第 n 列重複的值，則一起顯示。 　▷ 2：先將範圍有重複的值刪除，再顯示前 n 列。 　▷ 3：篩選前 n 個不重複的範圍，再顯示其所有重複的值。 - 排序欄_n：要根據哪個欄位進行排序，最左邊是 1，以此類推。若有多個排序條件，須與遞增_n 成對。 - 遞增_n：TRUE / FALSE，分別為遞增、遞減排序。
輸出	範圍根據排序欄_n 進行遞增_n 排序的結果，SORTN 則顯示前 n 個值。

而在實際篩選時，為了避免每個月最大的消費金額都是房租等固定支出，所以將輸出範圍限縮在「變動支出」，完整公式與說明如下：

公式	=SORTN(FILTER('支出 Raw Data (範例)'!A:C,'支出 Raw Data (範例)'!D:D="變動支出",'支出 Raw Data (範例)'!A:A>=DATE(YEAR(C2),MONTH(C2),1),'支出 Raw Data (範例)'!A:A<=EOMONTH(C2,0)),5,,2,FALSE)
說明	<ul><li>先使用 FILTER 輸出所有符合條件的資料，再使用 SORTN 篩選出金額最大的前 5 筆。</li><li>FILTER 輸出的資料包括 A:C 欄，篩選的條件包括 (1) 變動支出、(2) 日期區間兩項。</li><li>SORTN 的範圍是 FILTER 的輸出、n 為 5、排序欄_n 為第 2 欄 (支出金額) 遞減排序 (FALSE)。</li></ul>

▶ 區塊 E：每月各類支出比較

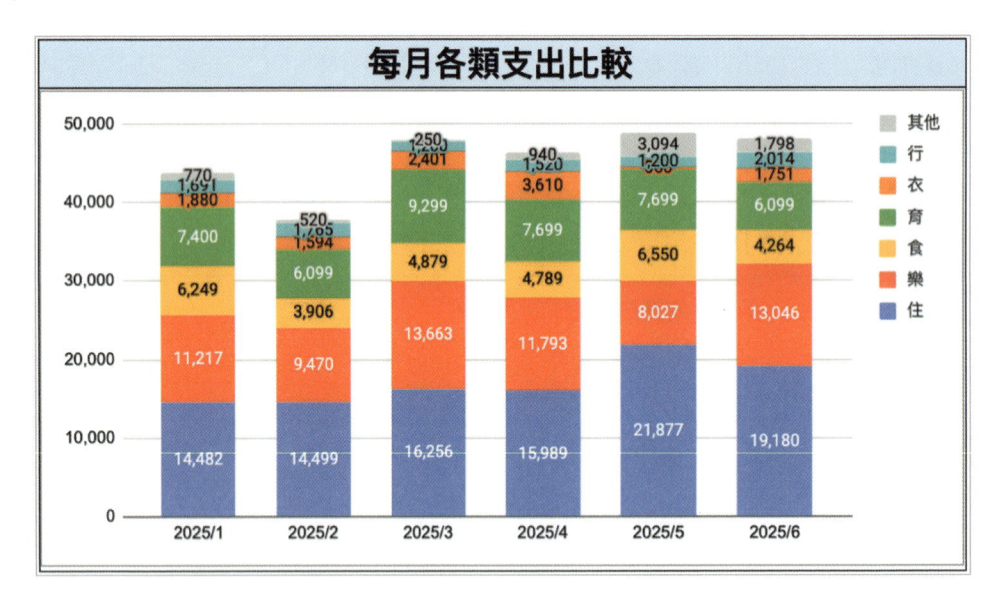

圖表中「設定」的內容如下：

☑ **圖表類型**：要比較各月份的支出，需要同時看總金額與各類支出金額變化，因此適用「堆疊柱狀圖」。

- ☑ 資料範圍：必須包括項目與值，因此資料範圍包括如右兩項：

  此外，因為每一欄是一條柱，所以要將合併範圍設定為「垂直」，並將 X 軸設為 B 欄，在此為「項目」(因為在系列中使用 B 欄作為標題)，如右圖：

- ☑ 系列：

  - **系列的內容**：可以點選既有的系列名稱或「新增系列」調整順序，在此將金額由大到小排序，讀者可以視自己的習慣調整。
  - **切換列 / 欄**：勾選前會將資料以每一列為一條柱，勾選後便能調整為每個月一條柱。
  - **標題與標籤**：勾選後便能套入圖例 (大分類) 與月份的表頭，因此在此全部勾選。

完成以上設定後可以自行於「自訂」中調整想要的格式，例如圖表標題、柱狀顏色、資料標籤位置等，在這裡不一一說明。

▶ 區塊 F：每月 MTD 支出比較

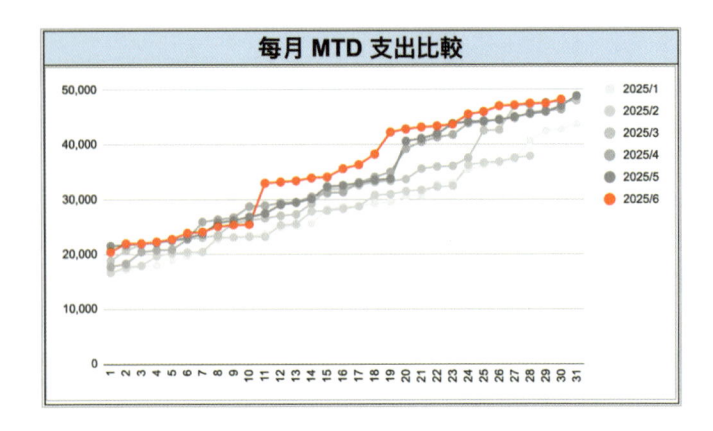

圖表中「設定」的內容如下：

- ☑ <mark>圖表類型</mark>：要比較有時間先後順序的支出，而且有很多期，所以使用「折線圖」。
- ☑ <mark>資料範圍</mark>：必須包括項目與值，因此資料範圍包括右圖兩項：

'最近 6 個月支出比較'!B1:H1

'最近 6 個月支出比較'!B12:H42

新增其他範圍

此外，因為每一欄是一條柱，所以要將合併範圍設定為「垂直」。

- ☑ <mark>系列</mark>：因為在此沒有切換列 / 欄，因此不需要設定系列，但仍須勾選標題與標籤，如右圖：

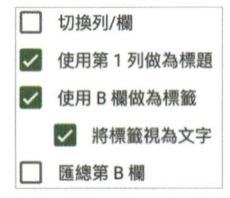

☐ 切換列/欄
☑ 使用第 1 列做為標題
☑ 使用 B 欄做為標籤
　☑ 將標籤視為文字
☐ 匯總第 B 欄

> **TIP**
> 在區塊 E、F 中都有勾選「將標籤視為文字」，是因為原本的 X 軸內容（月份、日）可以是數字或文字，在此勾選可以確保所有日期（1~31 號）都被列在 X 軸，若不勾選則需要調整格線間距設定。

完成以上設定後可以自行於「自訂」中調整想要的格式，例如調整折線圖的顏色來凸顯當前月份並淡化其他月份等。

以上為本章所有的內容，除了介紹生成式 AI + Apps Script 同步表單回覆、儀表板與原始表格製作外，花了更多篇幅介紹表單與資料欄位的設計心法，是因為在初期建立清晰且合理的資料結構，才能讓後續的公式撰寫與程式開發事半功倍。此外，生成式 AI 目前梳理複雜情境與決定資料處理流程的能力仍不及人類。所以，比起深入理解每一行程式碼、公式的語法，不妨花更多時間培養自己的資料分析思維、問題拆解能力，以及對生活情境的洞察力，而寫程式這檔事就交給生成式 AI 幫忙吧！

CHAPTER

8

使用 Google Sheets + 日曆 + Tasks 成為時間與專案管理大師

如果你常常感到自己做事總是拖延，或是覺得時間總是在不知不覺中流逝，想要改變這種狀況，第一步就是「找到問題的根源」。而要找到問題，關鍵在於「記錄並分析自己每天的生活與任務」。因此，本章將介紹如何使用 Apps Script 把 Google 日曆與 Tasks 的資料同步到 Google Sheets，並透過 Google Sheets 進行後續的分析。這不僅能幫助你詳細記錄每天的作息與工作內容，更能進一步分析自己的時間分配與任務完成情況。透過本章的學習，你將掌握以下技能：

- ☑ Google 日曆與 Tasks 的使用與設定方式，以及如何培養良好的紀律習慣。
- ☑ 使用 Apps Script 匯出 Google 日曆與 Tasks 的紀錄。
- ☑ 新增 Google Apps Script 服務的 API 來串接其他工具。
- ☑ 使用 Google Sheets 進行數據分析與圖表繪製。

第八章示範空白檔案　　第八章示範完成檔案

TIP
掃描 QR Code 建立副本一起操作吧！

8.1
Google 日曆與 Tasks 功能簡介

在深入瞭解如何自動同步 Google 日曆和 Tasks 資料之前，先花點時間熟悉這兩款工具的基本功能和設定方式會很有幫助。因此本節將帶領各位讀者認識 Google 日曆和 Tasks 的操作介面，並學習如何根據個人需求調整任務清單和顯示方式。掌握這些基本操作後，各位讀者在後續進行自動化同步與分析時將會更加得心應手！

● 8.1.1　Google 日曆：追蹤每日時間流向

▶ 建立活動

只要點選 Google 任一頁面右上角的「Google 應用程式」就能找到日曆功能，進入後介面如下圖：

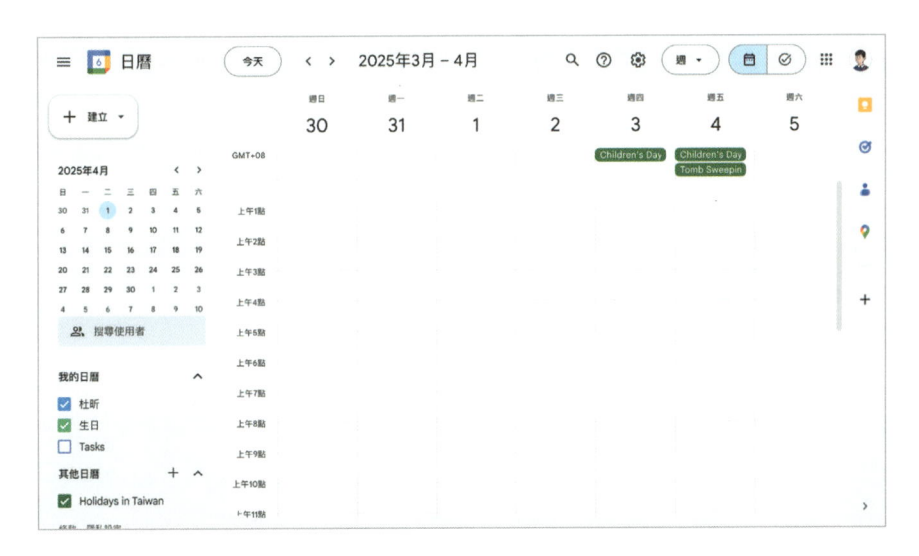

如果要建立任何一個內容，可以點選左上角的「建立」；或在時間表點選想要的時間，即可進入新增畫面。內容又分成活動、工作、預約時間表三種，功能分別如下：

活動	規劃特定時間內的行程，例如會議、活動或約會等。
工作	用於管理待辦事項或任務，新增後會同步到 Google Tasks。
預約時間表	可以生成專屬的預約連結，方便他人預訂時間，適合提供諮詢、服務或會議安排 (本書不會深入介紹)。

8-3

本節將先介紹「活動」的用法，在日曆中隨意點選空白處後便可新增一場活動，輸入時間、邀請對象、地點、內容等資訊，也可以設定是在哪一個日曆來幫活動分類，如下圖：

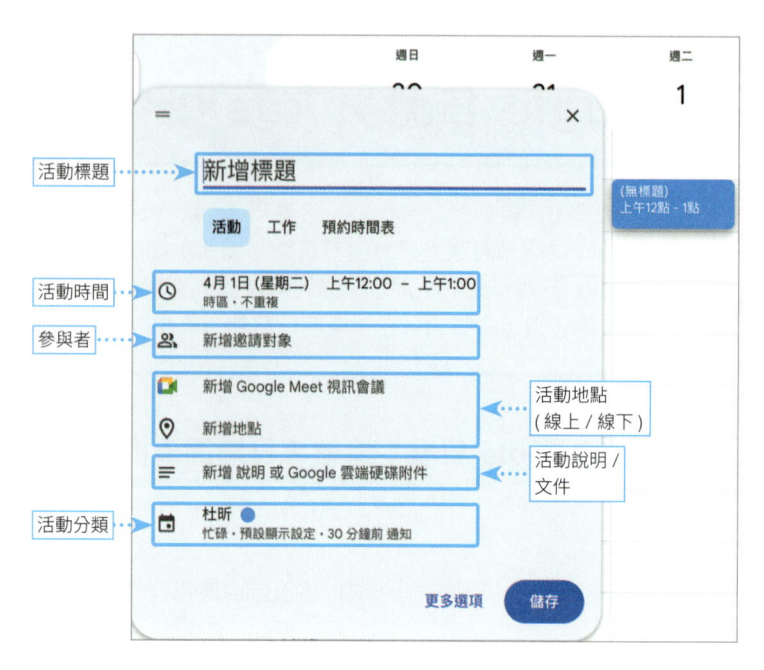

- 活動標題
- 活動時間
- 參與者
- 活動地點（線上 / 線下）
- 活動說明 / 文件
- 活動分類

而如果要設定更詳細的資訊，可以點選下方的「更多選項」，會出現以下介面，可額外設定的項目如下：

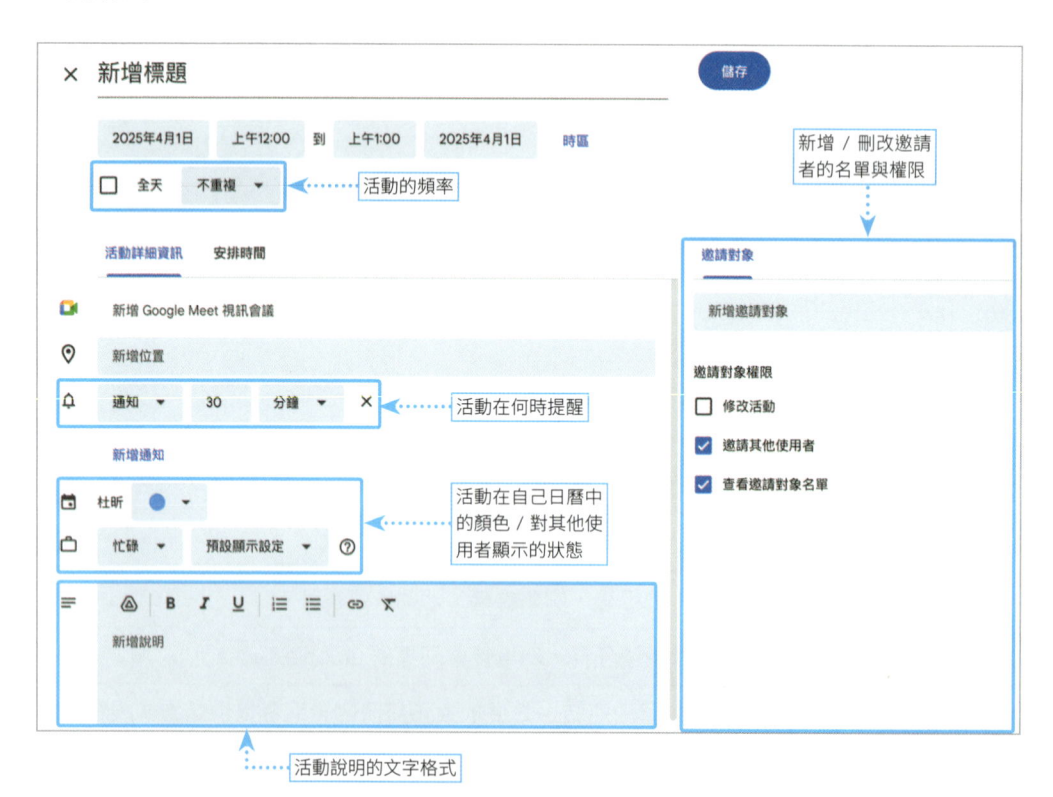

- 活動的頻率
- 活動在何時提醒
- 活動在自己日曆中的顏色 / 對其他使用者顯示的狀態
- 活動說明的文字格式
- 新增 / 刪改邀請者的名單與權限

8-4

▶ 如何有條理的管理活動

掌握建立活動的方法後,接著要學習如何有效管理日曆,讓後續的分析工作更輕鬆。以下是三個實用的管理心法:

1. 新增多個日曆,將活動分成多個大分類:設定方式為「日曆右上角設定選單 → 設定 → 新增日曆 - 建立新日曆 → 設定名稱與說明,點選『建立日曆』」,如下圖:

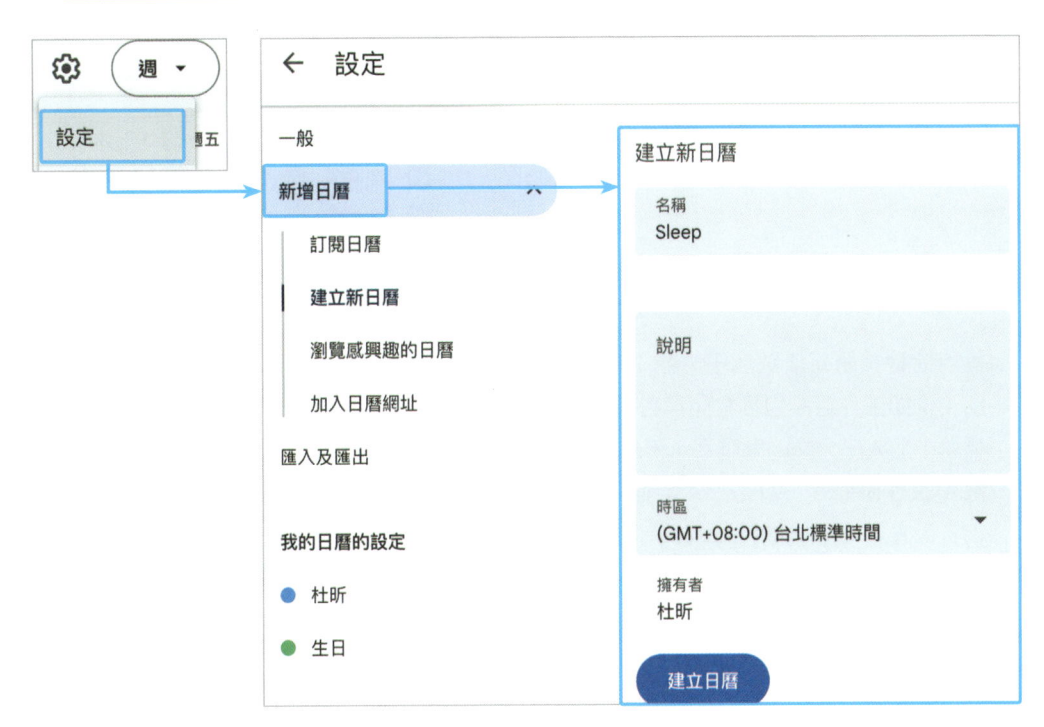

而設定完日曆後就能在日曆頁的左側「我的日曆」中看到新增的日曆,並可點選右側的「⋮」設定日曆的顏色,如下圖:

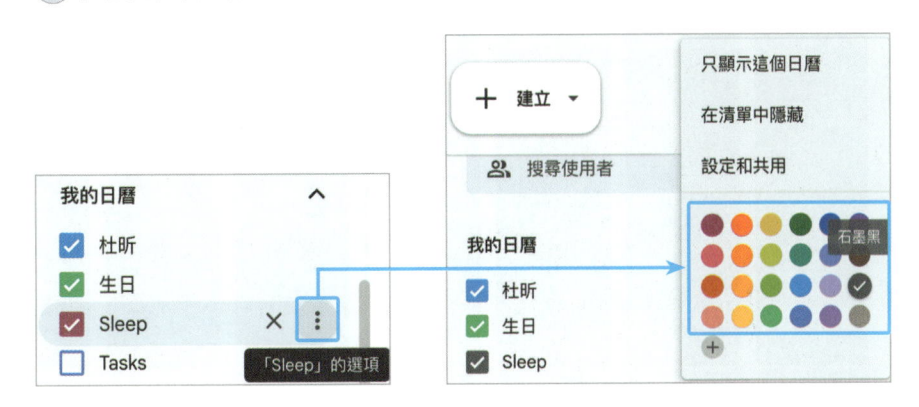

可以一次新增所有的分類,之後就可以在建立活動時設定所屬的日曆囉!

> **TIPS**
>
> **設定日曆的其他小訣竅**
>
> - **日曆的數量**：為了避免分類太複雜，建議<mark>每週至少會花費超過 2 小時</mark>的項目才設為日曆。
> - **日曆順序設定**：「我的日曆」會自動依日曆名稱排序而且無法變更，如果有偏好的順序可以在日曆前方加上編號，建議將性質類似的活動設為相鄰的編號。
> - **日曆顏色**：建議性質類似的活動使同色系，在日曆上能更清楚呈現。
>
> 如果還是難以想像日曆的類別，可以參考本書的分類方式，如右圖：
>
> ☑ 01_睡眠　☑ 05_工作　☑ 09_休閒
> ☑ 02_用餐　☑ 06_約會　☑ 10_運動
> ☑ 03_通勤　☑ 07_社交　☑ 11_學習
> ☑ 04_家事　☑ 08_家庭

2. **善用活動標題新增數個子分類**：除了分類活動外，有些分類實際上又可能會有更多類別，例如工作可能包括會議與各項專案，學習可能包括語言、閱讀等。此時可以在活動標題中加入子分類的關鍵字，形式不拘，例如：<mark>[專案A] 文件研究、專案A-文件研究、專案A_文件研究</mark>等。如此一來既能保持日曆的簡潔，又能清楚區分活動的具體內容。接下來各節會以「[子分類] 活動名稱」的格式示範。

3. **例行性任務使用「活動頻率」設定**：記錄作息是為了掌握時間的去向，而不是把時間都花在記錄上。所以像是睡覺、通勤等例行公事，可以直接設定重複頻率一次記錄，時間有變動 (比如某天特別晚睡) 再拖曳當天的活動區塊調整即可，如下圖。

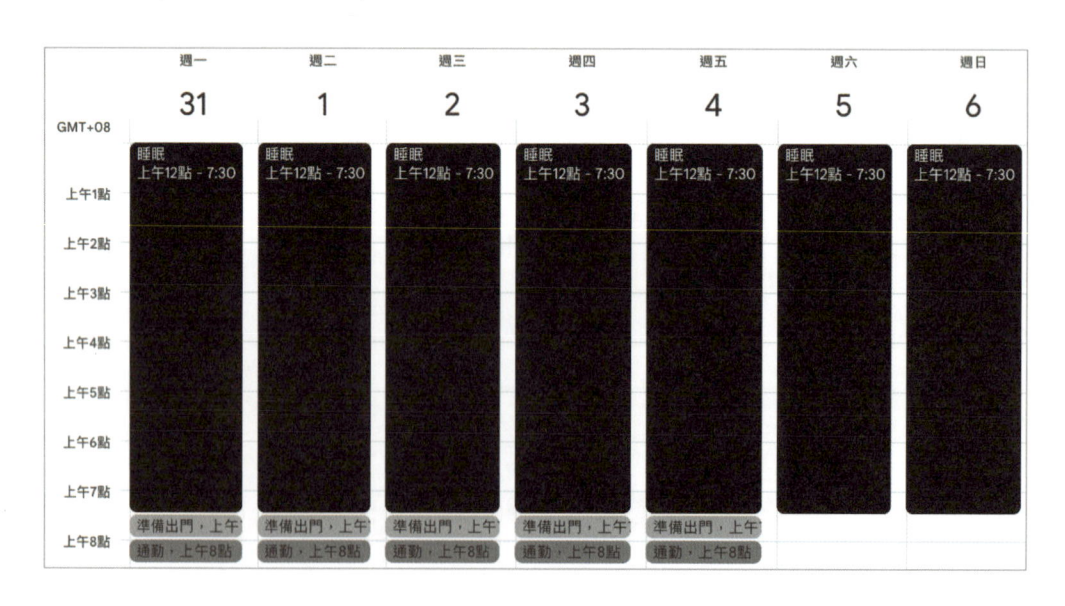

	週一 31	週二 1	週三 2	週四 3	週五 4	週六 5	週日 6
GMT+08							
	睡眠 上午12點 - 7:30	睡眠 上午12點 - 7:30	睡眠 上午12點 - 7:30	睡眠 上午12點 - 7:30	睡眠 上午12點 - 7:30	睡眠 上午12點 - 7:30	睡眠 上午12點 - 7:30
上午1點							
上午2點							
上午3點							
上午4點							
上午5點							
上午6點							
上午7點							
上午8點	準備出門, 上午 通勤, 上午8點	準備出門, 上午 通勤, 上午8點	準備出門, 上午 通勤, 上午8點	準備出門, 上午 通勤, 上午8點	準備出門, 上午 通勤, 上午8點		

最後，如果想要完整記錄時間的去向，建議盡量把 24 小時都記錄下來（就算是在發呆或耍廢也要寫進去!）或者，至少要確保你想追蹤的項目（像是工作）每天都有記錄，並且每段時間只記一個活動，才會有實際分析的價值！

● 8.1.2　Google Tasks：追蹤工作與專案進度

▶ 建立工作 / Task

建立工作的方式相對簡單許多，首先可以從日曆的下圖的四個地方新增並切換工作：

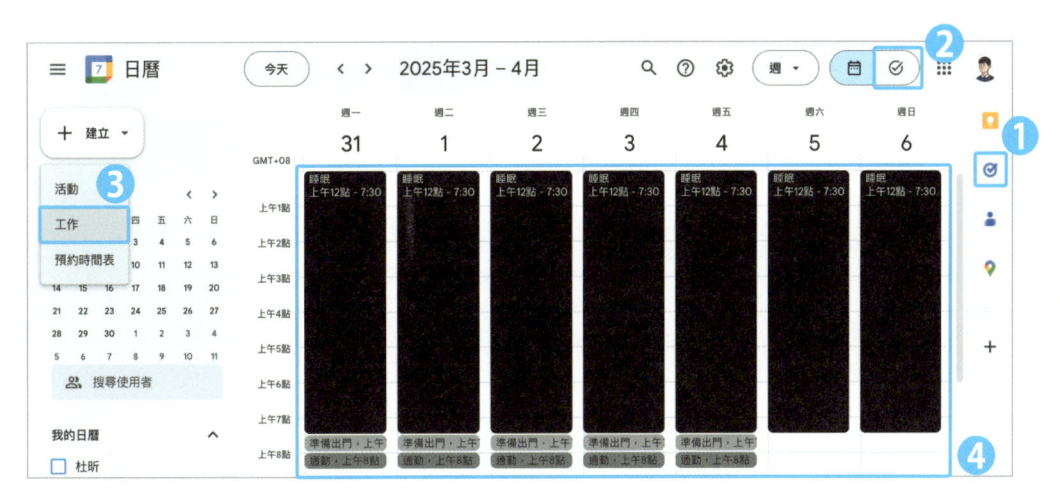

1. 側邊欄的 Tasks：主要用於快速瀏覽，新增工作能設定的條件較少。
2. 切換到 Tasks：點選後可以切換到 Tasks 專屬的介面，能設定更多任務的細節，如下圖：

3. 在日曆建立中選擇「工作」：以時間為主的設定模式。
4. 日曆中隨意點選空白處後，在標題下方切換到「工作」：以時間為主的設定模式。

以下皆使用「2. 切換到 Tasks」進入任務介面並說明。首先，可以點選左上角的「建立」並進入工作建立畫面，可設定的項目如下頁圖。

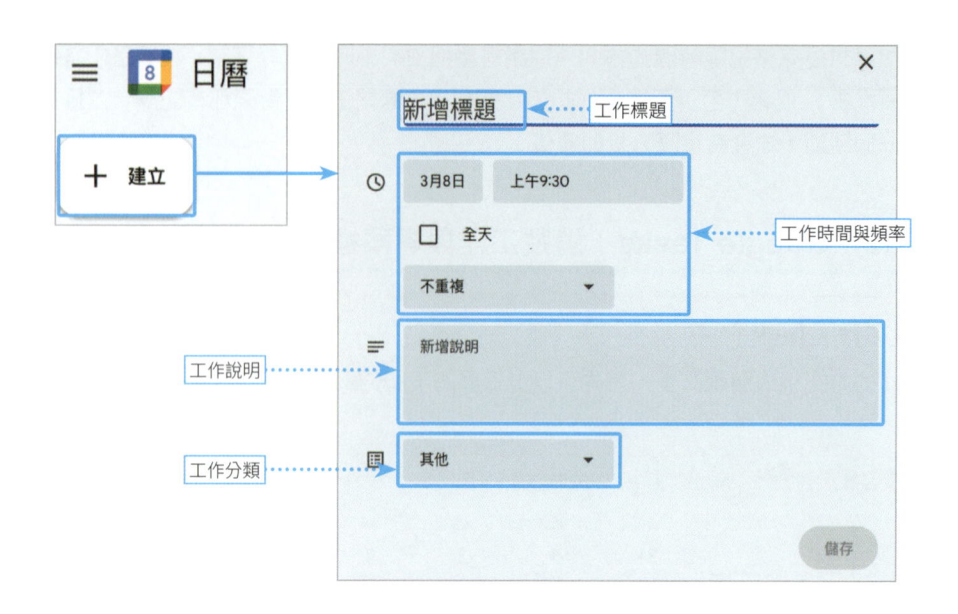

因為「工作 / Tasks」是以個人為主，主打快速新增與管理，所以相較於日曆少的地點、邀請對象等較為細緻的內容。而完成任務後，只要在任何一個介面點選打勾 (標示為完成) 即可。

▶ **如何有條理的管理工作**

了解如何新增工作後，如果想要妥善管理各項工作與待辦事項，建議使用前面說明的「2. 切換到 Tasks」在任務界面中操作，有以下三點心法：

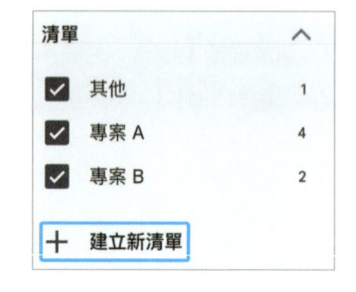

1. <mark>建立專案清單，管理不同類別的任務</mark>：只要點選左側清單下方的「建立新清單」並輸入清單名稱，即可分類不同性質的工作。建議可以與日曆的分類方式相同，讓之後的分析更方便。
2. <mark>善用「重複」功能</mark>：和日曆一樣，如果有重複性的任務，例如每週三洗衣服、每兩週倒垃圾等，都可以在新增任務時設定重複週期、頻率與結束時間。如果之後想調整，只要在任務中點選重複的資訊進行編輯即可，如下圖。不過要注意，已經建立的週期如果刪除了，之後就無法重新恢復這個週期設定。

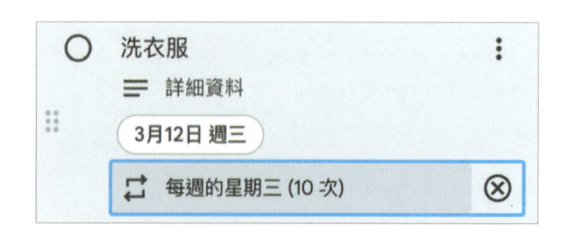

3. **善用排序功能**：在任務清單中有許多可以排序的方式，例如：

- **改變清單順序**：按住並拖曳調整每個清單的位置，或是點選右側的工作選項設定清單，如下圖：

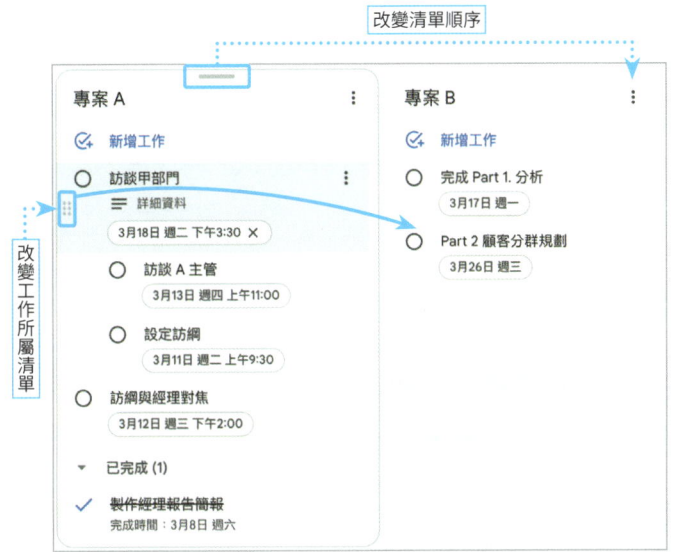

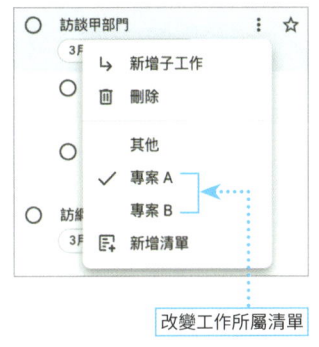

- **改變工作所屬清單**：按住任務左側並拖曳到其他清單中。

- **改變工作的任務順序**：按住任務左側並拖曳，或是點擊清單右上角的「清單選項」選擇排序依據，如下圖：

- **增加任務的層級**：點擊任務右側的「工作選項 → 新增子工作 / 增加縮排」設定任務的層級，如下圖：

活用以上心法，便能設計出結構完整的任務，示意圖如下：

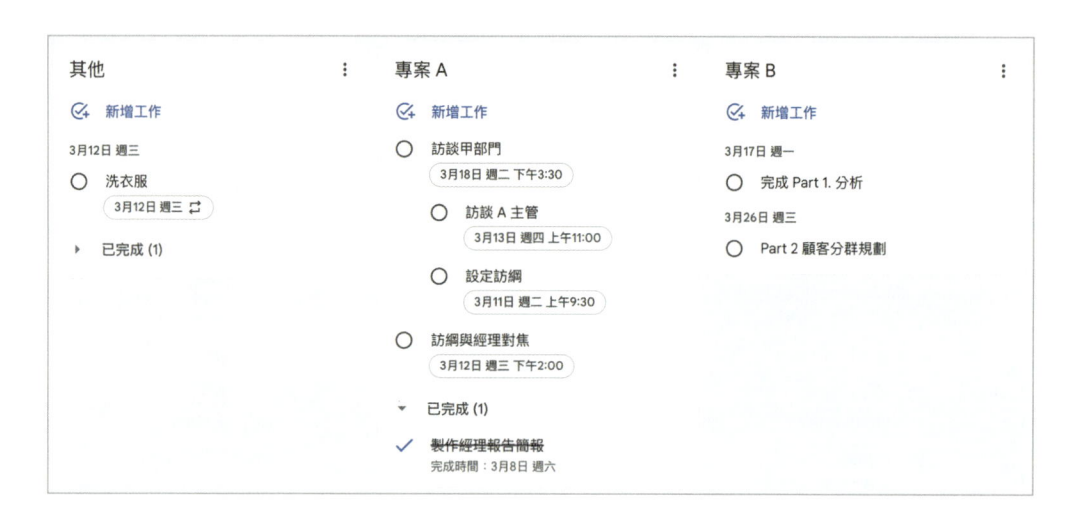

其他	專案 A	專案 B
◯₊ 新增工作	◯₊ 新增工作	◯₊ 新增工作
3月12日 週二	○ 訪談甲部門 　　3月18日 週二 下午3:30	3月17日 週一
○ 洗衣服 　　3月12日 週三 ⇄	○ 訪談 A 主管 　　　3月13日 週四 上午11:00	○ 完成 Part 1. 分析
▸ 已完成 (1)	○ 設定訪綱 　　　3月11日 週二 上午9:30	3月26日 週三
	○ 訪綱與經理對焦 　　3月12日 週三 下午2:00	○ Part 2 顧客分群規劃
	▾ 已完成 (1)	
	✓ 製作經理報告簡報 　　完成時間：3月8日 週六	

TIPS 使用手機記錄活動 / 工作

雖然本節主要介紹電腦版操作，但作者實際記錄時間主要都是透過手機完成，各位讀者可以自行下載 Google 日曆和 Google Tasks 兩款 App，介面都很直觀，且功能都跟電腦版相同，所以不再贅述 App 的基本用法。

而以下說明作者記錄時的執行細節，提供給有興趣使用的讀者們參考：

- 在每週日晚上先管理好下週的時程和任務：包括一週的重點工作與會議、下班與假日的聚會 / 約會等。先使用日曆進行初步排程，再將重點目標使用 Tasks 記錄。
- 隨時調整與修正：實際記錄時並不會特地留一個時間記錄細節，而是隨時滾動式調整。比如遇到會議延後，就直接同步調整後面幾個時段的計畫內容。
- 在正確與簡潔之間取得平衡：活動以 15 分鐘為一個單位，避免因過度記錄而產生壓力，同時追求一定程度的正確性與方便。

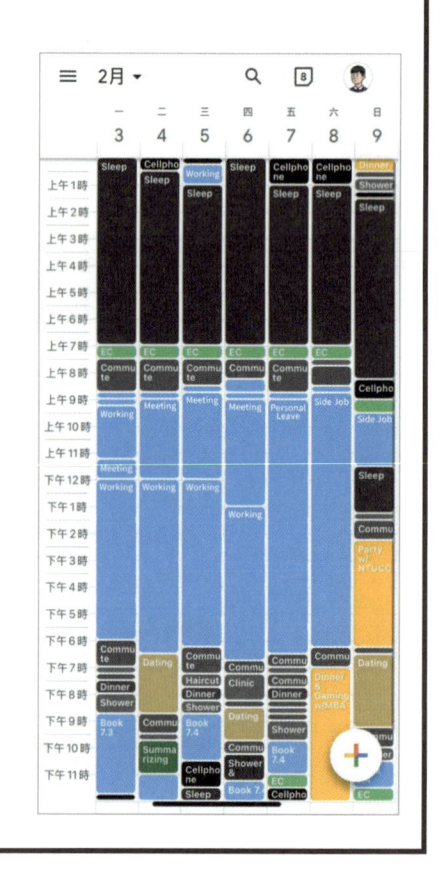

8-10

8.2 自動匯出 Google 日曆與 Tasks 的紀錄

了解如何使用日曆與 Tasks 記錄後，本節將介紹如何把資料自動匯出到 Google Sheets 中，包括打造儀表板原型、自動化的流程設計到實際使用生成式 AI 與 Apps Script。

8.2.1 自動化流程設計

▶ 打造儀表板原型

儀表板中主要呈現每週在各類活動 (即每一類日曆) 的時間比例、各類工作 (即清單) 的如期完成率，可以先用一張儀表板總結如下：

	A	B	C	D	E	F	G	H	I
1	週次	開始日期	結束日期	各項類別	...	...	各項類別	...	...
2	1	01/01	01/07	花多少時 (或比例)			工作完成率		
3	2	01/08	01/14	...					
4	3	01/15	01/21	...					
5	...	...	...						

如果要把各項專案拆得更細，或按月統計也可以用一樣的方式呈現，只是公式會有些不同。此外，繪製圖表時也可以直接用這張儀表板作為資料來源，因此原型先設計到此即可。

▶ 從原型回推所需資訊

由以上的原型，我們可以推得原始資料需要的項目，每一項活動 / 工作需要的內容非常相似，如下表：

需要資訊	日曆	Tasks
各項類別	包括所屬的日曆、活動標題 (子類別)	包括所屬的清單、工作標題 (子類別)
時間	包括活動開始 / 結束的日期與時間，可以計算活動的總長度	包括工作預期完成 / 實際完成的時間，可以計算工作如期完成率
其他	可以備份活動說明，以作為備註	可以備份工作說明，以作為備註

而以上資訊，可以轉為以下工作表：

- **日曆原始資料** — 時間紀錄 Raw Data：

	A	B	C	D	E	F
1	所屬日曆	標題	說明	開始時間	結束時間	小時數
2						
3						
4						

- **Tasks 原始資料** — 任務清單 Raw Data：

	A	B	C	D	E	F
1	所屬清單	標題	說明	截止時間	完成時間	是否如期完成
2						
3						
4						

有了原始紀錄與要匯出的格式後，最後決定自動化的頻率，也就是之後寫 Apps Script 時的「觸發條件」，因為最終儀表板包括每週、每月分析，所以可以設定以下兩項匯出頻率：

☑ **每週更新**：週一凌晨更新上週一到日的資料，或上週還沒更新過的資料。

☑ **每月更新**：每個月 1 號更新上個月最後一週還沒更新的資料。

上述文字也許不好理解，主要是在月底時比較麻煩。以下圖 (2025 / 7 ~ 8) 為例，會有以下三個更新時間：

☑ 7 / 28 (每週更新)：匯出上一週 (7 / 21 ~ 7 / 27) 的資料。

☑ 8 / 1 (每月更新)：匯出上個月最後一週還沒更新的資料，也就是 7 / 28 ~ 7 / 31。

- ☑ 8／4 (每週更新)：理論上要更新上一週 (7／28 ~ 8／3) 的資料，但 7／28 ~ 7／31 已經匯出過，因此只需更新 8／1 ~ 8／3 即可。

釐清以上流程後，也要同步調整記錄的形式如下：

- ☑ <mark>資料完整性</mark>：要確保在每週／月更新前，把上週／月的資料完整填寫完畢，以免之後需要手動填寫。
- ☑ <mark>不同週／月的活動需要分開</mark>：例如每天晚上 11 點 ~ 隔天 7 點是睡覺時間的話，在每週日 ~ 下週一、每月最後一天 ~ 下月 1 號把睡覺分成晚上 11 ~ 12 點、隔天 12 ~ 7 點兩個活動，以確保原始資料的「小時數」(F 欄) 能夠正確計算並分攤到對應的週／月。

而梳理完 Raw Data 格式與更新頻率後，接下來兩個小節將分別介紹如何使用 Apps Script 串接 Google 日曆與 Google Tasks！

● 8.2.2 串接 Google 日曆

▶ 各輪對話目標確認

在此 Apps Script 主要的任務有兩項：

- ☑ 將 Google 日曆的資料整理成指定的格式。
- ☑ 根據當下的時間判斷要更新什麼時候的紀錄：包括週一更新上週的紀錄、每月 1 號更新上個月剩餘日期的紀錄。

以上兩項的判斷條件與調整細節都很多，如果一次輸入所有調整內容的話，可能使生成的程式無法順利運行，在此建議分成三輪的 Prompt 漸進式說明與調整，先整理 Google 日曆的格式，再判斷資料要更新的日期區間，最後把兩者合併，三輪對話的調整目標分別如下：

對話輪次	調整目標
第一輪	更新固定日期區間的紀錄，例如 2025 / 2 / 24 ~ 2025 / 3 / 2
↓	
第二輪	判斷實際要更新的日期區間，例如「上週一到上週日」
↓	
第三輪	把日期區間從「第一輪的固定日期區間」改成「第二輪的變動日期區間」

因為 Google 日曆本身並沒有辦法寫程式碼，所以接下來會在匯出的目的地（要匯到哪一張 Google Sheets) 中撰寫 Apps Script 程式碼！

另外，由於在對話時需要同步測試程式碼是否正確，因此建議讀者可以先試著拉幾個行程於某個會跨月份的週，作為後續測試使用。以下將以 2025 / 2 / 24 ~ 2025 / 3 / 2 為例，時程模擬如下圖：

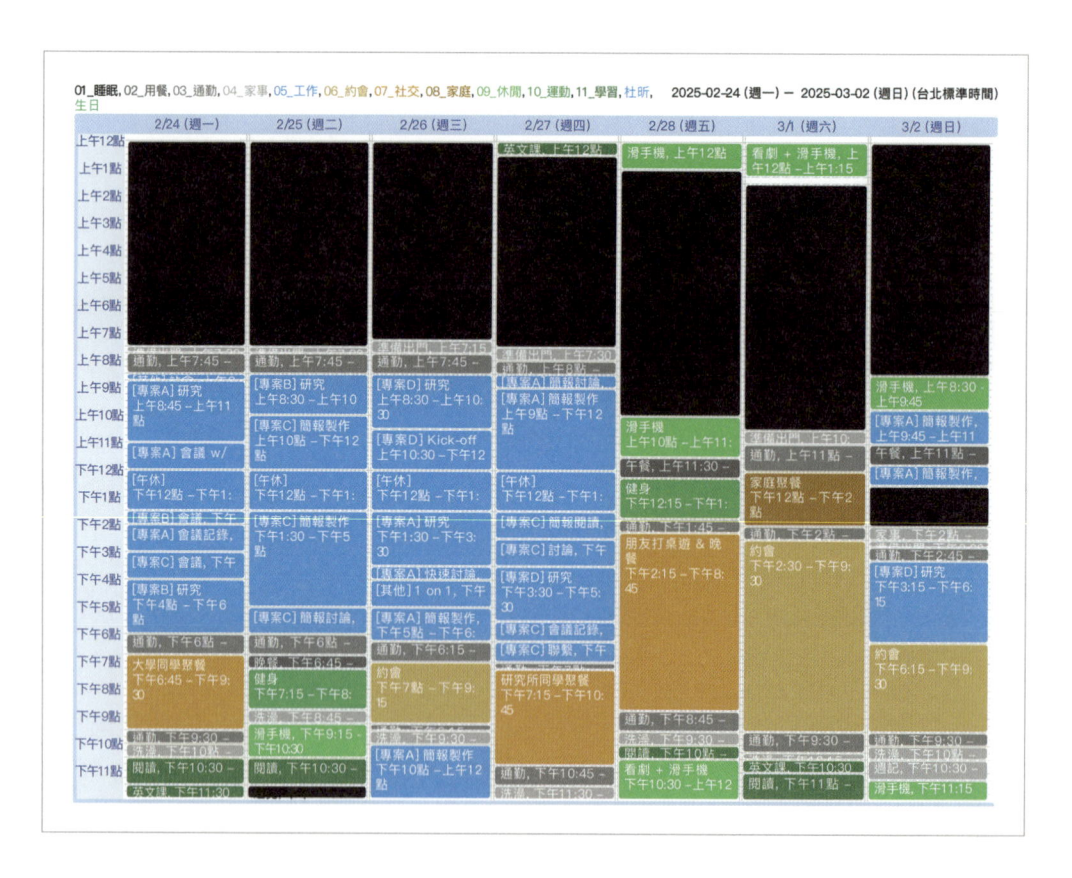

▶ 第一輪：取得固定日期區間資料

首先先取得 2025 / 2 / 24 ~ 2025 / 3 / 2 的日曆內容，Prompt 如下：

> **問**
>
> 請生成 Apps Script 程式碼，取得 2025 / 2 / 24 ~ 2025 / 3 / 2 所有 Google 日曆的活動，並輸出到此份 Google Sheets 的「時間紀錄 Raw Data」工作表的最下面一列，每一欄分別為：
>
> A 欄：所屬日曆名稱
> B 欄：標題
> C 欄：說明
> D 欄：開始時間
> E 欄：結束時間

溝通要點如下：

- ☑ 每次只能取得一個日曆的活動，因此要特別說明「所有 Google 日曆的活動」。
- ☑ 說明要輸出的範圍以及各欄位的內容。
- ☑ 說明指定的日期區間。

> **TIP**
>
> 在此先不輸出 F 欄 (小時數) 而是使用公式計算，以減少後續手動調整所需的心力，於第 8.3 節詳細說明。

輸出結果如下 (以下為 作者撰寫時生成之版本，每次生成可能有些許差異，請各位讀者稍加留意)：

```
function getCalendarEvents() {
  // 設定時間範圍
  var startDate = new Date(2025, 1, 24); // 月份從 0 開始，所以 1 代表 2 月
  var endDate = new Date(2025, 2, 3); // 3 月 3 日，因為結束日期不包含在內

  // 取得所有日曆
  var calendars = CalendarApp.getAllCalendars();
  // ... (以下省略)
}
```

貼上並存檔後可以測試程式是否正確調整，成功的示意圖如下頁圖：

	A	B	C	D	E	F
1	所屬日曆	標題	說明	開始時間	結束時間	小時數
2	02_用餐	晚餐		2025/2/25 下午 6:45:00	2025/2/25 下午 7:15:00	
3	02_用餐	午餐		2025/2/28 上午 11:30:00	2025/2/28 下午 12:15:00	
4	02_用餐	午餐		2025/3/2 上午 11:00:00	2025/3/2 上午 11:45:00	
5	03_通勤	通勤		2025/2/24 上午 7:45:00	2025/2/24 上午 8:30:00	
6	03_通勤	通勤		2025/2/24 下午 6:00:00	2025/2/24 下午 6:45:00	
7	03_通勤	通勤		2025/2/24 下午 9:30:00	2025/2/24 下午 10:00:00	
8	03_通勤	通勤		2025/2/25 上午 7:45:00	2025/2/25 上午 8:30:00	
9	03_通勤	通勤		2025/2/25 下午 6:00:00	2025/2/25 下午 6:45:00	

看起來輸出結果正確，但會依照系統預設的日曆順序排列。如果資料有缺漏，並不容易直接看出來有哪些時段缺漏。因此建議改以「開始時間排序」，讓原始資料看起來更連貫，Prompt 如下：

> **問**
> 請將輸出根據「D 欄：開始時間」由小到大排序。

此時輸出結果如下 (僅顯示更新部分，其他省略)：

```
function getCalendarEventsSorted() {
  // 設定時間範圍~遍歷每個日曆（不變，在此省略）

  // 根據開始時間排序（新增部分）
  allEventsData.sort(function(a, b) {
    return a[3].getTime() - b[3].getTime(); // 比較開始時間的毫秒值
  });

  // 將資料輸出到工作表（不變，在此省略）
}
```

▶ **第二輪：計算日期區間**

已經確定 Apps Script 可以抓到我們要的資訊後，接下來要梳理要取得的日期區間，也就是調整上一輪對話中的 startDate 與 endDate。但因為規則有點複雜，所以在這一輪只要求生成式 AI 單獨列出 startDate 與 endDate，不用撈取日曆的內容，Prompt 如下頁所示：

> **問**
>
> 請生成另一個 Apps Script，會根據今天的日期設定並輸出 startDate、endDate 兩個變數，條件如下：
>
> - 如果今天是週一：startDate 是上週一、endDate 是今天，但如果上週一與今天是不同月份，則 startDate 是這個月第 1 天。
> - 如果今天不是週一，而是這個月第 1 天：startDate 是上週一、endDate 是今天。
> - 如果今天不是週一也不是這個月第 1 天，則不輸出內容。
>
> 舉例來說：
>
> - 今天是 2025/2/24 週一，則 startDate = 2025/2/17、endDate = 2025/2/24。
> - 今天是 2025/3/1 週五，則 startDate = 2025/2/24、endDate = 2025/3/1。
> - 今天是 2025/3/3 週一，則 startDate = 2025/3/1、endDate = 2025/3/3。

溝通要點如下：

☑ 條件判斷 (if-else) 是各種程式語言的基本元素之一。在撰寫 Prompt 時，使用「如果 [條件]：[結果]」可以讓 Prompt 更容易理解並提高正確率。

☑ 由於邏輯判斷可能較為複雜，為了避免出錯，建議增加多個範例來說明所有可能的情況。

☑ 雖然每週更新 / 每月更新都是更新到前一天，但 endDate 都會預設為 0:00，因此設為 startDate = 2025 / 3 / 1、endDate = 2025 / 3 / 3 會抓到 2025 / 3 / 1 ~ 2025 / 3 / 2 的資料。

輸出結果如下：

```javascript
function calculateDateRange() {
  var today = new Date();
  var dayOfWeek = today.getDay(); // 0（週日）到 6（週六）
  var dayOfMonth = today.getDate();
  var month = today.getMonth();
  var year = today.getFullYear();

  // ...（以下省略）
  // 輸出 startDate 和 endDate
  Logger.log("startDate: " + startDate);
  Logger.log("endDate: " + endDate);
}
```

如果執行後，就能夠根據今天的日期判斷並輸出 startDate 與 endDate，假設今天是 2025／3／3，則結果如下圖：

```
晚上11:01:44   通知   開始執行
晚上11:01:44   資訊   startDate: Sat Mar 01 2025 00:00:00 GMT+0800 (Taipei Standard Time)
晚上11:01:44   資訊   endDate: Mon Mar 03 2025 00:00:00 GMT+0800 (Taipei Standard Time)
晚上11:01:44   通知   執行完畢
```

> **TIP**
>
> 每天只能測試當天的日期顯然不太方便，如果要測試其他天的資料時，可以在程式碼中的「var today = new Date();」改為指定的日期，格式為「Date(年，月，日)」例如：
>
> - 2025/3/1：var today = new Date(2025, 2, 1);
> - 2025/3/3：var today = new Date(2025, 2, 3);
>
> 在此特別注意月份是從 0 開始，所以 3 月是 2 而不是 3。

▶ 第三輪：取得變動日期區間資料

能輸出指定日期區間的日曆資料，也能根據今天日期輸出對應的日期時，接下來可以進一步把兩支程式合併，Prompt 如下：

> **問**
>
> 請把兩個程式碼合併再一起，把第一個程式碼的 startDate 與 endDate 替換成第二個程式碼的規則。

輸出結果如下 (以下為作者撰寫時生成之版本，每次生成可能有些許差異，請各位讀者稍加留意)：

```
function getSortedCalendarEventsByDateRange() {
  // 以下僅顯示重要的程式執行的步驟，程式碼省略
  // 1. 設定時間範圍
  // 2. 取得所有日曆 & Sheets 工作表
  // 3. 遍歷所有日曆
  // 4. 根據開始時間排序活動資料
  // 5. 將排序後的活動資料寫入 Sheets
}
```

以上程式碼便能跑出正確的結果，因此接下來設定觸發條件為「每週一 上午 1:00~2:00」及「每月 1 號上午 1:00~2:00」，如下圖。如此一來就能在每週／月的一開始蒐集上週／月的時間紀錄 Raw Data，將於第 8.3 節進行進一步的分析！

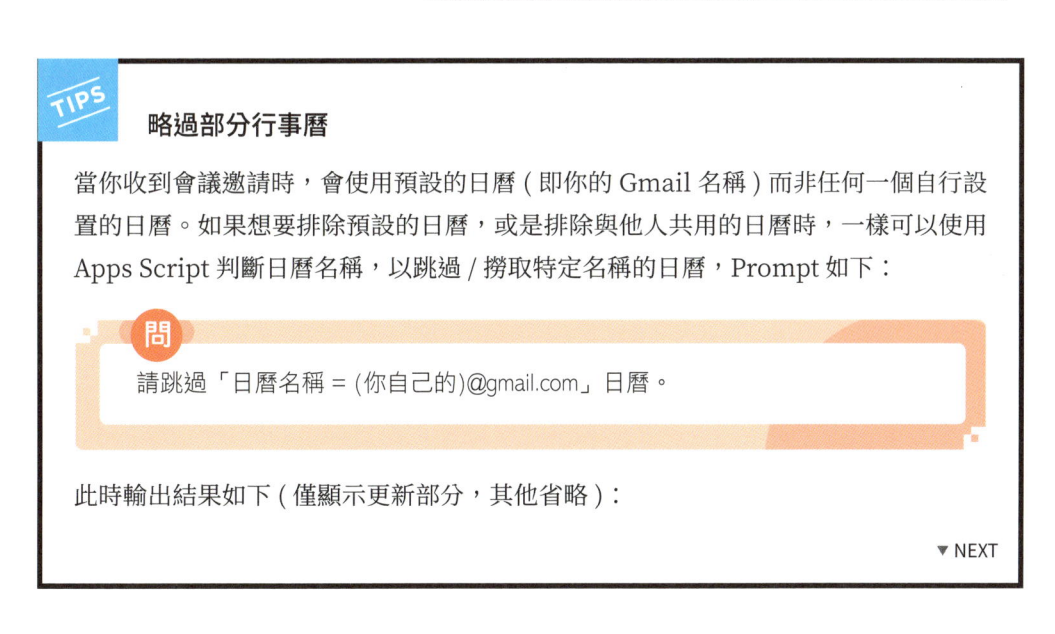

[圖示：新增「Chapter 8. 使用 Google Sheets + 日曆成為時間...」設定畫面]

- 選擇您要執行的功能：getSortedCalendarEventsByDateRange
- 錯誤通知設定：每天通知我
- 選擇應執行的部署作業：上端
- 選取活動來源：時間驅動
- 選取時間型觸發條件類型：週計時器
- 選取星期幾：每週一
- 選取時段：上午 1 點到上午 2 點

[圖示：新增「Chapter 8. 使用 Google Sheets + 日曆成為時間...」設定畫面]

- 選擇您要執行的功能：getSortedCalendarEventsByDateRange
- 錯誤通知設定：每天通知我
- 選擇應執行的部署作業：上端
- 選取活動來源：時間驅動
- 選取時間型觸發條件類型：月計時器
- 選取日期：1 日
- 選取時段：上午 1 點到上午 2 點

> **TIPS　略過部分行事曆**
>
> 當你收到會議邀請時，會使用預設的日曆（即你的 Gmail 名稱）而非任何一個自行設置的日曆。如果想要排除預設的日曆，或是排除與他人共用的日曆時，一樣可以使用 Apps Script 判斷日曆名稱，以跳過 / 撈取特定名稱的日曆，Prompt 如下：
>
> **問**
>
> 　請跳過「日曆名稱＝(你自己的)@gmail.com」日曆。
>
> 此時輸出結果如下（僅顯示更新部分，其他省略）：
>
> ▼ NEXT

```
function getSortedCalendarEventsByDateRange() {
  // 設定時間範圍~初始化一個陣列來儲存所有活動資料（不變，在此省略）

  // 遍歷所有日曆
  for (var i = 0; i < calendars.length; i++) {
    var calendar = calendars[i];
    var calendarName = calendar.getName(); // 取得日曆名稱

    // 跳過 "mictu.gsheets@gmail.com" 日曆（新增部分）
    if (calendarName === "                  @gmail.com") {
      continue; // 跳過當前日曆，繼續下一個
    }

    // 取得日曆中的活動~將活動資料加入陣列（不變，在此省略）
  }

  // 根據開始時間排序活動資料~將排序後的活動資料寫入 Sheets（不變，在此省略）
}
```

● 8.2.3　串接 Google Tasks

▶ 各輪對話目標確認

在處理 Google Tasks 的資料時，我們的目標是：每週或每月自動更新那些「原本應該完成但可能未完成」的任務記錄。在實際撈取 Google Tasks 的工作時，除了定義要撈取的欄位外，還要定義更新的頻率及每次更新的範圍。在此我們想跟 Google 日曆一樣進行每週、每月更新，更新的內容則是「原訂當天應該完成的任務」，例如 2025 / 3 / 1 更新 2025 / 2 / 24 ~ 2025 / 2 / 28 應該完成的資料。另外因為最終只會用來統計「是否如期完成」，所以不用回溯更新過去的資料。

綜合以上，可以發現要判斷的條件也有些複雜，所以在此也分多次 Prompt 漸進式說明。本次範例預計會分成三輪對話，分別如下：

對話輪次	調整目標
第一輪	更新固定日期區間的紀錄,例如 2025 / 2 / 24 ~ 2025 / 3 / 2
↓	
第二輪	把固定日期區間改為變動日期區間,例如更新上週一到上週日的紀錄,並調整日期的輸出格式
↓	
第三輪	將 Google Tasks 與第 8.2.2 小節 Google 日曆的程式碼合併

而本節與上一小節相同,要將 Apps Script 程式碼寫在匯出的目的地中,也會把工作設定在跨月份的週方便測試。以下將以 2025 / 2 / 24 ~ 2025 / 3 / 2 為範例,每日任務如下圖:

▶ 第一輪:取得固定日期區間資料

首先先取得 2025 / 2 / 24 ~ 2025 / 3 / 2 的日曆內容,Prompt 如下頁所示:

> **問**
>
> 請生成 Apps Script 程式碼,取得 Google Tasks 中所有清單中截止期限是 2025/2/24~2025/3/2 的所有任務,並輸出到此份 Google Sheets 的「任務清單 Raw Data」工作表的最下面一列,並將輸出根據「D 欄:截止時間」由小到大排序。每一欄分別為:
>
> A 欄:所屬清單
>
> B 欄:標題
>
> C 欄:說明
>
> D 欄:截止時間
>
> E 欄:完成時間

溝通要點如下：

☑ 因為欄位中有兩個日期，所以需要特別說明指定的是截止期限的日期區間
☑ 說明要輸出的範圍以及各欄位的內容。

> **TIP**
> 在此先不輸出 F 欄 (是否如期完成) 而是使用公式計算，以減少後續手動調整所需的心力，在第 8.3 節會再詳細說明。

輸出結果如下：

```
function exportTasksToSheet() {
 var sheetName = "任務清單 Raw Data";
 var sheet = SpreadsheetApp.getActiveSpreadsheet().getSheetByName(sheetName);
 if (!sheet) {
   Logger.log("找不到工作表: " + sheetName);
   return;
 }
 var taskLists = Tasks.Tasklists.list();
 // ... (以下省略)
}
```

此外，生成式 AI 也說明應該開啟 Google Tasks 的 API，依序點選「新增服務 → Google Tasks API → 新增」即可，新增後原本的服務下方會出現已經新增的 API，如右圖：

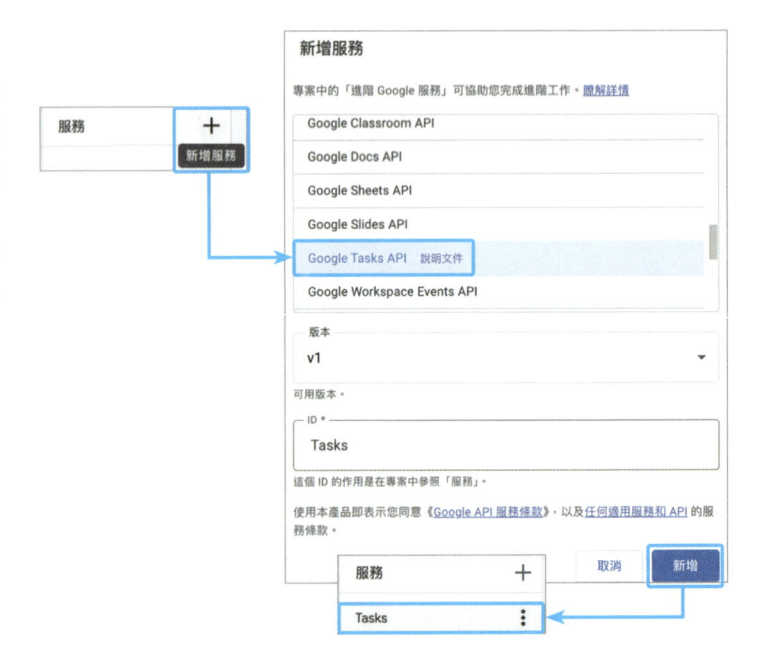

8-22

新增服務後，就可以測試生成的程式碼 O 是否正確，示意圖如下：

	A	B	C	D	E	F
1	所屬清單	標題	說明	截止時間	完成時間	是否如期完成
2	其他	健身		2025/03/02 8:00		
3	其他	洗衣服		2025/03/01 8:00		
4	其他	健身		2025/02/28 8:00	2025/02/28 21:12	
5	其他	健身		2025/02/25 8:00	2025/02/25 23:30	
6	專案A	簡報製作 P.8~10		2025/02/27 8:00	2025/03/02 11:30	
7	專案A	簡報 P.5~7		2025/02/26 8:00	2025/02/27 20:30	
8	專案A	會議記錄完成		2025/02/24 8:00	2025/02/24 18:43	
9	專案C	聯繫甲部門主管		2025/02/27 8:00	2025/02/27 18:45	
10	專案C	會議記錄完成		2025/02/27 8:00	2025/02/27 18:45	
11	專案C	簡報 P.1~4		2025/02/25 8:00	2025/02/25 23:14	

看起來輸出結果正確，接下來與 Google 日曆一樣請生成式 AI 判斷要抓取的日期區間！

▶ 第二輪：取得變動日期區間資料

接下來要將日期區間設定成與 Google 日曆相同的範圍，另外也要把「截止日期」與「完成時間」設定成只有日期，而不追溯到幾點幾分。這邊可以分兩個 Prompt 完成，第一個 Prompt 與上一小節 Google 日曆的第二輪對話相同，目的是讓 AI 先了解更新的邏輯，再將邏輯合併至原本的程式碼。

第二個的 Prompt 如下：

> **問**
> 合併兩個程式碼，把第一個程式碼的 startDate 與 endDate 替換成第二個程式碼的規則。

輸出結果如下：

```
function exportTasksToSheet() {
  var sheetName = "任務清單 Raw Data";
  var sheet = SpreadsheetApp.getActiveSpreadsheet().getSheetByName(sheetName);
  if (!sheet) {
    Logger.log("找不到工作表: " + sheetName);
    return;
  }
  // ... (以下省略)
}
```

> **TIP**
> 如果在第一次對話中,生成式 AI 給出與 Google 日曆不同的回覆時,如果要統一程式碼的風格,可以把上一小節第二輪對話的程式碼直接複製給 AI,讓 AI 可以根據既有的程式碼優化,也是實際寫程式時常見的用法!

▶ 第三輪:一次更新 Google 日曆與 Google Tasks

雖然截至第二輪對話我們已經能根據今天的日期,自動更新 Google Tasks 中指定區間的資料,不過由於 Google 日曆和 Google Tasks 的更新頻率一樣,與其分開執行兩個函式,不如把兩個函式合併成一個,讓 Apps Script 只需要執行一個函式就能一次更新日曆與 Tasks,Prompt 如下:

> **問**
>
> 有另一支程式碼用來定期更新 Google 日曆,更新頻率與 Google Tasks 相同,將兩支程式合併為一支
>
> ```
> function getSortedCalendarEventsByDateRange() {...}
> ```
>
> (貼上第 8.2.2 小節第三輪對話輸出的程式碼,以下省略)

貼上原本的程式碼後,生成式 AI 輸出的結果如下:

```
function exportTasksAndCalendarEventsToSheet() {
  var tasksSheetName = "任務清單 Raw Data";
  var eventsSheetName = "時間紀錄 Raw Data";
  var tasksSheet = SpreadsheetApp.getActiveSpreadsheet().getSheetByName(tasksSheetName);
  var eventsSheet = SpreadsheetApp.getActiveSpreadsheet().getSheetByName(eventsSheetName);
  // ... (以下省略)
}
```

完成後就能把設定的自動觸發條件從執行函式 getSortedCalendarEventsByDateRange() 改為 exportTasksAndCalendarEventsToSheet(),就能每週 / 每月即時更新日曆與 Tasks 的資料囉,而自動化以上的資料後,下一節將介紹如何把這些原始資料進行前處理,並轉換為每週 / 每月分析儀表板。

8.3 資料表格與儀表板建置

前兩節取得 Google 日曆與任務的原始資料後，本節會進一步分析這些資料，將分成原始資料處理、儀表板自動化兩個部分說明。另外為方便示範，本節將模擬生成一些 2025 / 1 ~ 2025 / 3 的資料，詳見完成版的示範檔案。而各位讀者在執行初期也可以生成類似的資料，並在完成公式後刪除即可。

本節模擬生成的資料如下圖，可自行於完成版檔案複製與下載：

- 時間紀錄 Raw Data

	A	B	C	D	E	F
1	所屬日曆	標題	說明	開始時間	結束時間	小時數
2	06_約會	旅遊		2025/1/1 上午 12:00:00	2025/1/1 上午 2:00:00	
3	01_睡眠	睡覺		2025/1/1 上午 2:00:00	2025/1/1 上午 10:00:00	
4	06_約會	旅遊		2025/1/1 上午 10:00:00	2025/1/1 下午 9:30:00	
5	03_通勤	通勤		2025/1/1 下午 9:30:00	2025/1/1 下午 10:15:00	
6	04_家事	洗澡		2025/1/1 下午 10:15:00	2025/1/1 下午 10:45:00	
7	11_學習	英文課		2025/1/1 下午 10:45:00	2025/1/1 下午 11:15:00	
8	01_睡眠	睡覺		2025/1/1 下午 11:30:00	2025/1/2 上午 7:45:00	
9	04_家事	準備出門		2025/1/2 上午 7:45:00	2025/1/2 上午 8:00:00	
10	03_通勤	通勤		2025/1/2 上午 8:00:00	2025/1/2 上午 8:45:00	

- 任務清單 Raw Data

	A	B	C	D	E	F
1	所屬清單	標題	說明	截止時間	完成時間	是否如期完成
2	專案A	會議記錄完成		2025/2/24	2025/2/24	
3	其他	健身		2025/2/25	2025/2/25	
4	專案A	簡報 P.1~4		2025/2/25	2025/2/25	
5	專案A	簡報 P.5~7		2025/2/26	2025/2/27	
6	專案A	簡報製作 P.8~10		2025/2/27	2025/3/2	
7	專案C	聯繫甲部門主管		2025/2/27	2025/2/27	
8	專案C	會議記錄完成		2025/2/27	2025/2/27	
9	其他	健身		2025/2/28	2025/2/28	
10	其他	洗衣服		2025/3/1		

● 8.3.1 原始資料調整

在此會使用公式處理三個項目：計算時間紀錄小時數、確認時間紀錄正確性、計算任務清單是否如期完成。

▶ 計算時間紀錄小時數

日期與時間是「數字」的一種，是以 1899 / 12 / 30 為 0，之後每一天多加 1，既然日期與時間可以轉為數字，那肯定也可以進行加減。例如在日期運算中，DATE(2024,1,1)+1 就會輸出 2024 / 1 / 2，以此類推。如右圖所示：

範例	結果	結果 (數字格式)	公式
A	2024/1/2	45,293.00	=DATE(2024,1,1)+1
	下午 8:00:00	0.83	=TIME(8,0,0)+0.5
	2024/1/1 上午 8:00:00	45,292.33	=DATE(2024,1,1)+TIME(8,0,0)

因此要計算日期的差異也可以使用四則運算完成，我們希望在 F 欄算出每筆任務從開始時間 (D 欄) 到結束時間 (E 欄) 一共花了幾小時，F1 的完整公式與說明如下：

公式	={"小時數";ARRAYFORMULA(IF(A2:A="","",ROUND((E2:E-D2:D)*24,2)))}
說明	■ (E2-D2)*24：可以使用 E2-D2 計算持續第 2 列項目持續的時間，然而是以「天」為單位，所以要乘上 24 轉換成「小時」為單位。 ■ ROUND(...,2)：實際將前面的公式套用到整欄後，會發現小數點的計算有小數點誤差，導致算出來可能有 0.99999、1.00001 這種「看起來是 1 小時但其實不精確」的數值，所以在此可以使用 ROUND 四捨五入至小數點第 2 位 (因為最小單位是 0.25 小時)。 ■ {"小時數";ARRAYFORMULA(IF(A2:A="","",...))}：完成單一儲存格的計算後可以使用陣列 + ARRAYFORMULA 把所有公式塞到 F1 中，之後每週更新時才不用重新複製公式。而還沒有資料的列，可以使用 IF 判斷該列的 A 欄是否有內容；沒有內容的話，則 F 欄也對應輸出空值。

▶ 確認時間紀錄正確性

因為 Google 日曆是手動記錄，所以難免會出錯，導致沒有完整紀錄或重複紀錄時間，而為了快速檢查是否有這類錯誤，我們可以透過條件式格式設定，將異常的時間標紅底顯示，如下圖：

	A	B	C	D	E	F
1	所屬日曆	標題	說明	開始時間	結束時間	小時數
2	06_約會	旅遊		2025/1/1 上午 12:00:00	2025/1/1 上午 2:00:00	2.00
3	01_睡眠	睡覺		2025/1/1 上午 2:00:00	2025/1/1 上午 10:00:00	8.00
4	06_約會	旅遊		2025/1/1 上午 10:00:00	2025/1/1 下午 9:30:00	11.50
5	03_通勤	通勤		2025/1/1 下午 9:30:00	2025/1/1 下午 10:15:00	0.75
6	04_家事	洗澡		2025/1/1 下午 10:15:00	2025/1/1 下午 10:45:00	0.50
7	11_學習	英文課		2025/1/1 下午 10:45:00	2025/1/1 下午 11:15:00	0.50
8	01_睡眠	睡覺		2025/1/1 下午 11:30:00	2025/1/2 上午 7:45:00	8.25
9	04_家事	準備出門		2025/1/2 上午 7:45:00	2025/1/2 上午 8:00:00	0.25
10	03_通勤	通勤		2025/1/2 上午 8:00:00	2025/1/2 上午 8:45:00	0.75

在此要將 D3:D、E2:E 兩欄設定條件式格式設定如下：

公式	=D3<>E2
說明	完整記錄時間時，「每筆紀錄的開始時間 (D 欄)」會等於「上一筆紀錄的結束時間 (E 欄)」，所以兩者不一樣時就是異常紀錄，在此要標為紅色底，因此可使用 =D3<>E2 判斷。另外因為 D2 不能與 E1 比較 (因為 D2 沒有上一筆可比較，E1 是標題)，所以選擇套用範圍時直接從 D3 開始設定即可。完成結果如下圖：

完成此項設置後，每次資料匯出時就可以快速檢查原始資料是否有誤，並手動修正為正確的資料。

▶ 計算任務清單是否如期完成

我們的目標是要判斷每一筆任務是否有如期完成，就是「完成時間 E 欄」要在「截止時間 D 欄」之前或當天。判斷任務清單如期完成的條件為「完成時間 <= 截止時間」，因此 F1 的完整公式與說明如下：

公式	={"是否如期完成";MAP(A2:A,E2:E,D2:D,LAMBDA(A,E,D,IF(A="","",AND(E<=D,E<>""))))}
說明	- =AND(E2<=D2,E2<>"")：用來判斷第 2 列是否如期完成。其中 E2<=D2 如果遇到 E2 是空值時，公式會判斷空值比 D2 小，而被誤判為如期完成 (因為空值在 Google Sheets 中會被視為「小於任何有值的日期」)。為了避免這種錯誤，所以在此加上「E2<>""」的條件，避免「空白的結束時間」被誤判為如期完成。 - 完成單一儲存格的計算後，為了將這個判斷套用到整欄，可以使用陣列 + MAP + LAMBDA 組合出陣列公式，並且把所有公式塞到 F1 中。 - 其中因為 AND 無法與 ARRAYFORMULA 同時搭配使用，所以使用 LAMBDA 完成。

完成以上三個原始資料處理後，就可以進一步轉成每週 / 每月統計了！

8.3.2 週 / 月統計儀表板自動化

在週、月統計儀表板要統計的內容相同，所以接下來都使用「每週統計」介紹，完成後的結果如下圖：

	A	B	C	D	E	F	G	H	I	J	K	L	M	N
1	開始日期	結束日期	01_睡眠	02_用餐	03_通勤	04_家事	05_工作	06_約會	07_社交	08_家庭	09_休閒	10_運動	11_學習	Total
2	01/06	01/12	57.25	2.00	11.00	8.00	47.25	12.00	13.00	2.25	8.50	2.50	4.25	168.00
3	01/13	01/19	58.25	2.00	10.75	7.25	46.00	12.00	13.00	2.00	8.00	2.75	5.00	167.00
4	01/20	01/26	57.00	1.75	11.25	9.00	47.00	12.25	12.25	2.00	8.25	2.75	4.25	167.75
5	01/27	02/02	57.00	1.25	11.50	8.50	46.25	11.50	13.00	2.25	8.75	3.25	4.50	167.75
6	02/03	02/09	56.75	2.50	11.00	8.00	46.00	12.75	12.00	2.25	9.25	2.75	4.75	168.00
7	02/10	02/16	57.75	2.00	10.75	8.25	45.00	12.50	12.75	2.00	9.50	2.75	4.75	168.00
8	02/17	02/23	56.50	1.75	12.00	7.75	47.75	12.25	12.25	1.75	8.25	2.50	5.75	168.50
9	02/24	03/02	57.75	1.75	11.00	8.00	45.75	12.75	13.00	2.25	8.00	3.00	4.75	168.00
10	03/03	03/09	55.50	2.00	12.75	6.25	47.25	12.00	12.50	1.75	9.50	3.00	5.50	168.00
11	03/10	03/16	58.00	3.00	10.00	7.50	47.00	12.25	12.25	2.00	8.25	2.25	5.25	167.75
12	03/17	03/23	57.50	1.75	11.50	8.50	46.75	11.75	12.25	2.25	8.75	2.00	4.75	167.75
13	03/24	03/30	57.00	1.50	10.00	7.75	46.25	12.00	13.50	1.50	10.25	3.00	5.25	168.00

	A	B		O	P	Q	R	S	T	U	V	W	X
1	開始日期	結束日期		任務完成率	工作完成率	其他完成率	午休	其他	專案A	專案B	專案C	專案D	專案X
2	01/06	01/12					6.25	1.50	15.50	3.75	10.75	0.00	9.50
3	01/13	01/19					6.50	0.75	15.75	5.00	9.50	0.00	8.50
4	01/20	01/26					7.25	0.25	16.75	4.00	10.75	0.00	8.00
5	01/27	02/02					6.50	0.00	17.00	4.00	9.75	0.00	9.00
6	02/03	02/09					6.75	1.75	14.75	3.25	11.50	0.00	8.00
7	02/10	02/16					6.00	1.25	15.25	4.50	10.00	0.00	8.00
8	02/17	02/23		100%	100%		5.50	1.75	16.75	4.25	11.00	0.00	8.50
9	02/24	03/02		55%	57%	50%	6.00	0.25	15.75	4.75	10.25	6.75	2.00
10	03/03	03/09		71%	50%	100%	6.50	0.25	17.25	4.25	10.25	7.00	1.75
11	03/10	03/16		100%	100%	100%	7.25	1.00	15.00	5.00	10.00	3.50	5.25
12	03/17	03/23		75%	75%	75%	5.25	0.00	16.75	5.00	10.50	9.25	0.00
13	03/24	03/30		83%	100%	67%	6.25	1.50	14.75	4.50	10.00	9.25	0.00

以上表格將分成以下幾個部分：

- ☑ 開始與結束日期 (A ~ B 欄)
- ☑ 168 小時時間分配 (C ~ N 欄)
- ☑ 任務準時完成率 (O ~ Q 欄)
- ☑ 工作時間各專案工時 (R ~ X 欄)

在 A ~ B 欄中，開始日期為週一、結束日期為週日，另外可以從有完整紀錄的週開始，在此以 2025 / 1 / 6 為開始日期、2025 / 1 / 12 為結束日期，之後每一列都使用上一列日期 + 7 即可。

接下來將詳細說明 C ~ X 欄的公式，而因為第 2 列起每一列公式都相同，所以接下來公式都會以第 2 列說明。另外，為了方便說明，接下來都已將 Raw Data 各欄位命名成該欄名稱，如右圖：

```
已命名範圍

+ 新增範圍

完成時間
'任務清單 Raw Data'!E:E

小時數
'時間紀錄 Raw Data'!F:F

截止時間
'任務清單 Raw Data'!D:D

所屬日曆
'時間紀錄 Raw Data'!A:A

所屬清單
'任務清單 Raw Data'!A:A

是否如期完成
'任務清單 Raw Data'!F:F

標題_任務清單
'任務清單 Raw Data'!B:B

標題_時間紀錄
'時間紀錄 Raw Data'!B:B

結束時間
'時間紀錄 Raw Data'!E:E

開始時間
'時間紀錄 Raw Data'!D:D
```

▶ 168 小時時間分配 (C~N 欄)

每週有 24×7 = 168 小時，我們希望這些時間可以依照「所屬日曆」分類，例如：工作、運動、睡眠等。首先，在第 1 列先輸入各日曆的名稱以及 Total 加總欄，接下來在第 2 列以後輸入公式，以 C2 公式為例，相關說明如下：

公式	=IF($B2>=TODAY(),"",SUMIFS(小時數,開始時間,">="&$A2,結束時間,"<="&$B2+1,所屬日曆,C$1))
說明	<ul><li>在此 SUMIFS 要加總過去一週 / 月花費在指定項目的小時數，條件包括 (1) 開始時間與結束時間介於當週 / 月的開始 (A2) 與結束日期 (B2+1) 之間、(2) 所屬日曆是 C 欄的表頭 (C$1)。</li><li>在公式往右、下複製時，需要將開始與結束日期、日曆名稱的表頭列固定，因此將 A2 與 B2 的欄、C1 的列改成絕對參照。</li><li>SUMIFS 的公式如果複製到未來的日期，會因為沒有任何符合條件的的項目而輸出 0，所以在最外面可以包上一層 =IF($B2>=TODAY(),"",SUMIFS(...)) 確保只有在週 / 月已經結束後才會統計並顯示資料。</li></ul>

> **TIP**
> 上述公式的結束日期應使用「B2+1」而非「B2」，因為儲存格僅含日期時，時間預設為「0:00」。若要包含結束日期當天，需將區間延伸至隔天「0:00」。

完成各日曆後，接下來只要在加總欄使用 SUM 加總即可，另外也可以加上 =IF($B2>=TODAY(),"",...) 確保加總不會等於 0，例如 N2 的公式為 =IF($B2>=TODAY(),"",SUM(C2:M2))。

▶ 任務準時完成率 (O~Q 欄)

任務準時完成率 = 該週截止且如期完成的任務數該週截止的任務數，由此可知 O2 的公式如下：

公式	=IF($B2>=TODAY(),"",IFERROR(COUNTIFS(截止時間,">="&$A2,截止時間,"<="&$B2+1,是否如期完成,TRUE)/COUNTIFS(截止時間,">="&$A2,截止時間,"<="&$B2+1)))
說明	▪ 因為要計算符合條件的任務數量，因此分子與分母都使用 COUNTIFS，分母只需要設定截止時間的區間，分子則再增加「**是否如期完成 = TRUE**」的條件。 ▪ 為了避免當週沒有任何截止的任務導致計算出現 #DIV/0! (分母為 0 的計算錯誤)，可以在 COUNTIFS 相除的公式外使用 IFERROR 避免輸出錯誤值。

了解任務完成率的算法後，接下來拆解成「工作」與「其他」兩項，判斷方式為「所屬清單」是否是「其他」，因此只要在 COUNTIFS 中加上此判斷即可，P2、Q2 的公式分別如下：

- ☑ **工作完成率**：=IF($B2>=TODAY(),"",IFERROR(COUNTIFS(截止時間,">="&$A2,截止時間,"<="&&$B2+1,是否如期完成,TRUE,所屬清單,"<>其他")/COUNTIFS(截止時間,">="&&$A2,截止時間,"<="&&$B2+1,所屬清單,"<>其他")))
- ☑ **其他完成率**：=IF($B2>=TODAY(),"",IFERROR(COUNTIFS(截止時間,">="&&$A2,截止時間,"<="&&$B2+1,是否如期完成,TRUE,所屬清單,"其他")/COUNTIFS(截止時間,">="&&$A2,截止時間,"<="&&$B2+1,所屬清單,"其他")))

▶ 工作時間各專案工時 (R~X 欄)

除了分析每週的工作總時數外，了解每項任務所佔用的時間也同樣關鍵。因此，在這張表的後幾欄中，我們列出了所有相關的專案類別，以便更精確地追蹤時間分配。但因為可能會隨時間推進而有新的專案，所以適合放在最後的欄位，或是另外開一張工作表追蹤；有新的專案時，也需要在第 1 列手動新增。

在示範的資料中共有 7 種不同的專案 / 其他項目，在日曆中的顯示方式為「[小分類] 活動名稱」，因此在公式中要根據 [ ] 中的內容判斷所屬的分類並加總，在此可以使用萬用字元判斷 [ ] 中的文字，詳見第 4.3.1 小節的 TIPS 說明。以 R2 為例，公式與說明如下：

公式	=IF($B2>=TODAY(),"",SUMIFS(小時數,開始時間,">="&$A2,結束時間,"<="&$B2+1,所屬日曆,"05_工作",標題_時間紀錄,"["&R$1&"]*"))
說明	▪ SUMIFS 的條件與 C~M 欄相似，但**所屬日曆**僅限 **"05_工作"**，且活動的標題 (**標題_時間紀錄**) 必須是 **"[午休]"** 開頭。 ▪ 如果要統計特定開頭或結尾，可以使用第 4.3.1 小節介紹的萬用字元，即「*」，另外在此統計的專案與其他項目會隨欄位改變，因此要將 **"[午休]*"** 改成 **"["&R$1&"]*"** 才能一次使用於 R~X 欄。

完成以上公式後便完成每週 / 每月時間的統計，也可以將每週的時間分配與工時繪製成圖表，如下圖：

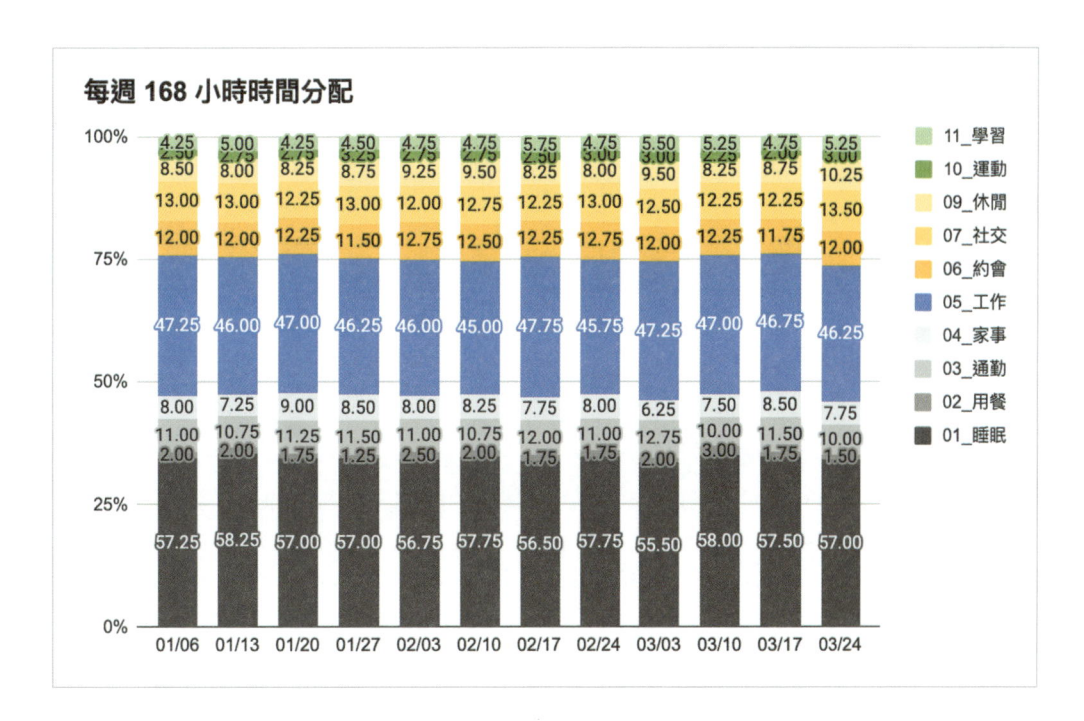

每週各專案工時

	01/06	01/13	01/20	01/27	02/03	02/10	02/17	02/24	03/03	03/10	03/17	03/24
午休	6.25	6.50	7.25	6.50	6.75	6.00	5.50	6.00	6.50	7.25	5.25	6.25
其他	1.50	0.75	0.25	0.00	1.75	1.25	1.75	0.25	0.25	1.00	0.00	1.50
專案X	9.50	8.50	8.00	9.00	8.00	8.00	8.50	2.00				
專案D	0.00	0.00	0.00	0.00	0.00	0.00	0.00	6.75	7.00	5.25	9.25	9.25
專案C	10.75	9.50	10.75	9.75	11.50	10.00	11.00	10.25	10.25	10.00	10.50	10.00
專案B	3.75	5.00	4.00	4.00	3.25	4.50	4.25	4.75	4.25	5.00	5.00	4.50
專案A	15.50	15.75	16.75	17.00	14.75	15.25	16.75	15.75	17.25	15.00	16.75	14.75

TIPS

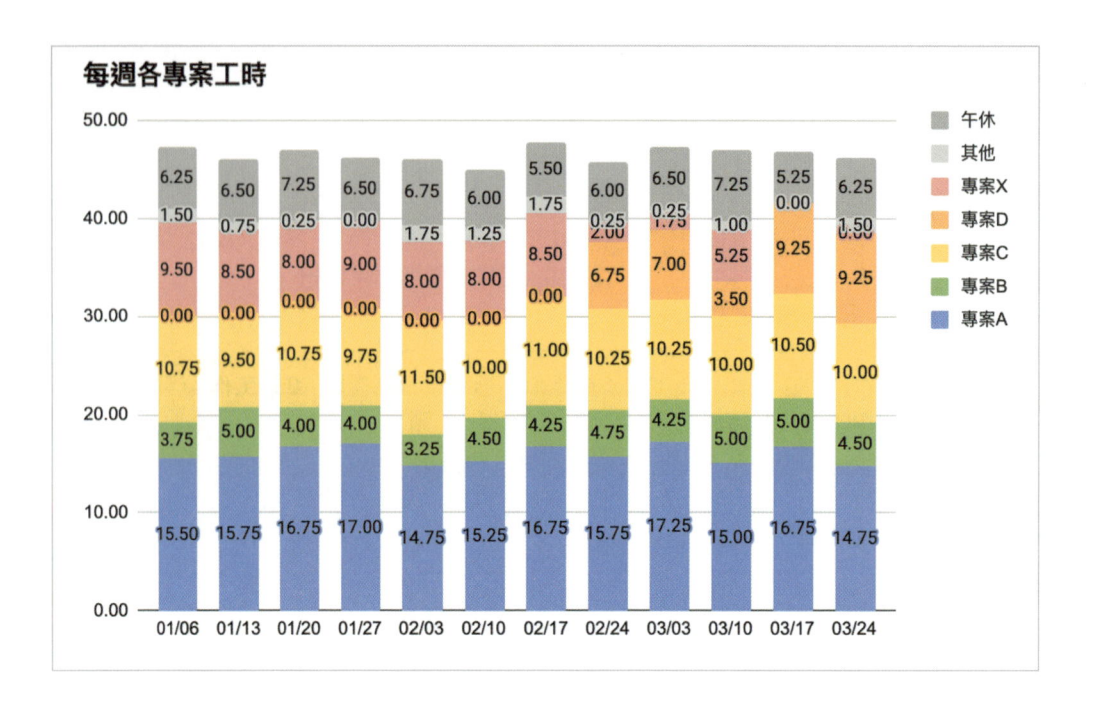

還可以更自動化：自動抓取所有的專案

前面提到當有新增的專案時，需要在第 1 列手動新增專案名稱，然而如果對公式足夠熟悉的使用者也可以將此步驟自動化，公式與相關說明如下：

公式	=TRANSPOSE(SORT(UNIQUE(FILTER(ARRAYFORMULA(REGEXEXTRACT(標題_時間紀錄,"\[(.*)\]")),所屬日曆="05_工作"))))
說明	- FILTER + REGEXEXTRACT 可以篩選所有「所屬日曆="05_工作"」的標題，並取得 [ ] 中的所有內容，其中因為 REGEXEXTRACT 中的文字只能是單一內容，所以使用 ARRAYFORMULA 轉為陣列公式。 - 取得所有工作的專案 / 其他項目後，可以使用 SORT + UNIQUE 去除重複內容並依名稱排序，但此時輸出以單一欄呈現，因此使用 TRANSPOSE 轉為單列。

除了使用公式，也能使用 Apps Script 自動抓取最新的專案。有興趣的讀者不妨嘗試利用生成式 AI 來產生對應的程式碼，練習自己的 Prompting 能力！

8.4 串接 Line Messaging API 傳送時間使用狀況

除了將每週的時間運用狀況匯出至 Google Sheets 外，更能把 Google Sheets 分析的結果使用 Line 商業帳號傳送給自己，本章將從創建 Line 官方帳號、使用 Apps Script 傳送第一則訊息開始介紹，到傳送分析後的結果，讓各位使用者都可以跟著操作，讓自動化更進一步走入日常。

8.4.1 第一支 Line 商業帳號 × Apps Script 程式

在使用 Apps Script 傳送訊息前，需要先創辦一個 Line 的商業帳號，只要 Google 搜尋「Line 官方帳號」並輸入基本資訊便能成功申請。申請完成後可以在 Line 的官方後台 (https://manager.line.biz/) 找到創辦的帳號，並只有自己一位好友。以下圖為例，作者建立官方帳號「Apps Script 自動化機器人」。

建立官方帳號後，接下來詢問生成式 AI 如何使用 Apps Script 傳送訊息給自己，Prompt 如下：

> **問**
> 生成 Apps Script 程式碼，使用 Line 的 Message API 功能向使用者傳送「Hello World」。

這裡會用到 Line 商業帳號的 Messaging API 功能，建議各位讀者在 Prompt 中先行輸入，避免生成式 AI 使用 Line 已經停用的服務 (Line Notify)。此時生成式 AI 的回覆節錄如下：

```
function sendHelloWorldMessage() {
  // 1. 設定您的 LINE Channel Access Token
  // 請務必將 'YOUR_CHANNEL_ACCESS_TOKEN' 替換為您自己的 LINE Channel 
Access Token
  var channelAccessToken = 'YOUR_CHANNEL_ACCESS_TOKEN';

  // 2. 設定要傳送訊息的使用者 ID
  // 請務必將 'YOUR_USER_ID' 替換為您要接收訊息的 LINE User ID
  var userId = 'YOUR_USER_ID';

  // LINE Message API 的 Push Message 端點
  var url = 'https://api.line.me/v2/bot/message/push';

  // 3. 建構訊息酬載 // 在此省略
  // 4. 設定請求選項 // 在此省略
}
```

會發現若要成功傳出訊息，需要 (1) Line Channel Access Token、(2) 自己的 Line User ID 兩項資料，分別可以在 Line Developers (https://developers.line.biz/console/) 中找到資訊，位置如下：

1. **Line Channel Access Token**：點選官方帳號的名稱後，點選「Messaging API → Channel access token」。
2. **Line User ID**：點選官方帳號的名稱後，點選「Basic settings → Your user ID」。

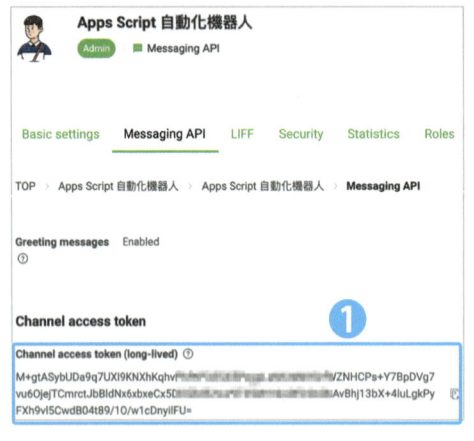

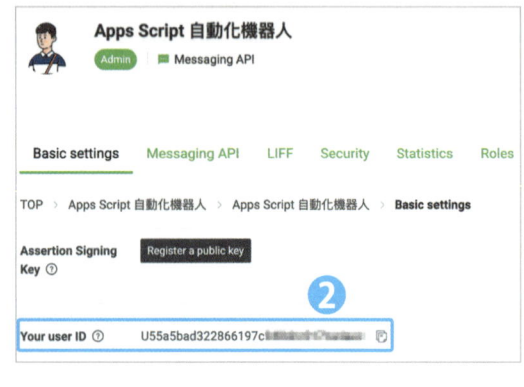

將以上兩項資料貼到上方的 Apps Script 後，便能夠成功執行，如下圖：

執行記錄			
晚上11:13:18	通知	開始執行	
晚上11:13:23	資訊	訊息發送成功！	
晚上11:13:23	資訊	回應內容：{"sentMessages":[{"id":"██████████████","quoteToken":"wz0_3a-IyR4Iwud61re3C8NgeYO7yPd672JWiKkybnWfnzS-d_-qK9GRa0Gq9JmVgz20eYBLk-██LtJ4XerGz3jPg"}]}	
晚上11:13:19	通知	執行完畢	

成功傳送第一則訊息後，下個小節將示範如何傳送整理後的數據。

8.4.2　傳送每週時間運用統計

這個小節示範如何將上週時間統計的結果以文字形式傳送到 Line 中，輸出結果如右：

```
03/25~03/31 時間使用統計：
01_睡眠：56.75 小時 (33.78%)
05_工作：46.25 小時 (27.53%)
07_社交：13.50 小時 (8.04%)
06_約會：12.00 小時 (7.14%)
09_休閒：10.25 小時 (6.10%)
03_通勤：10.25 小時 (6.10%)
04_家事：8.00 小時 (4.76%)
11_學習：5.00 小時 (2.98%)
10_運動：3.00 小時 (1.79%)
08_家庭：1.50 小時 (0.89%)
02_用餐：1.50 小時 (0.89%)
```

在此會分成兩個步驟：整理上週時間資料、使用 Apps Script 傳送 Line 訊息，以下分別說明。

▶ 整理上週時間資料

可以先在 Google Sheets 把資料整理成表格,讓 Apps Script 可以讀取工作表的資料,並轉成文字傳送。而整理表格的方式有很多種,在此示範資料透視表的做法,原始資料為時間紀錄 Raw Data 的 A:F 欄,各元素的欄位與結果如下圖:

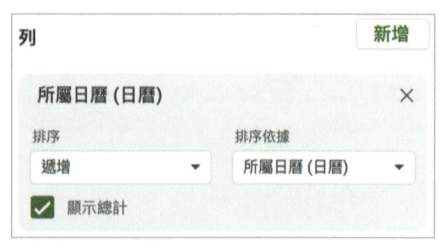

	A	B	C
1	日曆	小時數	比例 %
2	01_睡眠	56.75	33.78%
3	05_工作	46.25	27.53%
4	07_社交	13.50	8.04%
5	06_約會	12.00	7.14%
6	09_休閒	10.25	6.10%
7	03_通勤	10.25	6.10%
8	04_家事	8.00	4.76%
9	11_學習	5.00	2.98%
10	10_運動	3.00	1.79%
11	08_家庭	1.50	0.89%
12	02_用餐	1.50	0.89%

其中篩選器的公式分別代表「上週一」與「這週一」,例如 4／1（一）時會顯示撈取「開始時間大於或等於 3／25 0:00」且「結束時間小於或等於 4／1 0:00」的資料,也就是上一週完整的資料。接下來我們使用 Apps Script 將資料透視表的資料轉成文字並傳送 Line。

▶ 使用 Apps Script 傳送 Line 訊息

此想可以分成兩個階段進行,先把資料透視表的所有內容轉為文字,確定要輸出的內容正確後,再使用 Line 傳送。因此會分成以下兩輪對話:

對話輪次	調整目標
第一輪	把資料透視表的內容轉為可直接輸出的文字
↓	
第二輪	將文字使用 Line 傳送

第一輪對話的 Prompt 如下：

> **問**
>
> [附上資料透視表截圖]
>
> 請撰寫 Apps Script 程式碼，將 Google Sheets (id=1cF3-USnQkbmFx-CRBaMGTBBsjHsQBBk6z_ecXsyI8-k) 的「上週統計」工作表的 A:C 欄的資料透視表轉為文字格式，資料透視表如附圖。輸出格式如下：
>
> [MM/DD]~[MM/DD] 時間使用統計：
> [日曆]：[小時數] 小時 ([比例 %])
> [日曆]：[小時數] 小時 ([比例 %])
> …
>
> 其中兩個 MM/DD 分別為上週一、上週日的日期。以附圖為例，輸出為：
>
> 03/24~03/31 時間使用統計：
> 01_睡眠：56.75 小時 (33.78%)
> 05_工作：46.25 小時 (27.53%)
> …

在此除了以文字說明資料透視表的內容外，也可以直接使用截圖說明資料透視表的結構，同時作為舉例。另外輸出格式中的 [ ] 也可以作為欄位的辨別。而此時生成式 AI 的輸出結果如下：

```
function convertPivotTableToText() {
 const SPREADSHEET_ID = '1cF3-USnQkbmFx-CRBaMGTBBsjHsQBBk6z_ecXsyI8-k';
 const SHEET_NAME = '上週統計';

 try {
   const spreadsheet = SpreadsheetApp.openById(SPREADSHEET_ID);
   const sheet = spreadsheet.getSheetByName(SHEET_NAME);
   // 以下顯示重要的程式執行的步驟，並省略 1~3. 的程式碼
   // 1. 判斷工作表是否存在
   // 2. 取得 A:C 欄的所有資料
   // 3. 計算日期並格式化日期為 MM/DD
   // 4. 構建輸出字串
   let output = `${lastMondayFormatted}~${lastSundayFormatted} 時間使用統計：\n`;

   // 遍歷資料，從第二行開始（索引 1）
   for (let i = 1; i < data.length; i++) {
```

```
    const row = data[i];
    const calendar = row[0]; // A 欄：日曆
    const hours = row[1];    // B 欄：小時數
    const percentage = row[2]; // C 欄：比例 %

    // 檢查數據是否有效，避免空行或不完整行導致錯誤輸出
    if (calendar && hours !== "" && percentage !== "") {
      // 確保 percentage 以百分比形式顯示，即使它來自工作表時不是字串
      const percentageString = String(percentage).includes('%') ? String(percentage) : `${(percentage * 100).toFixed(2)}%`;
      output += `${calendar}：${parseFloat(hours).toFixed(2)} 小時 (${percentageString})\n`;
    }
  }
  Logger.log(output);
} catch (e) {
  Logger.log(`執行錯誤：${e.message}`);
 }
}
```

將程式碼複製到 Apps Script 並執行後結果如右圖：

執行記錄

晚上10:20:15	通知	開始執行
晚上10:20:23	資訊	03/25~03/31　時間使用統計： 01_睡眠：56.75 小時 (33.78%) 05_工作：46.25 小時 (27.53%) 07_社交：13.50 小時 (8.04%) 06_約會：12.00 小時 (7.14%) 09_休閒：10.25 小時 (6.10%) 03_通勤：10.25 小時 (6.10%) 04_家事：8.00 小時 (4.76%) 11_學習：5.00 小時 (2.98%) 10_運動：3.00 小時 (1.79%) 08_家庭：1.50 小時 (0.89%) 02_用餐：1.50 小時 (0.89%)
晚上10:20:16	通知	執行完畢

可以發現與輸出格式的要求一致，資料也與透視表的內容相符，因此，接下來我們請生成式 AI 將其傳送至 Line 中，只需在 Prompt 中說明：

> **問**
>
> 生成 Apps Script 程式碼，使用 Line 的 Message API 功能向使用者傳送剛剛的文字。

此時生成式 AI 輸出如下：

```javascript
// --- Line API 相關設定 ---
// 請將 'YOUR_LINE_CHANNEL_ACCESS_TOKEN' 替換為您的 Line Channel Access
Token
const LINE_CHANNEL_ACCESS_TOKEN = 'YOUR_LINE_CHANNEL_ACCESS_TOKEN';

// 請將 'YOUR_TARGET_LINE_ID' 替換為您要發送訊息的 Line User ID 或 Group
ID
// 例如: 'Uxxxxxxxxxxxxxxxxxxxxxxxxxxxxxxxx' (User ID) 或 'Cxxxxxxxxxx
xxxxxxxxxxxxxxxxxxxxx' (Group ID)
const TARGET_LINE_ID = 'YOUR_TARGET_LINE_ID';

/**
 * 發送文字訊息到 Line。
 * @param {string} message 要發送的文字內容。
 */
function sendLineMessage(message) {
  // ...（以下省略）
}

/**
 * 將 Google Sheets 資料透視表轉換為文字，並透過 Line 發送。
 */
function convertAndSendToLine() {
  const SPREADSHEET_ID = '1cF3-USnQkbmFx-CRBaMGTBBsjHsQBBk6z_ecXsyI8-k';
  const SHEET_NAME = '上週統計';

  let formattedOutput = '';

  try {
    // ...（整理輸出文字，與第一輪相似，在此省略）
    Logger.log("準備發送以下訊息到 Line:\n" + formattedOutput);
    sendLineMessage(formattedOutput);
  } catch (e) {
    const errorMessage = `執行錯誤：${e.message}`;
    Logger.log(errorMessage);
    sendLineMessage(errorMessage); // 將執行錯誤訊息也發送到 Line
  }
}
```

在執行程式碼前，務必將程式碼中的 TARGET_LINE_ID 和 TARGET_LINE_ID 分別換成 Line Channel Access Token 和自己的 Line User ID。另外程式碼中一共有兩個函式：sendLineMessage(message) 和 convertAndSendToLine()，前者把資料透視表轉為文字內容，後者則把 sendLineMessage 的輸出傳送到 Line 中，所以在此要執行 convertAndSendToLine，確認能正確傳送到自己的 Line 後，所有的程式碼便大功告成。

最後我們設定觸發條件，讓每週一的凌晨 2:00 ~ 3:00 可以自動觸發 convertAndSendToLine，如此一來，就能在每週一迅速得知上週的時間使用狀況囉！

以上為本章所有的內容，作者完成本章時也已經實行此方法一年多，統計結果如下圖。如果各位讀者好奇「自己的時間究竟用在哪裡」，不妨立即開始記錄並運用本章介紹的自動化方法進行分析。若覺得隨時統計時間太過繁瑣，可以從簡單的「每週開會時間」著手，再逐步擴展到工作與生活的其他面向！

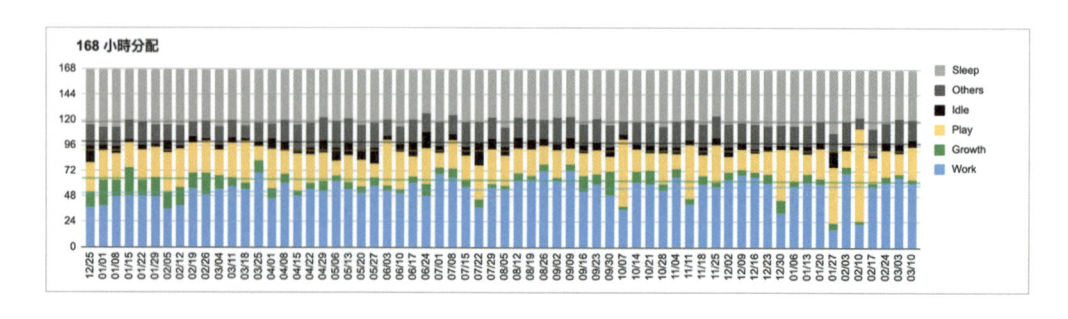

CHAPTER

9

使用 Google Sheets + Gmail 自動製作 並寄送每月薪資單

若你是中小型公司的財務主管，且公司缺乏薪資相關的 ERP 系統，導致每月需手動計算薪資、製作薪資單並寄送 Email 給員工，耗費大量時間。其實透過 Google Sheets 的自動化功能，搭配 Apps Script 串接 Google 雲端硬碟與 Gmail，便能實現薪資計算、薪資單生成及自動寄送的全流程自動化。本章將用簡化的範例逐步說明每個環節的操作方法，幫助你掌握以下技能：

- ☑ 如何進行產品開發流程中的概念驗證 (PoC)。
- ☑ 使用 Apps Script 在雲端硬碟建立資料夾、重新命名等功能。
- ☑ 使用 Apps Script 將 Google Sheets 工作表轉為 PDF 檔，並儲存於雲端硬碟中。
- ☑ 使用 Apps Script 寄送信件，並根據 Google Sheets 資料編輯信件內容，同時附加檔案。
- ☑ Apps Script 自動觸發條件的種類與用法。

第九章示範空白檔案　　第九章示範完成檔案

> **TIP**
> 掃描 QR Code 建立副本一起操作吧！

9.1 產品初步規劃與概念驗證

如同第 6.1 節所述，在建立自動化流程之前必須先釐清所有執行步驟與流程。因此，本節將先說明專案的整體流程與現有痛點，並進一步探討如何規劃完整的自動化解決方案。此外，本節也會介紹產品開發中的關鍵概念——概念驗證（POC, Proof of Concept），這能幫助我們在正式開發前驗證可行性，避免因專案方向錯誤而需大幅調整執行方式。

● 9.1.1 專案痛點梳理與初步規劃

▶ **專案痛點梳理**

身為財務主管，每月發薪日前需計算、發放並通知每位員工的薪水。在大企業中通常有 ERP 系統能將這些流程自動化，但在組織與系統尚未成熟的中小企業，這些任務往往需手動完成，耗時可能超過一週，且多數為重複性高的繁瑣工作。若能利用 Google 系統實現自動化，將能大幅縮短這些流程的時間，讓你能專注於更有價值的工作。

在開始自動化之前，首先需拆解薪水計算的流程。大致可分為以下步驟：

1. 取得能完整計算每位員工當月薪資的資料，細節以各公司規範為主，資料大致包括：
   - **員工基本資料**：包括姓名、到職日、離職日、剩餘休假額度、所得稅與退休金提撥資訊等。
   - **計算當月薪資的基準**：包括出缺勤紀錄、業績獎金計算規則等。
2. 根據 1. 的資料計算每位員工當月的薪資，包括各個項目的明細。
3. 把每位員工的薪資明細製作成 PDF 檔的薪資單。
4. 於發薪日實際發出薪水，同步將每位員工的薪資單寄送到各自的 Email。

其中，各公司 1. / 2. 可能都已經有一定程度的自動化，但 3. / 4. 仍仰賴人工完成，因此本章會把重點放在 3. / 4. 為主，示範如何使用 Apps Script 完成各階段的自動化。1. / 2. 則簡化繁瑣的計算方式，以介紹公式的自動化方法為主。

▶ **產品初步規劃**

如第 6 章所說，自動化的工作流程其實也可以視為一種優化內部協作與資料處理效率的「產品」。

這裡所說的「產品」，不一定是對外販售的商品，更多時候是一套內部使用的解決方案。在第 6 章介紹活動管理模板時，分別剖析了行銷專員、填寫資訊的同仁、自動化的人員三種不同角色對產品的想像跟使用方式，而本章所設計的薪資自動化模板，雖然概念相似，但在使用者與流程設計上，與活動管理模板有幾點重要差異：

- ☑ **產品使用者**：活動管理模板的使用者多為團隊成員，需考慮多人協作與統一格式。而薪資自動化模板則以財務主管為主，細節設定可更具彈性，以符合個人習慣。但若由自動化試算表開發人員協助設計，則應以「最小化財務主管的人工處理步驟」為核心目標。
- ☑ **操作流程**：在第 6 章在版位表填寫後，馬上就能在查詢表查詢，所以所有內容都可以在 Google Sheets 中使用公式一次同步。但薪資計算的容錯率極低，且寄信之後就無法收回，所以算完薪資後馬上轉成 PDF 檔薪資單並寄送顯然不太適當，會需要設置更多斷點，以利檢查與覆核。

了解以上兩點差異後，比起發想模板中有哪些元素，思考整個專案的自動化流程更為急迫，所以接下來先規劃自動化的步驟，及各步驟可能的執行方式。如下：

步驟	執行方式
Step 1. 匯入相關資料	將有 2～3 張工作表，用來存放員工名單、出缺勤紀錄、業績表現等資料
↓	
Step 2. 自動計算並覆核薪資明細	使用一張工作表搭配自動化公式，根據相關資料計算每位員工的薪資明細紀錄，包括本薪、業績獎金、缺勤扣款、勞健保費用等
↓	
Step 3. 製作薪資單	設計一張薪資單的模板，在切換員工姓名時可以顯示對應的薪水
↓	
Step 4. 匯出 PDF 檔薪資單	使用 Apps Script 完成以下步驟： 1. 新增一個當月份的資料夾 2. 將每位員工輸入到薪資單工作表中，在顯示出對應的薪資後匯出 PDF 檔，設定密碼為員工的身分證字號，並放到資料夾中 3. 為了保存完整的計算紀錄，將計算薪資的 Google Sheets 檔案建立副本並放到資料夾中
↓	
Step 5. 於發薪日寄送薪資單	使用 Apps Script 自動寄送 Email 給每一位員工，並將薪資單 PDF 檔以附件傳送

而資料夾架構設定如下：

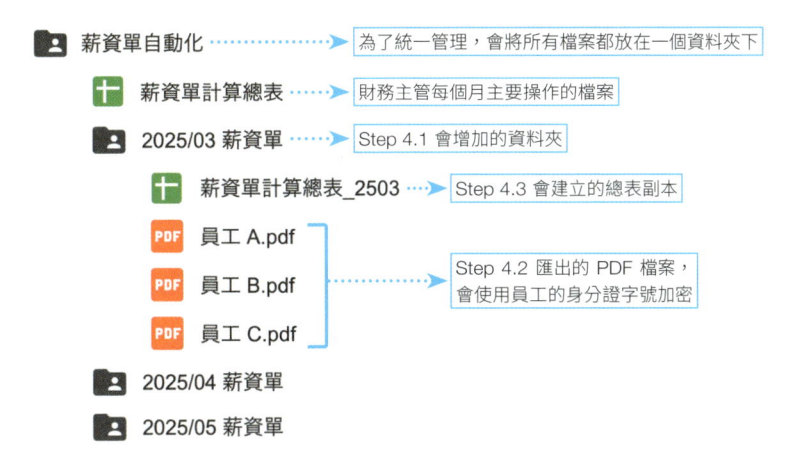

- 📁 薪資單自動化 → 為了統一管理，會將所有檔案都放在一個資料夾下
  - 📊 薪資單計算總表 → 財務主管每個月主要操作的檔案
  - 📁 2025/03 薪資單 → Step 4.1 會增加的資料夾
    - 📊 薪資單計算總表_2503 → Step 4.3 會建立的總表副本
    - 📄 員工 A.pdf ⎫
    - 📄 員工 B.pdf ⎬ → Step 4.2 匯出的 PDF 檔案，會使用員工的身分證字號加密
    - 📄 員工 C.pdf ⎭
  - 📁 2025/04 薪資單
  - 📁 2025/05 薪資單

然而，上述步驟涉及大量細節設定，尤其在 Apps Script 中需處理多項複雜操作。因此，在實際打造原型前，建議先進行概念驗證 (PoC)，以確保流程可行並減少後續調整的時間成本。而為了方便說明，以下統一假設在 2025 年 4 月初計算 2025 年 3 月的薪資。

● 9.1.2　概念驗證 (PoC)

▶ 概念驗證 (PoC) 是什麼

在第 6.1 節介紹的產品開發流程中，產品初步規劃後應開始打造原型，然而面對不熟悉的技術時，在打造原型之前應先進行概念驗證 (PoC, Proof of Concept)，所以產品開發流程其實會有六個步驟，如下：

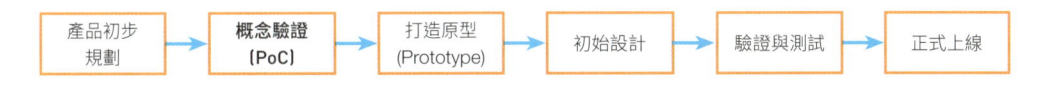

產品初步規劃 → **概念驗證 (PoC)** → 打造原型 (Prototype) → 初始設計 → 驗證與測試 → 正式上線

概念驗證是透過小型、不完整的實作來示範原理，來<mark>驗證某個想法或技術的可行性</mark>。概念驗證是關鍵的前期步驟，讓開發者能用最短的時間，以更宏觀的角度看待複雜系統，避免過早落入細節。概念驗證大致又包括以下的子步驟：

選定待驗證的概念 → 選擇小型的專案測試 → 評估測試結果，決定是否進一步投入資源

在上個小節的五個步驟中，前三個步驟只要使用 Google Sheets 就能完成。而後面兩個步驟則以 Apps Script 為主，但不確定是否技術上可行，因此會是最主要待驗證的概念，而後兩個步驟又可以拆解並簡化為以下四個小型的專案：

執行方式	簡化後的小型專案
新增一個當月份的資料夾	建立一個資料夾並設定為指定名稱
將每位員工輸入到薪資單工作表中，在顯示出對應的薪資後匯出 PDF 檔，設定密碼為員工的身分證字號，並放到資料夾中	將工作表轉為 PDF 檔並設置密碼
為了保存完整的計算紀錄，將計算薪資的 Google Sheets 檔案建立副本並放到資料夾中	建立試算表的副本
使用 Apps Script 自動寄送 Email 給每一位員工，並將薪資單 PDF 檔以附件傳送	寄送 Email 並傳送指定附件與內容

而接下來會針對以上四個簡化的小型專案進行測試，確認可以使用 Apps Script 完成後再著手原型的開發，如果無法完成則會尋找替代做法。而在此之前，請先建立你的「薪資單自動化」資料夾與「薪資單計算總表」Google Sheets 檔案，以利後續的資料夾建立與測試。

▶ 概念驗證 1：建立一個資料夾並設定為指定名稱

首先請生成式 AI 在指定的資料夾路徑中建立一個資料夾，Prompt 如下：

> **問**
>
> 請生成 Apps Script 程式碼，在 Google 雲端硬碟的資料夾 (https://drive.google.com/drive/folders/1VqbnZzzH6SvcOpRXEXNILRRzccSwf83k?usp=drive_link) 中建立一個子資料夾，命名為「測試」。

溝通要點如下：

- ☑ 要說明是「Google 雲端硬碟資料夾」，並附上母資料夾 (薪資單自動化) 的網址，雲端硬碟才會知道在哪裡建立。
- ☑ 在概念驗證中資料夾的名稱並不重要，重點在於能使用 Apps Script 更改名稱，實際名稱待初始設計時再調整即可。
- ☑ 雲端資料夾請使用自己建立的資料夾，可以在檔案按右鍵點選「共用 → 複製連結」取得，後面不再重複說明。

輸出結果如下：

```
function createSubfolder() {
 var parentFolderId = "1VqbnZzzH6Svc0pRXEXNILRRzccSwf83k"; // 目標資料夾的
ID（各位讀者可轉換成自己的資料夾）
 var parentFolder = DriveApp.getFolderById(parentFolderId);
  if (parentFolder) {
    var newFolder = parentFolder.createFolder("測試");
    Logger.log("已建立資料夾: " + newFolder.getName() + " (ID: " + newFolder.
getId() + ")");
  } else {
    Logger.log("找不到指定的資料夾。");
  }
}
```

將程式碼貼上至計算總表並執行後，可以發現以上程式碼確實能執行，所以此步驟之後可以使用 Apps Script 完成。

▶ 概念驗證 2：將工作表轉為 PDF 檔並設置密碼

在此想測試是將預設的「工作表 1」轉成 PDF 檔並設定密碼為 1234，另外想將尺寸設為 A4 縱向，Prompt 如下：

> **問**
>
> 請生成 Apps Script 程式碼，將 Google Sheets (id=1Woumm9Rs9hEgIuqZweOtIuHoFZYPWYj4GCYMCtr8zec) 的「工作表 1」轉為 PDF 檔，詳細資訊如下：
>
> - 檔案名稱：工作表 1
> - 開啟密碼：1234
> - 紙張大小：A4 縱向
> - 存放位置：https://drive.google.com/drive/folders/1JhoHQyFEtVc9XkFlNeaVmt9geDfazN_4?usp=drive_link

溝通要點如下：

- ☑ 要清楚說明 (1) 要轉換的檔案、(2) 轉換後要放的位置。
- ☑ 因為 PDF 檔要設置的細節較多，可以列點呈現。

輸出結果如下：

```
function exportSheetToPDF() {
  var sheetId = "1Woumm9Rs9hEgIuqZweOtluHoFZYPWYj4GCYMCtr8zec"; // Google Sheets ID
  var folderId = "1JhoHQyFEtVc9XkFlNeaVmt9geDfazN_4"; // 目標資料夾的 ID
  var sheetName = "工作表1";
  var pdfName = "工作表1";
  var password = "1234";
  var url = "https://docs.google.com/spreadsheets/d/" + sheetId + "/export?" +
  // ... (以下省略)
}
```

將程式碼貼入計算總表並執行後，可以確認程式碼能成功生成 PDF 檔，但無法直接為 PDF 設置密碼，此時可以再多嘗試幾個不同的生成式 AI 模型，或上網查找相關資訊確認。

然而，結論都是 Apps Script 無法為 PDF 檔加密，所以此時需要評估 PDF 加密的重要性與對專案可行性的影響。

- ☑ **重要性**：雖然薪資是機敏資訊，但實際寄送至員工 Email 後僅限本人接收，因此 PDF 加密的必要性較低。另外雲端硬碟中的 PDF 檔可以將權限設為「只有具備存取權的使用者可以透過連結開啟檔案」，避免外流給其他員工。
- ☑ **對專案可行性的影響**：PDF 檔無法加密也不會影響後續歸檔與寄送等流程，所以評估對專案可行性不會有任何影響。

綜合以上，為 PDF 檔加密並非必要且影響重大的流程，因此我們將在後續步驟刪去此步驟，而其他步驟仍可以使用 Apps Script 完成。

▶ 概念驗證 3：建立試算表的副本

在此想測試能不能將目前的檔案建立一份副本，並放到指定的資料夾，Prompt 如下：

> **問**
>
> 請生成 Apps Script 程式碼，將 Google Sheets (id=1Woumm9Rs9hEgIuqZweOtluHoFZYPWYj4GCYMCtr8zec) 建立一份副本，命名為「薪資單計算總表_測試副本」，並存放在 https://drive.google.com/drive/folders/1JhoHQyFEtVc9XkFlNeaVmt9geDfazN_4?usp=drive_link 中。

輸出結果如下：

```
function copySpreadsheet() {
  try {
    var sourceSheetId = "1Woumm9Rs9hEgIuqZweOtluHoFZYPWYj4GCYMCtr8zec";
    var targetFolderId = "1JhoHQyFEtVc9XkFlNeaVmt9geDfazN_4";
    var copyName = "薪資單計算總表_測試副本";
    var sourceFile = DriveApp.getFileById(sourceSheetId); // 取得來源試算表
    var targetFolder = DriveApp.getFolderById(targetFolderId); // 取得目標資料夾
    var copiedFile = sourceFile.makeCopy(copyName, targetFolder); // 建立副本
    Logger.log("副本已建立，ID: " + copiedFile.getId());
  } catch (e) {
    Logger.log("發生錯誤: " + e.toString());
  }
}
```

將程式碼貼上至計算總表並執行後，可以發現以上程式碼確實能執行，所以此步驟後續也可使用 Apps Script 完成。

▶ 概念驗證 4：寄送 Email 並傳送附件與內容

接下來測試在概念驗證 2. 產出的 PDF 檔案，是否能使用 Apps Script 自動寄送，Prompt 如下：

> 請生成 Apps Script 程式碼，將 Google 雲端硬碟中的 PDF 檔案 (https://drive.google.com/file/d/1wRsaROQuU7MXH61aX3_k_4CMCw2-XfPj/view?usp=drive_link) 寄送 Email，Email 詳細資訊如下：
> - 寄件者：(你的 Email)
> - 收件者：(你的 Email)
> - 信件主旨：薪資單信件測試
> - 信件內容：附件為上月薪資

因為 Email 詳細內容較多，可以列點呈現，另外在 PoC 階段可以將收件者設為自己，才能追蹤信件是否成功寄送。輸出結果如下：

```javascript
function sendPdfEmail() {
  try {
    var fileId = "1wRsaROQuU7MXH61aX3_k_4CMCw2-XfPj";
    var senderEmail = "                @gmail.com";
    var recipientEmail = "                @gmail.com";
    var subject = "薪資單信件測試";
    var body = "附件為上月薪資";
    // 取得 PDF 檔案（省略）
    // 寄送 Email（省略）
    Logger.log("Email 已成功寄出");
  } catch (e) {
    Logger.log("發生錯誤：" + e.toString());
  }
}
```

將程式碼貼上至計算總表並執行後，可以到 Email 檢查是否有成功寄送，且內容和附件是否與 Prompt 的要求相同。以上程式碼確實能執行，寄送的 Email 如右圖，所以此步驟後續可使用 Apps Script 完成。

各部分概念驗證的驗證結果總結如下：

簡化後的小型專案	測試結果
建立一個資料夾並設定為指定名稱	支援完整功能
將工作表轉為 PDF 檔並設置密碼	支援部分功能，雖無法設置密碼但不影響專案進行
建立試算表的副本	支援完整功能
寄送 Email 並傳送指定附件與內容	支援完整功能

以上測試可確定 Apps Script 能達到預期的效果，因此下一節將進一步打造原型，讓自動化的輪廓更加完整！

9.2 打造原型

經過上一節的概念驗證後,接下來要將各步驟轉為模板,包括設計薪資單模板、盤點完成薪資單所需的原始資料、設計 Email 的內容與格式。

9.2.1 設計薪資單模板

▶ 薪資單模板

在第 9.1 節規劃的五個步驟中,Step 1~2 要匯入薪資相關資料並自動計算,不過究竟哪些資料需要匯入,便需要以終為始地先設計薪資單模板,再從薪資單各項目的計算方式與所要的原始資料。薪資單大概可以分成 A. 員工基本資訊、B. 各項薪資明細、C. 出缺勤明細三個區塊,示意圖如下:

	A	B	C	D	E	F
1						
2		ABC 公司薪資單 - YYYY/MM				
3		員工編號	0001	員工姓名	王小明	
4		部門 / 職位	商務部門-策略長			
5		應發總額		應扣總額		
6		本俸 (A)	140,000	病假 / 生理假	0	
7		加班費 (B)	+ 14,000	事假	0	
8				遲到 / 早退	0	
9				稅前扣款小計 (C)	0	
10				所得稅	- 6,000	
11				勞保費	- 1,100	
12				健保費	- 1,100	
13				福利費	- 500	
14				稅後扣款小計 (D)	- 8,700	
15		應發總額 (A+B)	$ 154,000	應扣總額 (C+D)	- 8,700	
16		加班小時數 (1.33)	50.0	病假 / 生理假天數	0	
17		加班小時數 (1.67)	20.0	事假天數	0	
18				遲到 / 早退分鐘數	0	
19						

(B3:E4 為員工基本資訊;B5:E15 為各項薪資明細;B16:E18 為出缺勤明細)

> **TIP**
> 本章著重於透過 Google Apps Script 實現薪資單自動化,因此薪資計算範例將聚焦於常見的出缺勤及基本扣款項目,暫不納入如業績獎金、全勤獎金等複雜計算。讀者可依實際工作需求,自行調整相關規則。

想像在自動化生成薪資單時，會輪流將每一位員工的編號填入 C3 儲存格中，並使用公式輸出其他 C、E 兩欄的資訊。有鑑於此，我們可以新增另一張表，計算與統整每一位員工薪資表上的所有資訊，也能夠一次追蹤所有員工的薪資資料以便未來分析等用途。本章將此工作表命名為「薪資單明細」，每一列代表一位員工，各欄位資訊如下圖：

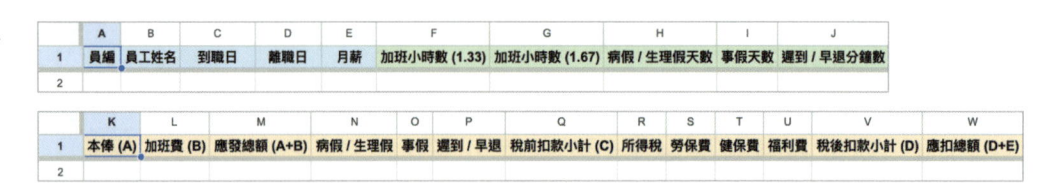

A	B	C	D	E	F	G	H	I	J
員編	員工姓名	到職日	離職日	月薪	加班小時數 (1.33)	加班小時數 (1.67)	病假 / 生理假天數	事假天數	遲到 / 早退分鐘數

K	L	M	N	O	P	Q	R	S	T	U	V	W
本俸 (A)	加班費 (B)	應發總額 (A+B)	病假 / 生理假	事假	遲到 / 早退	稅前扣款小計 (C)	所得稅	勞保費	健保費	福利費	稅後扣款小計 (D)	應扣總額 (D+E)

> **TIPS 欄位設計順序的小巧思**
>
> 「薪資單明細」與「薪資單」雖包含相同項目，但兩者的呈現順序有所差異，其設計考量如下：
>
> - **薪資單明細** (計算用)：採用「(3) 出缺勤明細 → (2) 各項薪資明細」的順序，符合先統計缺勤狀況，再據此計算應發/應扣金額的計算邏輯，以避免公式維護複雜化。
> - **薪資單** (員工用)：調整為「(2) 各項薪資明細 → (3) 出缺勤明細」的順序，因為在薪資單中最關鍵的資訊是各項應發 / 應扣金額明細，而出缺勤明細以備註形式列在底部即可。
>
> 這樣的差異化設計同時滿足了「員工易讀性」與「財務計算邏輯」，展現了自動化系統設計中「以人為本」的思維。

▶ 薪資單原始資料

梳理薪資單明細的欄位後，接下來要思考應該需要哪些資料，才能算出各欄位的金額與數值，大致如下表：

編號	區塊	對應原始資料
A	員工基本資訊	▪ 每一位員工的編號、姓名、所屬部門
B	各項薪資明細	▪ 每一位員工的本俸，以及到職與離職日期 ▪ 根據 C. 出缺勤明細計算加班、各項稅前扣款金額 ▪ 勞健保費用計算規則，但在此假設所有員工計算方式相同，所以不額外串接資料
C	出缺勤明細	▪ 每位員工每天出勤紀錄，用來計算加班小時數 ▪ 當月請假紀錄，用來計算不同假別的請假天數

綜合以上，若要成功計算薪資表各項目需要以下三份資料：

☑ **員工名冊**：包括 A. 員工基本資訊的所有資料、B. 各項薪資明細的月薪、到職與離職日等資料，如果是 2025 / 3 之前就離職，或是 2025 / 4 以後才入職的員工則不會放在此工作表。另外，也要有每位員工的信箱才能寄送薪資單。

	A	B	C	D	E	F	G	H
1	員編	員工姓名	部門-職位	到職日	離職日	月薪	公司 Email	剩餘特休天數
2	0000	測試	測試部門-測試	2024/8/1	2025/3/20	35,000	test@abc.com.tw	2.0
3	0001	王小明	商務部門-策略長	2024/8/1	yyyy/m/d	140,000	ming.wang@abc.com.tw	2.5
4	0002	陳小祥	技術部門-產品經理	2024/8/1	2025/3/20	128,000	hsiang.chen@abc.com.tw	3.0
5	0003	李小惠	商務部門-業務經理	2024/9/10	yyyy/m/d	48,000	melody.lee@abc.com.tw	5.0
6	0004	張小琪	行銷部門-經理	2024/10/15	yyyy/m/d	54,000	betty.chang@abc.com.tw	3.5
7	0005	吳小曼	財務部-財務主管	2024/11/1	yyyy/m/d	78,000	mandy.wu@abc.com.tw	2.0
8	0006	林小翔	技術部門-資深工程師	2025/3/5	yyyy/m/d	72,000	shawn.lin@abc.com.tw	0.0
9	0007	李小芳	商務部門-業務	2025/3/17	yyyy/m/d	28,000	mandy.wu@abc.com.tw	0.0

☑ **每日出勤紀錄**：每一天每位員工的簽到與簽退時間，在此暫不考慮忘記刷卡等異常事件，而且只有 2025 / 3 的資料。

	A	B	C	D	E	F	G
1	員工編號	員工姓名	日期	星期	簽到時間	簽退時間	休假註記
2	0001	王小明	2025/3/3	一	09:01:19	18:54:21	
3	0001	王小明	2025/3/4	二			休
4	0001	王小明	2025/3/5	三	09:11:29	20:08:48	
5	0001	王小明	2025/3/6	四	09:15:54	20:57:35	
6	0001	王小明	2025/3/7	五	09:11:05	19:35:20	
7	0001	王小明	2025/3/10	一	09:08:15	18:41:59	
8	0001	王小明	2025/3/11	二	09:30:34	20:05:17	
9	0001	王小明	2025/3/12	三	09:06:25	19:51:58	
10	0001	王小明	2025/3/13	四	09:09:48	18:52:09	

☑ **請假紀錄**：包括請假人、日期與天數、請假種類與原因等，為方便計算在此都以半天為單位，而且只有 2025 / 3 的資料。

	A	B	C	D	E	F
1	員編	員工姓名	請假日期	請假類別	請假天數	原因
2	0001	王小明	2025/3/4	特休	1	
3	0004	張小琪	2025/3/12	病假	0.5	生理假
4	0006	林小翔	2025/3/17	事假	2	入職前已談妥

9-13

有了以上資料和各項費用的計算方式後，就能計算薪資單的所有細項，實際計算將於下一節再介紹。

> **TIP**
> 因為本章主軸放在 Apps Script 串接雲端硬碟與 Gmail 的自動化，薪資單僅作為示範用，所以不考量複雜的薪資計算條件 (例如業績獎金、年終獎金、時薪制人員計算方式等)，另外原始資料實務上可能四散各地，各位讀者應自行視情況使用 IMPORTRANGE 或複製貼上等方式更新與整理資料，在此不一一示範。

● 9.2.2　設定信件內容與寄送流程

有了薪資單格式與所需資料的原型後，接下來設計薪資單信件的內容，又可以分成薪資表 PDF 檔、寄信內容，以下分別介紹：

▶ **薪資表 PDF 檔**

把 PDF 檔附到 Email 時有以下兩項細節要留意：

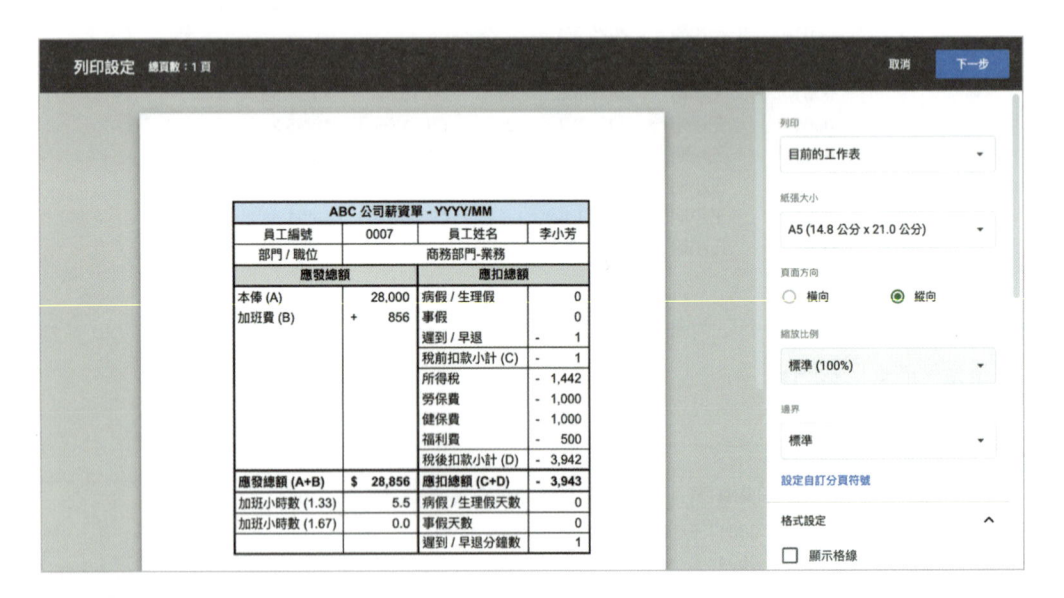

☑ **PDF 檔案的大小**：包括紙張大小、邊界等，可以點選工具列的「列印」或快捷鍵 Ctrl / ⌘ + P 進入列印設定調整成偏好的樣式，並將樣式記錄下來，待之後輸入到 Prompt 中使用，如下圖：

> **TIP**
> Apps Script 不支援自訂紙張大小，可透過調整邊界、儲存格字體大小取代之。

- ☑ **檔案名稱**：為了程式與員工辨別方便，名稱要有 (1) 編號或姓名、(2) 薪資單的年月，本章都會以「員工編號_員工姓名_YYYYMM.pdf」示範，例如「0001_王小明_202503.pdf」。

確定完附件的設定後，接下來設定 Email 的各項內容。

▶ 薪資發放 Email 內容

若要草擬薪資發放的 Email 內容，也可以請生成式 AI 協助，但務必提供清楚且詳細的 Prompt 能讓 AI 更準確地理解需求，要點如下：

- ☑ **明確指出 Email 的目的**：例如「通知上月薪資已經發放」。
- ☑ **提供收件人的相關資訊**：例如「全部員工」。
- ☑ **詳細說明 Email 的內容**：可以使用列點說明，例如「內容需要包含以下資訊：…」等。
- ☑ **設定 Email 的語氣、風格與長度**：例如「簡短且正式」。
- ☑ **提供範例或參考資料**：通常適用於較長的內容摘要時，例如將繁雜的新聞整理成制式的摘要格式等。

把以上資訊串在一起便能產出完整的 Prompt，示範如下：

> **問**
>
> 請寫一封簡短且正式的 Email，包括主旨與內容，向全部員工通知上月薪資已經發放的訊息，內容需要包含以下資訊：
> - 員工姓名
> - 上個月的薪水已在今日發放（顯示年份與月份）
> - 薪資單明細如附件
> - 若有任何問題，請洽「財務部 XXX 經理（分機：1234）」，請勿直接回覆此信件

Gemini 的輸出如下頁所示：

> **答**
>
> 主旨：【重要通知】{年份}年{月份}份薪資已發放，請查收
>
> 內容：
>
> {員工姓名} 您好：
>
> {年份}年{月份}份的薪資已於今日發放，請您查收銀行帳戶。
>
> 薪資單明細已附加於本信件中，請您下載參閱。
>
> 若您對薪資明細有任何疑問，請洽詢財務部 XXX 經理（分機：1234）。
>
> 提醒您，請勿直接回覆此信件。
>
> 謝謝。
>
> 祝您一切順心。
>
> [公司名稱] 財務部 敬上

輸出中有部分使用括號 (例如：{年份}年{月份}、{員工姓名} 等) 之後在生成 Apps Script 時會填入實際內容。

> **TIP**
>
> 讀者們如果不滿意生成式 AI 的回覆，可以針對不滿意的地方在 Prompt 說明要調整的方向，或直接嘗試不同的大語言模型，最後再彙整成最適合的版本即可，在此不一一示範。

在上一小節梳理的五個步驟中，已經大致完成 Step 1. 匯入相關資料、Step 3. 製作薪資單的模板，而接下來第 9.3 ~ 9.4 節將介紹 Step 2. 自動計算並覆核薪資明細、Step 4. 匯出 PDF 檔薪資單、Step 5. 於發薪日寄送薪資單的自動化！

9.3 原始資料與薪資單公式設計

本節將介紹五個步驟中的「Step 2. 自動計算並覆核薪資明細」，最自動化的方式是在 (1) 員工名冊、(2) 每日出勤紀錄、(3) 請假紀錄三張工作表貼上當月的資料後，能自動在薪資單明細計算每位員工的薪資並產出薪資單，又可以分成以下三個環節：

- ☑ **9.3.1 每日出勤紀錄前處理**：先在原始資料中計算每天每個人的出缺勤工時。
- ☑ **9.3.2 薪資單明細**：根據每個人的薪資、請假紀錄與出缺勤紀錄計算各項費用。
- ☑ **9.3.3 薪資單**：與薪資單明細的資料串接，只要切換員工編號就能匯出對應的薪資單。

本節也會分成這三個小節說明。

9.3.1 每日出勤紀錄前處理

▶ 出勤與薪資計算規則

在開始詳細說明之前，我們假設公司是依照《勞動基準法》運作，出勤與薪資計算規則如下：

出缺勤時數	▪ 上下班時間不限制，但工時全天要滿 9 小時、半天滿 4 小時，否則算遲到 / 早退，遲到 / 早退未滿 1 分鐘就不算，例如 8:57:14 則算 8:58，因此遲到 / 早退 2 分鐘。 ▪ 超過 9.5 個小時後算加班，以每半個小時為單位計算，一天最多 4 小時。例如： 　➢ 工時 9.9 個小時：沒有加班費 (因為加班沒有滿半小時)。 　➢ 工時 10.2 個小時：算 0.5 個小時的加班費。 　➢ 工時 14.5 個小時：算 4 個小時加班費 (雖然加班 5 個小時，但最多只能報 4 小時)。
出缺勤薪資	▪ 遲到 / 早退：，所以扣除 2 分鐘的薪水。 ▪ 加班費：前 2 個小時加班費算時薪的 4 / 3、超過 2 個小時則上升至 5 / 3。 ▪ 病假 (生理假以病假計算) 以當日半薪計算、事假不給薪，每次請假都以半天為單位。 ▪ 日薪 = 月薪 ÷ 30；時薪 = 日薪 ÷ 8；分鐘薪 = 時薪 ÷ 60。

▼ NEXT

其他規定	▪ 所得稅：以 (當月應發金額 — 稅前扣款) × 5 % 計算。 ▪ 其他費用：勞保費、健保費各 1,000 元、福利費 500 元,不管是否有入職整個月都是固定金額。

▶ 前處理的自動化公式

而為了讓薪資單明細算起來更方便,在每日出勤紀錄可以先增加欄位計,算每位員工每天的出缺勤工時,結果如下圖:

	A	B	C	D	E	F	G	H	I	J	K
1	員工編號	員工姓名	日期	星期	簽到時間	簽退時間	休假註記	工作時數	遲到 / 早退分鐘數	加班小時數 (1.33)	加班小時數 (1.67)
2	0001	王小明	2025/3/3	一	09:01:19	18:54:21		09:53:01	0	0.0	0.0
3	0001	王小明	2025/3/4	二			休	00:00:00	0	0.0	0.0
4	0001	王小明	2025/3/5	三	09:11:29	20:08:48		10:57:19	0	1.0	0.0
5	0001	王小明	2025/3/6	四	09:15:54	20:57:35		11:41:41	0	2.0	0.0
6	0001	王小明	2025/3/7	五	09:11:05	19:35:20		10:24:14	0	0.5	0.0
7	0001	王小明	2025/3/10	一	09:08:15	18:41:59		09:33:44	0	0.0	0.0

接下來分別說明 H1:K1 應填入的公式:

☑ 工作時數 (H1):

公式	={"工作時數";MAP(F2:F,E2:E,LAMBDA(f,e,IF(f="","",f-e)))}
說明	▪ 以 H2 為例,原始公式為 F2-E2。 ▪ 為了將整欄都使用相同的公式,將公式調整如下,後續每日出勤紀錄與薪資單明細都會使用類似方式處理,將不再贅述: 　➤ 使用 MAP + LAMBDA 套用至所有的欄。 　➤ 使用 IF(f="","",f-e) 使原始資料是空值時不會輸出 #N/A!。 　➤ 使用陣列「{表頭;MAP(...)}」讓公式可以在首列輸入。

☑ 遲到 / 早退分鐘數 (I1):

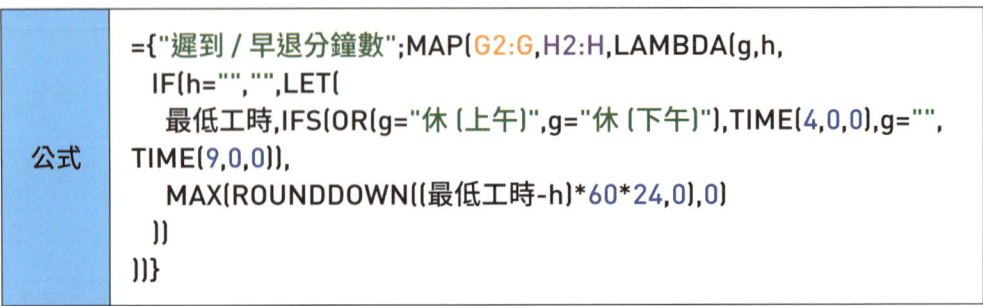

公式	={"遲到 / 早退分鐘數";MAP(G2:G,H2:H,LAMBDA(g,h, 　IF(h="","",LET(　　最低工時,IFS(OR(g="休 (上午)",g="休 (下午)"),TIME(4,0,0),g="",TIME(9,0,0)), 　　MAX(ROUNDDOWN((最低工時-h)*60*24,0),0) 　))))}

▼ NEXT

說明	計算規則是「**如果工作時數 (H 欄) 低於最低工時，就要輸出差幾分鐘**」，因為不同休假註記的最低工時不同，所以使用 LET 包裝。公式細節如下： ■ 半天 / 整天工時：使用 TIME(小時,分鐘,秒) 或 TIMEVALUE("時間字串") 表示，例如 TIME(4,0,0)。 ■ 最低工時：如果 G 欄是 "**休 (上午)**" 或 "**休 (下午)**" 則為 4 小時、"" 則為 9 小時，整天休假則一開始直接輸出空值，可寫成 IF(h="","",LET(最低工時,IFS(OR(g="休 (上午)",g="休 (下午)"),TIME(4,0,0),g="",TIME(9,0,0)),差幾分鐘)。 ■ 差幾分鐘：原則上可以使用 MAX(最低工時, 工作時數) 判斷，但輸出會以時間呈現 (一天是 1，一分鐘是 1 ÷ 24 小時 ÷ 60 分鐘)，如果要轉為分鐘要再乘上 60*24，另外要使用 ROUNDDOWN 把秒數無條件捨去，因此可寫成 MAX(ROUNDDOWN((最低工時-h)*60*24,0),0)。

☑ 加班小時數 (1.33) (J1)：指的是適用「前 2 個小時加班費算時薪的 4/3」的小時數

公式	={"加班小時數 (1.33)";MAP(H2:H,LAMBDA(h,IF(h="","", IF(h<TIME(9,30,0),0,MIN(2,FLOOR(h-TIME(9,30,0),1/48)*24)))))}
說明	計算規則是「**如果工作時數 (H 欄) 超過 9.5 小時，就要計算加班幾小時**」，公式細節如下： 工作時數是否超過 9.5 小時：可以使用 IF(h<TIME(9,30,0),0,加班時數) 表示。 加班時數：MIN(2,FLOOR(h-TIME(9,30,0),1/48)*24)，分成三下部分： h-TIME(9,30,0)：計算加班幾分鐘。 FLOOR(...,1/48)*24，無條件捨去到最接近的 30 分鐘 (1/48 天)，然後將結果轉換為小時。 MIN(2,...)：因為只有前 2 小時適用，所以使用 MIN 轉換。

☑ 加班小時數 (1.67) (K1)：

公式	={"加班小時數 (1.67)";MAP(H2:H,LAMBDA(h,IF(h="","",IF(h<TIME(11,30,0),0,MIN(2,FLOOR(h-TIME(11,30,0),1/48)*24))))}
說明	計算規則是「<mark>如果工作時數 (H 欄) 超過 11.5 小時，就要計算加班幾小時</mark>」，且上限一樣是 2 個小時，所以只要將 J1 公式中的 TIME(9,30,0) 改為 TIME(11,30,0) 即可。

9.3.2　薪資單明細

這小節完成後的示意圖如下：

	A	B	C	D	E	F	G	H	I	J
1	員編	員工姓名	到職日	離職日	月薪	加班小時數 (1.33)	加班小時數 (1.67)	病假 / 生理假天數	事假天數	遲到 / 早退分鐘數
2	0000	測試	2024/8/1	2025/3/20	35,000	0.0	0.0	0	0	0
3	0001	王小明	2024/8/1		140,000	10.0	0.0	0	0	0
4	0002	陳小祥	2024/8/1	2025/3/20	128,000	4.5	0.5	0	0	3
5	0003	李小惠	2024/9/10		48,000	14.5	0.5	0	0	2
6	0004	張小琪	2024/10/15		54,000	9.5	1.0	0.5	0	0
7	0005	吳小曼	2024/11/1		78,000	16.0	0.0	0	0	0
8	0006	林小翔	2025/3/5		72,000	3.5	0.0	0	2	0
9	0007	李小芳	2025/3/17		28,000	5.5	0.0	0	0	1
10										

	K	L	M	N	O	P	Q	R	S	T	U	V	W
1	本俸 (A)	加班費 (B)	應發總額 (A+B)	病假 / 生理假	事假	遲到 / 早退	稅前扣款小計 (C)	所得稅	勞保費	健保費	福利費	稅後扣款小計 (D)	應扣總額 (D+E)
2	22,581	0	22,581	0	0	0	0	-1,129	-1,000	-1,000	-500	-3,629	-3,629
3	140,000	7,778	147,778	0	0	0	0	-7,388	-1,000	-1,000	-500	-9,888	-9,888
4	82,581	3,645	86,226	0	0	-26	-26	-4,312	-1,000	-1,000	-500	-6,812	-6,838
5	48,000	4,034	52,034	0	0	-6	-6	-2,602	-1,000	-1,000	-500	-5,102	-5,108
6	54,000	3,225	57,225	-450	0	0	-450	-2,883	-1,000	-1,000	-500	-5,383	-5,833
7	78,000	6,934	84,934	0	0	0	0	-4,246	-1,000	-1,000	-500	-6,746	-6,746
8	62,710	1,400	64,110	0	-4,800	0	-4,800	-3,445	-1,000	-1,000	-500	-5,945	-10,745
9	13,549	856	14,405	0	0	-1	-1	-720	-1,000	-1,000	-500	-3,220	-3,221

以下將員工基本資訊 (A ~ E 欄)、出缺勤明細 (F ~ J 欄)、各項薪資明細 (K ~ W 欄) 三個部分說明。

▶ 員工基本資訊 (A ~ E 欄)

這幾欄會使用工作表「員工名冊」的內容，可以在 A1 儲存格一次完成，公式與說明如下：

公式	1. ={'員工名冊'!A:B,'員工名冊'!D:F} 2. ={員工名冊[[#HEADERS],[員編]:[員工姓名]],員工名冊[[#HEADERS],[到職日]:[月薪]];員工名冊[[員編]:[員工姓名]],員工名冊[[到職日]:[月薪]]}
說明	可以使用陣列並選取想要的欄位 / 儲存格，1. 是選擇欄位、2. 是選擇儲存格，會以表格形式呈現，關於表格之說明詳見第 3.2.4 小節。

TIP

除了使用陣列外，也可以先一次選取所有欄位，再使用 CHOOSECOLS 調整欄位的順序，完整公式為 =CHOOSECOLS(' 員工名冊 '!A:F,1,2,4,5,6)。

▶ 出缺勤明細 (F ~ J 欄)

為了方便說明，以下將各欄位命名如右：

休假註記	'每日出勤紀錄'!G:G
加班小時數_1.33	'每日出勤紀錄'!J:J
加班小時數_1.67	'每日出勤紀錄'!K:K
員工編號_出勤	'每日出勤紀錄'!A:A
員工編號_請假	'請假紀錄'!A:A
請假天數	'請假紀錄'!E:E
請假類別	'請假紀錄'!D:D
遲到早退分鐘數	'每日出勤紀錄'!I:I

☑ 加班小時數 (1.33) / 加班小時數 (1.67) / 遲到 / 早退分鐘數 (F / G / J 欄)：

公式	• ={"加班小時數 (1.33)";MAP(A2:A,LAMBDA(a,(IF(a="","",SUMIF(員工編號_出勤,a,加班小時數_1.33)))))} • ={"加班小時數 (1.67)";MAP(A2:A,LAMBDA(a,(IF(a="","",SUMIF(員工編號_出勤,a,加班小時數_1.67)))))} • ={"遲到 / 早退分鐘數";MAP(A2:A,LAMBDA(a,IF(a="","",SUMIF(員工編號_出勤,a,遲到早退分鐘數))))}
說明	使用 SUMIF 計算每一位員工的加班小時數即可。

☑ 病假 / 生理假天數、事假天數 (H / I 欄)：

公式	• ={"病假 / 生理假天數";MAP(A2:A,LAMBDA(a,IF(a="","",SUMIFS(請假天數,員工編號_請假,a,請假類別,"病假"))))} • ={"事假天數";MAP(A2:A,LAMBDA(a,IF(a="","",SUMIFS(請假天數,員工編號_請假,a,請假類別,"事假"))))}
說明	使用 SUMIFS 計算每一位員工病假 / 事假的天數即可。

> **TIP**
> 在此假設病假、生理假在員工編號 _ 請假中都是 "**病假**"，如果有 "**生理假**" 則可以使用兩個 SUMIFS 計算，即 SUMIFS(...)+SUMIFS(...)。

▶ **各項薪資明細 (K ~ W 欄)**

為了避免加總誤差，以下各欄位都使用 ROUNDUP / ROUNDDOWN 無條件進位 / 捨去到整數，都以對員工最有利的算法，即應發金額無條件進位、應扣金額無條件捨去，各欄位算法如下：

☑ 本俸 (A) (K 欄)：

公式	={"本俸 (A)";MAP(A2:A,D2:D,C2:C,E2:E,LAMBDA(a,d,c,e,IF(a="","",LET(上月初,EOMONTH(TODAY(),-2)+1, 上月底,EOMONTH(上月初,0), 上月天數,上月底-上月初+1, 計薪起始日,IF(c<上月初,上月初,c), 計薪結束日,IF(d="",上月底,d), 薪水計算天數,計薪結束日-計薪起始日+1, ROUNDUP(e*薪水計算天數/上月天數,0))))))}
說明	計算規則是「本薪 × 本月在職的比例」，使用 LET 拆解如下： • 輸出：ROUNDUP(e*薪水計算天數/上月天數,0)。 • 上月初 / 上月底：使用EOMONTH(TODAY(),-2)+1 取得上個月 1 號，再用 EOMONTH 取得上個月最後一天。 • 計薪起始日：如果入職日大於上月初，則以入職日為主，否則用上月 1 號起算。 • 計薪結束日：在此假設員工名單中只有當月需要發放薪水的員工，所以只要有離職日就以離職日為主，否則用月底計算。 • 上月天數 / 薪水計算天數：都是使用「結束日 - 起始日 +1」計算。

☑ 加班費 (B) (L 欄)：

公式	={"加班費 (B)";MAP(A2:A,E2:E,F2:F,G2:G,LAMBDA(a,e,f,g,IF(a="","",LET(時薪,e/(30*8),ROUNDUP(f*時薪*4/3+g*時薪*5/3,0))))))}
說明	計算規則是「(時薪 × 前 2 小時加班數 × 4/3) + (時薪 × 後 2 小時加班數 × 5/3)」，使用 LET 拆解如下： • 輸出：ROUNDUP(f*時薪*4/3+g*時薪*5/3,0)。 • 時薪：算法為月薪 ÷ 30 天 ÷ 8 小時。

☑ (病假 / 生理假) / 事假 (N / O 欄)：

公式	• ={"病假 / 生理假";MAP(A2:A,E2:E,H2:H,LAMBDA(a,e,h,IF(a="","",LET(
	  日薪,e/30,-ROUNDDOWN(日薪*h*0.5)
	)))))}
	• ={"事假";MAP(A2:A,E2:E,I2:I,LAMBDA(a,e,i,IF(a="","",LET(
	  日薪,e/30,-ROUNDDOWN(日薪*i)
	)))))}

說明	計算規則是「日薪 × 請假天數 × 0.5」(病假半薪) 與「日薪 × 請假天數 × 1」(事假不給薪)，使用 LET 拆解如下： • 輸出：-ROUNDDOWN(日薪*h*0.5) 及 -ROUNDDOWN(日薪*i)，因為是扣除金額所以加上負號。 • 日薪：算法為月薪 ÷ 30 天。

☑ 遲到 / 早退 (P 欄)：

公式	={"遲到 / 早退";MAP(A2:A,E2:E,J2:J,LAMBDA(a,e,j,IF(a="","",LET(分鐘薪,e/(30*8*60),-ROUNDDOWN(分鐘薪*j))))))}
說明	計算規則是「分鐘薪 × 遲到早退分鐘數」，使用 LET 拆解如下： • 輸出：-ROUNDDOWN(分鐘薪*j)，因為是扣除金額所以加上負號。 • 分鐘薪：算法為月薪 ÷ 30 天 ÷ 8 小時 ÷ 60 分鐘。

☑ 所得稅 (R 欄)：

公式	={"所得稅";MAP(M2:M,Q2:Q,LAMBDA(m,q,IF(m="","",-ROUNDDOWN((m-q)*5%,0))))}
說明	使用「(應發總額 - 應扣總額)*5%」即可。

☑ 勞保費 / 健保費 / 福利費 (S / T / U 欄)：

公式	• ={"勞保費";MAP(A2:A,LAMBDA(a,IF(a="","",-1000)))} • ={"健保費";MAP(A2:A,LAMBDA(a,IF(a="","",-1000)))} • ={"福利費";MAP(A2:A,LAMBDA(a,IF(a="","",-500)))}
說明	因為金額都是固定的，所以只要 A 欄有員工編號，就直接扣除指定金額。

☑ 應發總額 (A+B) / 稅前扣款小計 (C) / 稅後扣款小計 (D) / 應扣總額 (D+E) (M / Q / V / W 欄)：

公式	• ={"應發總額 (A+B)";MAP(K2:K,L2:L,LAMBDA(k,l,IF(k="","",k+l)))} • ={"稅前扣款小計 (C)";MAP(N2:N,O2:O,P2:P,LAMBDA(n,o,p,IF(n="","",n+o+p)))} • ={"稅後扣款小計 (D)";MAP(R2:R,S2:S,T2:T,U2:U,LAMBDA(r,s,t,u,IF(r="","",r+s+t+u)))} • ={"應扣總額 (D+E)";MAP(Q2:Q,V2:V,LAMBDA(q,v,IF(q="","",q+v)))}
說明	以上都是其他欄位值加總，只要 A 欄有員工編號即可直接加總。

計算完薪資單明細後，接下來把所有欄位與薪資單串接。

9.3.3 薪資單

在薪資單中想讓 C3 儲存格填入員工編號後，C、E 兩欄就能輸出對應的資料。

首先在 C3 設定資料驗證，選擇條件為「下拉式選單 (來自某範圍)」、範圍為「=' 員工名冊 '!$A$2:$A」即可透過下拉式選單切換。

接下來在第 3 ~ 4 列的員工基本資訊、第 6 ~ 18 列的各類薪資明細與出缺勤明細使用 IFNA+VLOOKUP 分別查詢員工名冊與薪資單明細的資料，例如：

- ☑ 員工姓名 (E3)：=IFNA(VLOOKUP($C$3,員工名冊,2,0))
- ☑ 本俸 (C6)：=IFNA(VLOOKUP($C$3,'薪資單明細'!$A:$W,11,0))

其他儲存格只要將上述的 2 和 11 設定不同的輸出欄位即可，在此不重複說明。

最後，在 B2 儲存格中，希望可以自動轉換成對應的月份，公式與說明如下：

公式	="ABC 公司薪資單 - "&TEXT(EOMONTH(TODAY(),-2)+1,"YYYY/MM")
說明	■ 先使用 EOMONTH + TODAY 轉成上個月初的日期，並使用 TEXT(日期, 格式) 轉換成指定的日期格式。 ■ 使用 & 連接字串，讓薪資單能顯示對應月份。

最終完成結果如下：

	A	B	C	D	E	F
1						
2		ABC 公司薪資單 - 2025/03				
3		員工編號	0007	員工姓名	李小芳	
4		部門 / 職位		商務部門-業務		
5		應發總額		應扣總額		
6		本俸 (A)	28,000	病假 / 生理假	0	
7		加班費 (B)	+ 856	事假	0	
8				遲到 / 早退	- 1	
9				稅前扣款小計 (C)	- 1	
10				所得稅	- 1,442	
11				勞保費	- 1,000	
12				健保費	- 1,000	
13				福利費	- 500	
14				稅後扣款小計 (D)	- 3,942	
15		應發總額 (A+B)	$ 28,856	應扣總額 (C+D)	- 3,943	
16		加班小時數 (1.33)	5.5	病假 / 生理假天數	0	
17		加班小時數 (1.67)	0.0	事假天數	0	
18				遲到 / 早退分鐘數	1	
19						

9.4 使用 Apps Script 轉 PDF 並建立副本

完成薪資單工作表後，本節將使用生成式 AI 產出 Apps Script 程式碼，包括匯出所有薪資單、建立此份檔案的副本、寄送 Email 等，會分成多個章節，每個章節都包括多輪對話，而所有生成的程式碼也都可以在完成版的 Apps Script 中找到。

● 9.4.1 第一、二輪對話：資料夾與檔案生成

在第 9.1.2 小節中已經確定 Apps Script 能生成雲端硬碟資料夾、將工作表轉為 PDF、建立副本等功能，而這個小節將進一步把這些功能全部串在一起，因此將分成多輪 Prompt 漸進式說明，每一輪內容分別如右：

對話輪次	調整目標
第一輪	建立名稱含年 / 月的資料夾
↓	
第二輪	生成薪資單 PDF 檔並建立薪資單明細副本
↓	
第三輪	寄送 Email
↓	
第四輪	生成工具列

▶ **第一輪對話**

首先要先建立一個存放薪資單的資料夾，Prompt 如下：

> **問**
>
> 請生成 Apps Script 程式碼，在 Google 雲端硬碟的資料夾 (https://drive.google.com/drive/folders/1VqbnZzzH6SvcOpRXEXNILRRzccSwf83k?usp=drive_link) 中建立一個子資料夾，命名為「YYMM- 薪資單」，其中 YYMM 是上個月的西元年後兩碼與月份，例如在 2025 / 4 / 1 執行就是「2503- 薪資單」。

與概念驗證不同處在於現在要設定正式的資料夾名稱，而資料夾因為涉及日期，建議舉例說明避免輸出錯誤的日期，輸出結果如下：

```
function createSubfolder() {
  // 取得當前日期
  var currentDate = new Date();
   // 計算上個月的年月
  currentDate.setMonth(currentDate.getMonth() - 1);
   // 提取上個月的年份後兩碼和月份
  var year = currentDate.getFullYear().toString().slice(-2); // 取得西元年後兩位數
  var month = ("0" + (currentDate.getMonth() + 1)).slice(-2); // 確保月份兩位數格式
   // 資料夾名稱格式
  var folderName = year + month + "-薪資單";
   // 指定目標資料夾 ID
  var parentFolderId = '1VqbnZzzH6Svc0pRXEXNILRRzccSwf83k'; // 請填入你的資料夾 ID
  var parentFolder = DriveApp.getFolderById(parentFolderId);
   // 在指定資料夾中建立新子資料夾
  parentFolder.createFolder(folderName);
  Logger.log("子資料夾已建立: " + folderName);
}
```

將程式碼複製到 Apps Script 中執行後，可以正確建立符合要求的資料夾，所以接下來請生成式 AI 把薪資單轉為 PDF 檔並匯入到資料夾中。

▶ 第二輪對話

這輪要將兩個內容放到資料夾中：(1) 每一位員工的薪資單 PDF、(2) 計算薪資的 Google Sheets 檔，Prompt 如下：

> **問**
>
> 在 Google Sheets (id=1Woumm9Rs9hEgluqZweOtluHoFZYPWYj4GCYMCtr8zec) 中有以下工作表：
>
> - 員工名冊：紀錄每一位員工的基本資訊，其中員編的儲存格範圍是 A3:A、員工姓名是 B3:B。
> - 薪資單：在 C3 儲存格輸入員編後可以顯示每位員工的薪資資訊。
>
> 請延伸 Apps Script 程式碼，將「薪資單」中的 C3 儲存格依序輸入員工名冊的所有員編，並將所有員工的薪資資訊轉為 PDF 檔，PDF 檔的詳細資訊如下：
>
> ▼ NEXT

- 檔案名稱：薪資單_員編_員工姓名_YYYYMM，例如「薪資單_OOOO_測試_202503」
- 紙張大小/方向：A5、縱向
- 縮放比例/邊界：標準
- 對齊：橫向置中對齊、縱向靠上對齊
- 存放位置：剛剛建立的「YYMM-薪資單」中

轉為 PDF 檔後將整份 Google Sheets 建立一份副本在「YYMM-薪資單」中，並命名為「薪資單明細_YYYYMM」，例如「薪資單明細_202503」。

溝通要點如下：

☑ 因為 Google Sheets 在第一輪對話沒有出現過，所以要附上連結 / ID
☑ 每次匯出 PDF 檔時要切換薪資單的「員編」為員工名冊 A3:A 的資訊，因此在生成 Apps Script 程式碼前要先說明相關工作表與欄位的內容，其他無關的工作表與內容可以不介紹。
☑ 說明 PDF 檔與建立副本時，因為名稱涉及日期，所以建議也舉例說明避免錯誤。

輸出範例與相關註解如下：

```
function generateSalaryPDFs() {
 var spreadsheetId = '1Woumm9Rs9hEgIuqZweOtluHoFZYPWYj4GCYMCtr8zec'; // Google Sheets ID
 var sheet = SpreadsheetApp.openById(spreadsheetId);
 var employeeSheet = sheet.getSheetByName('員工名冊');
 var salarySheet = sheet.getSheetByName('薪資單');
 var employees = employeeSheet.getRange('A3:B' + employeeSheet.getLastRow()).getValues();
 // ... (以下省略)
}

function exportSheetAsPDF(spreadsheetId, filename) { // 用來匯出 PDF 的函式，會在 generateSalaryPDFs 中使用
 var url = `https://docs.google.com/spreadsheets/d/${spreadsheetId}/export?` + // 設定各項 PDF 的詳細資訊
  // ... (以下省略)
}
```

以上程式碼可以成功匯出 PDF 並符合要求，但是產出較多份檔案時會出現下圖的錯誤：

```
執行記錄                                                                    ×
晚上8:59:33  通知   開始執行
晚上8:59:48  錯誤   Exception: Request failed for https://docs.google.com returned code 429. Truncated server response: <!DOCTYPE
                  html><html lang="zh"><head><meta name="description" content="網頁文書處理、簡報和試算表"><meta name="viewport"
                  content="width=device-width, initial-sc... (use muteHttpExceptions option to examine full response)
                  exportSheetAsPDF    @ 9.3.2 使用 Apps Script 轉 PDF 並建立副本.gs:73
                  (匿名)              @ 9.3.2 使用 Apps Script 轉 PDF 並建立副本.gs:59
                  generateSalaryPDFs  @ 9.3.2 使用 Apps Script 轉 PDF 並建立副本.gs:47
```

這時候不用緊張，只要在同一個對話中將錯誤訊息複製貼上，生成式 AI 就會回覆原因與作法，如下圖：

> Exception: Request failed for https://docs.google.com returned code 429. Truncated server response: <!DOCTYPE html><html lang="zh"><head><meta name="description" content="網頁文書處理、簡報和試算表"><meta name="viewport" content="width=device-width, initial-sc... (use muteHttpExceptions option to examine full response)
> exportSheetAsPDF @ 9.3.2 使用 Apps Script 轉 PDF 並建立副本.gs:73
> (匿名) @ 9.3.2 使用 Apps Script 轉 PDF 並建立副本.gs:59
> generateSalaryPDFs @ 9.3.2 使用 Apps Script 轉 PDF 並建立副本.gs:47
>
> 這個錯誤（`code 429`）表示 Google 伺服器回應**「請求過多 (Too Many Requests)」**，可能的原因包括：
> - 在短時間內發送了太多 `UrlFetchApp.fetch()` 請求
> - Google 限制了 API 的請求頻率

同時提供以下三種做法：

解決方案

1 加入隨機延遲，避免大量請求

在 `employees.forEach()` 迴圈中，加入 `Utilities.sleep(1000)` (1秒延遲)，降低 API 請求頻率：

```javascript
employees.forEach(function(employee, index) {
  var employeeId = employee[0];
  var employeeName = employee[1];
```

```javascript
  if (!employeeId || !employeeName) return;

  // 設定員編
  salarySheet.getRange('C3').setValue(employeeId);
  SpreadsheetApp.flush(); // 確保試算表更新

  // 延遲 1~3 秒，避免 429 錯誤
  Utilities.sleep(1000 + Math.random() * 2000);

  // 生成 PDF
  var pdfName = `薪資單_${employeeId}_${employeeName}_${yearMonth}`;
  var pdfBlob = exportSheetAsPDF(spreadsheetId, pdfName);

  // 儲存 PDF
  salaryFolder.createFile(pdfBlob);
});
```

2 啟用 `muteHttpExceptions: true`

這樣當發生錯誤時，不會直接中斷程式，而是讓程式繼續運行：

```javascript
var response = UrlFetchApp.fetch(url, {
  headers: { 'Authorization': 'Bearer ' + token },
  muteHttpExceptions: true
});
```

如果發生錯誤，可以 `Logger.log(response.getContentText())` 來檢查伺服器回應。

3 減少請求量

一次產生太多 PDF，可能會超過 Google 的限制。如果員工數量多 (超過 50+)，可以：

- 分批處理 (例如一次只處理 20 人)
- 在 `forEach()` 迴圈中，加入 `if (index % 20 === 0) Utilities.sleep(5000);` 讓程式每 20 人休息 5 秒。

我們可以判斷這三種方式的可行性：

1. **加入隨機延遲，避免大量請求**：看起來可行，但運作的時間會變長不少。
2. **啟用 muteHttpExceptions: true**：如果發生錯誤會繼續運行，也許沒有辦法完整產出所有薪資單，因此暫不考慮這種作法。
3. **減少請求量**：每 20 個人休息 5 秒也許可行，但在此份檔案中只有 7 個人就失敗了，因此應該增加分批的頻率 (每 3～5 個人)。

由以上分析可知 1. / 3. 是較可行的做法，接下來我們採用 1. 的方式，將程式碼微調如粗體部分：

```javascript
function generateSalaryPDFs() {
  // ... (不變，在此省略)
  employees.forEach(function(employee, index) {
    // ... (不變，在此省略)
    // 設定員編
    salarySheet.getRange('C3').setValue(employeeId); // 之後要設定員編的儲存格
    SpreadsheetApp.flush(); // 確保試算表更新
    // 延遲 1~3 秒，避免 429 錯誤
    Utilities.sleep(1000 + Math.random() * 2000);
    // ... (不變，在此省略)
  });
  // ... (不變，在此省略)
}
```

增加上延遲相關的程式碼後就能夠順利運作了，資料夾中的檔案如下圖：

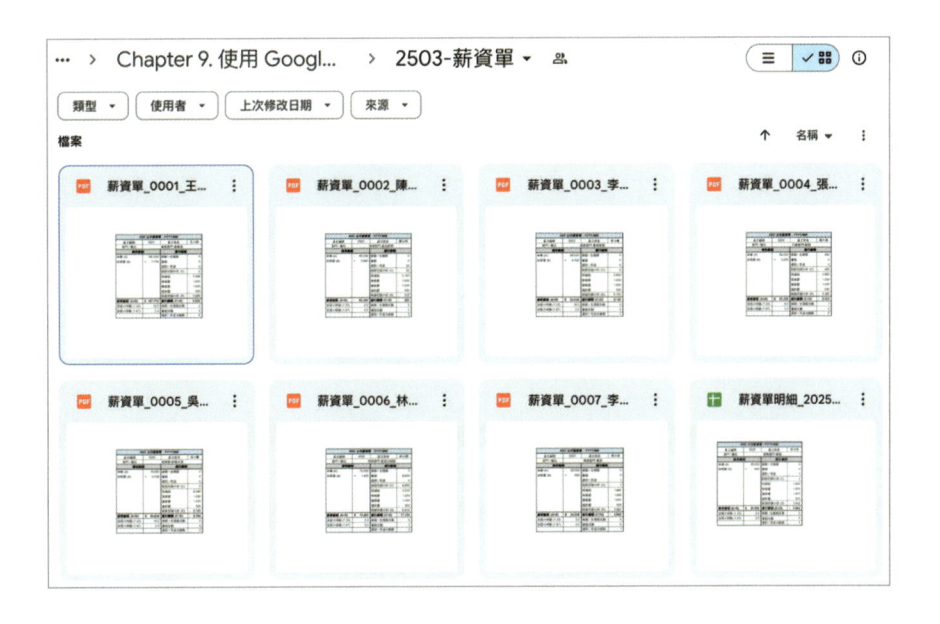

9.4.2　第三、四輪對話：寄出 Email 與流程優化

▶ 第三輪對話

有個 PDF 檔後，接下來我們將檔案寄送給每位員工 Prompt 如下：

> **問**
>
> 在 Google Sheets (id=1Woumm9Rs9hEgluqZweOtluHoFZYPWYj4GCYMCtr8zec) 的工作表「員工名冊」紀錄每一位員工的基本資訊，其中有以下儲存格範圍：
>
> - 員編：A3:A
> - 員工姓名：B3:B
> - 公司 Email：G3:G
>
> 另外在同個路徑有另一個名為「YYMM- 薪資單」的資料夾中，每一位員工有一份名為「薪資單 _ 員編 _ 員工姓名 _YYYYMM」的薪資單 PDF 檔案，其中 YY 是上個月的西元年後兩碼、YYYY 是上個月的西元年、MM 為上個月的月份。
>
> 請生成 Apps Script 程式碼，將每位員工的薪資單寄送到公司 Email，信件內容如下：
>
> - 寄件者：(你的 Email)
> - 收件者：G3:G 欄的內容
> - 信件主旨：{YYYY} 年 {MM} 月薪資已發放，請查收
> - 信件內容：
>
>   { 員工姓名 } 您好：
>
>   { 年份 } 年 { 月份 } 月份的薪資已於今日發放，請您查收銀行帳戶。
>   薪資單明細已附加於本信件中，請您下載參閱。
>   若您對薪資明細有任何疑問，請洽詢財務部吳經理（分機：1234)，請勿直接回覆此信件，謝謝。
>   祝您一切順心。
>
>   財務部 敬上

溝通要點如下：

- ☑ 在此假設**匯出薪資單 PDF 與寄送 Email** 是兩個獨立的流程，**因為正式寄出前還需要再次檢查**，所以要重新附上 Google Sheets 連結並說明相關欄位，以及說明資料夾、PDF 檔的名稱，讓 Apps Script 可以尋找。
- ☑ 信件內容通常有多列，可以直接在 Prompt 換行不會影響判斷。

輸出範例與相關註解如下：

```
function sendSalarySlips() {
 var sheet = SpreadsheetApp.openById("1Woumm9Rs9hEgIuqZweOtluHoFZYPWYj4GCY
MCtr8zec").getSheetByName("員工名冊");
 var data = sheet.getRange("A3:G" + sheet.getLastRow()).getValues();
 var today = new Date();
 var lastMonth = new Date(today.getFullYear(), today.getMonth() - 1, 1);
 var YYYY = lastMonth.getFullYear();
 var YY = YYYY.toString().slice(-2);
 var MM = ('0' + (lastMonth.getMonth() + 1)).slice(-2);
 // ... (以下省略)
}
```

雖然要求項目較多，但以上程式碼可順利執行，寄出的 Email 如下圖：

TIP
若要在工作時使用，建議執行前將「公司 Email」欄的內容設定成自己的 Email，確認輸出正確後再改回正確的 Email，避免測試失敗或寄出錯誤的郵件影響到其他使用者。

到這裡我們已經將所有流程都自動化，但是對財務主管而言，每次執行都要打開 Apps Script 較為麻煩，還有不慎更改到程式碼的風險。因此我們額外進行一輪對話，讓財務主管可以在工具列執行函式。

▶ 第四輪對話

在第 5.4.2 小節中介紹過巨集的作法，可以使用「匯入巨集」將函式加到巨集中，就能在公式列中使用，如下圖：

雖然在工具列中會直接顯示 Apps Script 的函式名稱，但如果函式名稱不直觀，可以直接在 Apps Script 中修改。也可以使用中文，所以可以很大程度解決問題。

然而，如果有多個不同類別的函式要執行，可以使用另一種方式 ─ 在工具列新增項目，程式碼也只需要短短幾行即可，Prompt 說明如下：

> 問
>
> 生成 Apps Script 程式碼，讓使用者可以在打開 Google Sheets 試算表後可以在工具列執行以下 Apps Script 函式：
>
> - 匯出薪資單 PDF：執行函式 function createSubfolder() 與 generateSalaryPDFs()
> - 寄出薪資單：執行函式 sendSalarySlips()

輸出結果如下：

```javascript
function onOpen() {
  var ui = SpreadsheetApp.getUi();
  ui.createMenu('薪資單工具')
    .addItem('匯出薪資單 PDF', 'exportSalaryPDF') // 分別為顯示的名稱、要執行的函式
    .addItem('寄出薪資單', 'sendSalarySlips')
    .addToUi();
}
```

```
}

function exportSalaryPDF() { // 將兩個函式用另一個函式包起來,就能一次執行兩個
函式
  createSubfolder();
  generateSalaryPDFs();
}
```

複製貼上以上程式碼並重新整理 Google Sheets 後,可以發現工具列多了如右圖內容:

> 薪資單工具
> 匯出薪資單 PDF
> 寄出薪資單

只要點選「匯出薪資單 PDF」就能自動建立資料夾,並生成每位員工的 PDF 檔,「寄出薪資單」能寄出薪資單 Email。而完成所有自動化後,每個月財務主管寄送薪資單各步驟的執行方式如下:

步驟	執行方式
Step 1. 匯入相關資料	輸入上個月的資料到 (1) 員工名冊、(2) 每日出勤紀錄、(3) 請假紀錄工作表
↓	
Step 2. 自動計算並覆核薪資明細	在「薪資單明細」中檢查每位員工薪資計算是否有誤
↓	
Step 3. 製作薪資單	此步驟已完全自動化,可省略
↓	
Step 4. 匯出 PDF 檔薪資單	點選工具列的「匯出薪資單 PDF」將所有員工的薪資單都儲存到「YYMM-薪資單」的資料夾中,只需要再次檢查即可
↓	
Step 5. 於發薪日寄送薪資單	若檢查無誤後,可以點選工具列的「寄出薪資單」寄 Email 給每位員工

上述流程相較於自動化前的手動計算每位員工薪資、生成薪資單 PDF 與寄送 Email，已經能省下 90% 以上的時間。實際上 Step 1 的資料收集也可以與公司內部的資料庫串接，進一步省去更多搜集資料的時間。如此整合不僅能提高效率，還能減少人為錯誤，確保薪資處理的準確性與一致性，長期也能擴展至其他人力資源流程，形成一個完整的企業資源規劃解決方案，創造資料的價值！

> **TIPS**
>
> ### onOpen() 是什麼：自動觸發條件
>
> 在 Apps Script 中，除了像第 7～8 章設定觸發條件讓函式在特定時間 / 行為自動執行外，還有另一種自動執行的方式 ― ==簡易觸發條件 (Trigger) 函式==，只要將函式命名為特定名稱，就會在特定時機觸發函式，例如此輪對話生成的函式 onOpen() 的觸發條件為「打開檔案」，因此打開檔案時就會自動執行函式，以生成「薪資單工具」的工具列。自動觸發函式共有以下幾種：
>
> | 簡易觸發
條件函式 | 觸發時機 | 主要用途 | 注意事項 |
> | --- | --- | --- | --- |
> | onOpen() | 有編輯權限的使用者開啟 Google Sheets、文件、簡報或表單時 | 新增自訂選單項目、執行初始化操作 | 唯讀模式開啟不執行、需授權服務 (例如寄送 Email、編輯檔案等) 無法執行、執行時間限制 30 秒 |
> | onEdit() | 使用者手動變更 Google Sheets 中任何儲存格的值時 | 自動追蹤更改、條件格式、自動更新資料 | 公式計算結果改變或 Apps Script 執行不觸發、執行時間限制 30 秒 |
> | onInstall() | 使用者在 Google Sheets、文件、簡報或表單中安裝編輯器外掛程式時 | 安裝外掛程式後，執行必要的初始化設定，通常是呼叫 onOpen() 函式，以便在檔案開啟時新增自訂選單 | 無法存取需要使用者授權的服務 |
> | onSelection_
Change() | 使用者在 Google Sheets 中更改選取的儲存格範圍時 | 根據選取範圍變化執行操作 | 如果短時間內有多個儲存格之間移動，系統可能會略過部分事件以縮短延遲時間 |

CHAPTER 10

使用 Google Sheets 自動分析 BigQuery 數據並製作簡報

在第 5 章中，我們曾介紹過如何在 Google Sheets 中串接並分析 BigQuery 的資料。本章將更完整地說明一套自動化的流程，教你如何將 BigQuery 的資料定期轉換為圖表，並自動輸出到 Google 簡報中。本章會使用 BigQuery 提供的公開資料集 —— 美國國家海洋暨大氣總署 (NOAA) 的全球地面日度摘要 (Global Surface Summary of the Day, GSOD) 作為示範，讓即使在日常工作或生活中不易取得數據的讀者，也能使用這些即時公開資料進行有意義的分析。跟著本章的操作步驟，你將學會：

- ☑ 閱讀與理解 BigQuery 公開資料集的方式，並轉換為 Prompt。
- ☑ 使用生成式 AI 產出 BigQuery 程式碼。
- ☑ 將 BigQuery 的公開資料集串接到 Google Sheets 中，並據此繪製圖表。
- ☑ 在 Prompt 中提供官方文件網址，增加回覆的準確度。
- ☑ 使用 Apps Script 建立 Google 簡報副本並編輯內容。
- ☑ 多個自動排程條件之設計邏輯。

第十章示範空白檔案　　第十章示範完成檔案

TIP
掃描 QR Code 建立副本一起操作吧！

10.1 分析流程規劃與原型打造

在做數據分析的專案時,最害怕的就是垃圾進,垃圾出 (Garbage in, garbage out),也就是在理解要分析的議題或資料的原貌之前,就急於分析數據並產出錯誤或沒有意義的洞察結果,導致做出不當的決策。因此在實際串接資料和製作圖表之前,本節會先梳理要分析的議題、規劃圖表的呈現方式及對應的原始資料格式,再確認現有的資料是否能完成需求,同時評估無法達成需求時的替代方案。

● 10.1.1 資料集與分析議題確認

假設你是一位分析台灣各地氣象的數據分析師,每個月要整理一份每個氣象站上個月的氣象摘要給大家,內容包括以下兩項:

1. 上個月有哪些比較冷 / 熱的日子,或是幾次氣溫大幅上升 / 下降?
2. 與過去幾年同期 (同個月份) 相比,上個月較冷 / 熱?降雨較多 / 少?

各位讀者可以試著花一些時間思考 (1) 以上內容適合什麼類型的圖表、(2) 圖表應該有哪些內容,以及 (3) 原始資料應該要有哪些欄位才能完成這些圖表。有了初步構想後,以下分享我的答案:

1. 上個月有哪些比較冷 / 熱的日子,或是幾次氣溫大幅上升 / 下降?

圖表類型	連續性的資料適合使用折線圖或長條圖呈現,而折線圖更能清楚呈現多筆數據的變化趨勢,因此使用折線圖。
圖表內容	橫軸為日期、縱軸是溫度。如右圖範例,能輕鬆看出 3 月的氣溫主要有三次升降,氣溫高點為 3 / 2、3 / 12、3 / 27,低點為 3 / 6、3 / 17、3 / 30。
原始資料欄位	▪ 日期,包括上個月每一天的資料。 ▪ 地點 (氣象站)。 ▪ 最高溫度 / 平均溫度 / 最低溫度。

2. 與過去幾年同期(同個月份)相比，上個月較冷/熱？降雨較多/少？

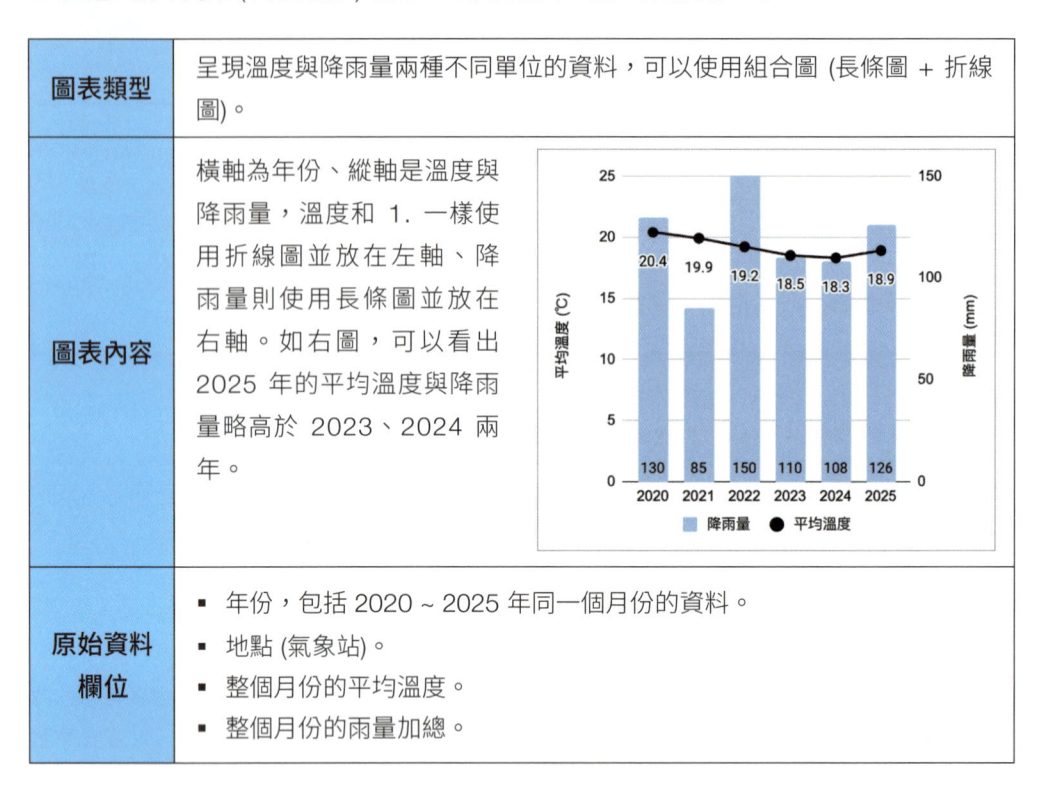

圖表類型	呈現溫度與降雨量兩種不同單位的資料，可以使用組合圖(長條圖＋折線圖)。
圖表內容	橫軸為年份、縱軸是溫度與降雨量，溫度和 1. 一樣使用折線圖並放在左軸、降雨量則使用長條圖並放在右軸。如右圖，可以看出 2025 年的平均溫度與降雨量略高於 2023、2024 兩年。
原始資料欄位	■ 年份，包括 2020～2025 年同一個月份的資料。 ■ 地點(氣象站)。 ■ 整個月份的平均溫度。 ■ 整個月份的雨量加總。

以上兩個原始資料也可以合併成同一張資料表，並使用資料透視表轉換成 1. 與 2. 的內容，如下圖，概念如下：

1. 上個月有哪些比較冷/熱的日子，或是幾次氣溫大幅上升/下降？

日期	地點	平均溫度	最高溫度	最低溫度
2025/3/1	A			
2025/3/2	A			
...	A			
2025/3/31	A			

2. 與過去幾年同期(同個月份)相比，上個月較冷/熱，降雨較多/少？

月份	地點	平均溫度	降雨量
2020/3	A		
2021/3	A		
2022/3	A		
2023/3	A		
2024/3	A		
2025/3	A		

合併後原始資料

日期	地點	平均溫度	最高溫度	最低溫度	降雨量
2020/3/1	A				
2020/3/2	A				
...	A				
2020/3/31	A				
2021/3/1	A				
2021/3/2	A				
...	A				
2021/3/31	A				
...	A				
2025/3/1	A				
2025/3/2	A				
...	A				
2025/3/31	A				

1. 篩選 2025 年的日期與指定的地點，值填入平均溫度、最高溫度、最低溫度。
2. 以「年份」作為列的分組方式，並篩選特定地點的資料，彙總欄位設定為：(1) 每天平均溫度的年平均、(2) 每天降雨量的年總和。

在下一節也會直接從 BigQuery 撈取合併後的原始資料，並使用 Google Sheets 轉換成圖表，而非分成兩份原始資料撈取。

> **TIPS　原始資料要合併還是分開？**
>
> 雖然本章將兩個圖表的原始資料合併，但實務上合併兩張圖表的原始資料未必總是最佳做法。在決定合併或分開時，應主要考量以下因素：
>
> - **所需欄位的相似程度**：欄位定義和資料類型越相似，合併越容易，反之合併的價值就不高。
> - **BigQuery 原始資料的複雜程度**：如果 BigQuery 原始的程式碼非常複雜且重複 (例如都要連接多張資料表) 時，因為每次執行程式碼需要的資源較多，更有可能超出流量，此時便可以一次合併查詢節省流量。
> - **資料量的大小與效能**：合併的資料量會比分開多，進而影響 Google Sheets 分析時的效能。例如 2. 的範例如果有 10,000 個氣象站、每一站需要 30 天的資料時，合併的資料會有 10,000 × 30 = 30 萬筆，此時使用 Google Sheets 分析會需要很長的時間，但如果先將每個氣象站整理好就只需要 10,000 筆資料，分析的速度會快很多。
> - **後續延伸分析**：若未來可能進行更深入或跨維度的分析，合併的資料集能預先整合所需資訊，避免重複消耗 BigQuery 的流量。
>
> 總而言之，選擇合併或分開資料需權衡欄位相似性、原始查詢複雜度、資料量對效能的影響及未來分析需求，而非單純追求合併。

10.1.2　資料集結構與可行性評估

▶ 資料欄位說明

梳理完理想中的原始資料後，接下來要確認資料集是否能滿足需求，在本章我們會用到公開資料 bigquery-public-data.noaa_gsod，可以在進入 BigQuery 介面後搜尋找到資料集，如下圖：

進入 BigQuery 介面後，在 Explorer 搜尋「noaa_gsod」，並勾選「搜尋所有專案」

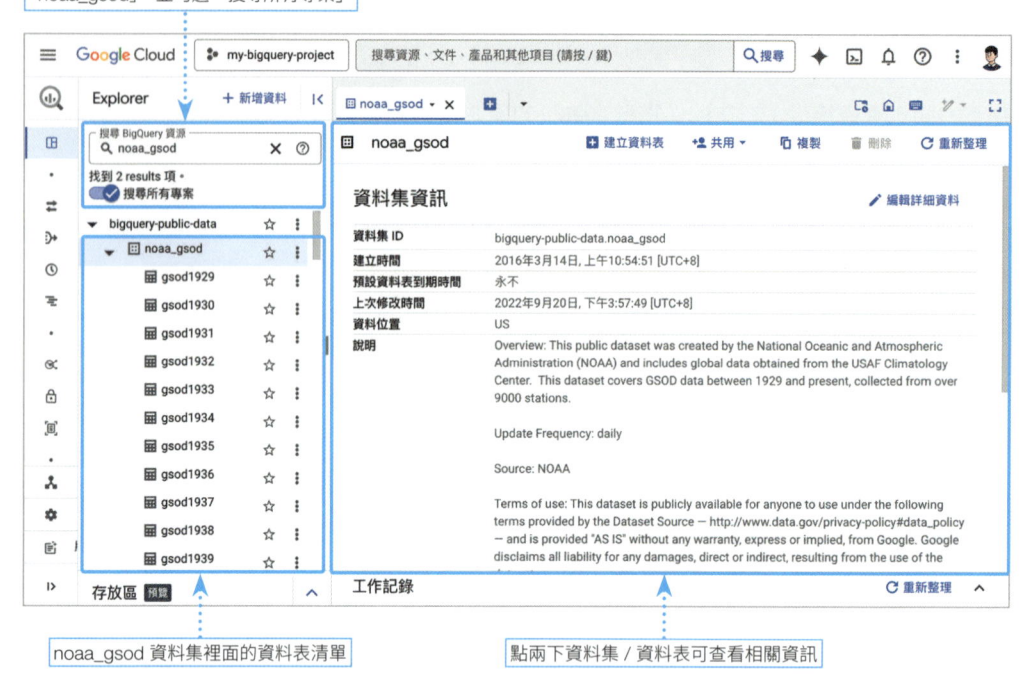

noaa_gsod 資料集裡面的資料表清單　　　　　點兩下資料集 / 資料表可查看相關資訊

在 noaa_gsod 資料集中有非常多張資料表，只要點擊任何一張資料表就會跳轉至資料表的「結構定義」查看欄位名稱、類型、說明等資訊，如下圖。而如果想看資料示範，可以點選「預覽」查看，或點選「查詢」撈取想要檢視的欄位資料。

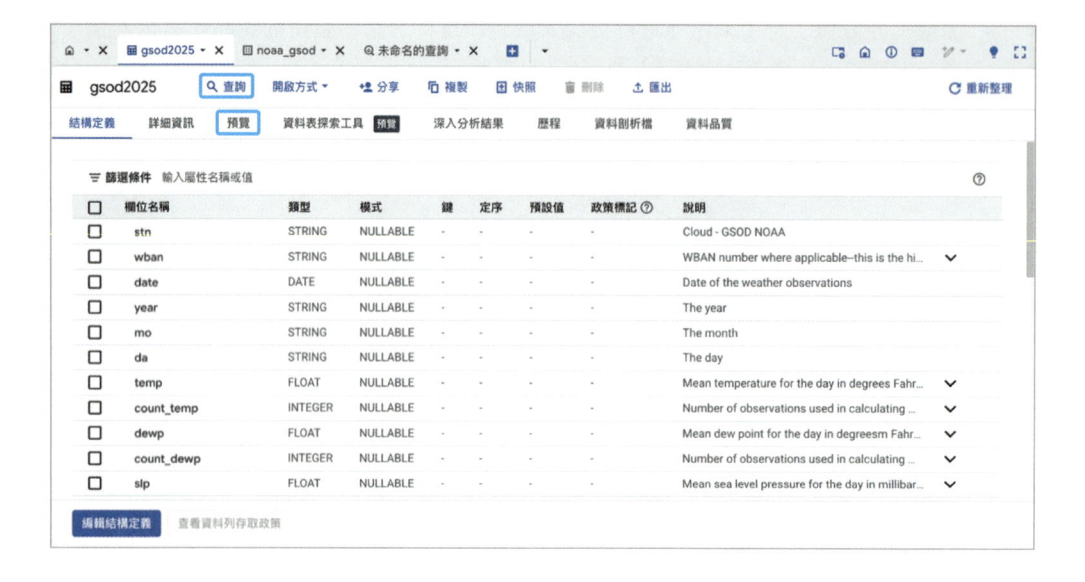

10-6

而稍微觀察後可以發現 noaa_gsod 資料集中主要包括以下兩種資料表：

- ☑ **gsod + 年份** (以下簡稱 gsod2025)：每一年一張資料表，從 1929 年開始。與此次分析相關的欄位如下表 (其餘欄位說明，詳見示範檔案的「欄位說明 1」工作表)：

欄位名稱	類型	說明
stn	STRING	GSOD 氣象站編號
wban	STRING	WBAN 氣象站編號
date	DATE	日期 (YYYY-MM-DD)
temp	FLOAT	當天的平均溫度，以華氏度 (°F) 表示，精確到小數點後一位。遺失值為 9999.9
max	FLOAT	當天記錄的最高溫度 (華氏度)，精確到小數點後一位——由於最高溫度的記錄時間因國家和地區而異，此數值未必代表當天的實際最高溫。遺失值為 9999.9
min	FLOAT	當天記錄的最低溫度 (華氏度)，精確到小數點後一位——由於最低溫度的記錄時間因國家和地區而異，此數值未必代表當天的實際最低溫。遺失值為 9999.9
prcp	FLOAT	當天報告的總降水量 (雨和/或融雪)，以英寸和百分之一英寸為單位；通常不會以午夜觀測結束——即，可能包括前一天的後半部分。.00 表示沒有可測量的降水（包括微量降水）。遺失值 = 99.99。 注意：許多氣象站不會在沒有降水的日子報告『0』——因此，『99.99』經常會出現在這些日子。此外，例如，氣象站可能只報告降雨期間的 6 小時降水量。有關數據來源，請參閱 Flag 欄位。
rain_drizzle	STRING	每日是否有雨 / 毛毛雨 (1 = 是，0 = 否/未回報)

資料預覽如下頁表 (其餘欄位說明，詳見示範檔案的「資料示範 1」工作表)：

	A	B	C	G	U	W	Y	AC
1	stn	wban	date	temp	max	min	prcp	rain_drizzle
2	872170	99999	2025-01-22	82.3	100	70.7	99.99	1
3	872170	99999	2025-01-07	81.5	98.6	67.3	99.99	1
4	872170	99999	2025-01-09	81.1	99.3	67.6	99.99	1
5	872170	99999	2025-02-18	74.6	95	68.9	99.99	1
6	872170	99999	2025-03-10	69.9	87.1	63.1	99.99	1
7	872170	99999	2025-01-19	81.2	91.4	63.5	99.99	1
8	872170	99999	2025-01-11	81.1	97.3	68.7	99.99	1
9	872170	99999	2025-01-03	82.3	101.3	67.1	99.99	1
10	872170	99999	2025-01-25	87.2	103.6	75.2	99.99	1
11	872170	99999	2025-01-27	82	95.4	69.6	99.99	1

☑ **stations**：包括所有氣象站的相關資訊。與此次分析相關的欄位如右表 (其餘欄位說明詳見「欄位說明 2」工作表)：

欄位名稱	類型	說明
usaf	STRING	GSOD 氣象站編號
wban	STRING	WBAN 氣象站編號
name	STRING	氣象站的名稱
country	STRING	氣象站所在國家

資料預覽如下表 (其餘欄位說明詳見「資料示範 2」工作表)：

	A	B	C	D
1	usaf	wban	name	country
2	7018	99999	WXPOD 7018	
3	7026	99999	WXPOD 7026	AF
4	7070	99999	WXPOD 7070	AF
5	8268	99999	WXPOD8278	AF
6	8307	99999	WXPOD 8318	AF
7	10016	99999	RORVIK/RYUM	NO
8	10017	99999	FRIGG	NO
9	10071	99999	LONGYEARBYEN	SV
10	10190	99999	SVARTTANGEN	NO
11	10240	99999	PYRAMIDEN	NO

TIP

在 gosd 資料表中的 temp、max 等欄位中的「遺失值」就像是問卷調查中有人漏填的空格，若不處理可能導致分析結果出現偏誤。所以在資料中常需要用合理的方式「填補」這些空格，讓資料變得完整，才能確保後續分析的準確性與可靠性。

▶ 資料初步評估

如果仔細觀察以上資料表，會發現以下幾件事：

1. gsod2025 的 stn 與 wban，可以對應到 stations 的 usaf 和 wban，但有多個氣象站的 wban 都是 99999，初步判斷是缺值，所以之後僅使用 stn 與 usaf。

2. 在 gsod2025 中，rain_drizzle = 1 代表有下雨，但是 prcp 都是 99.99，代表可能沒有降雨量的資料，原本需求「2. 與過去同年同期 (同個月份) 相比，上個月較冷 / 熱，降雨較多 / 少」的降雨量需要修改，所以後續使用 整個月降雨的天數 (整個月有幾天的 rain_drizzle = 1) 代替，如下圖。另外會發現 rain_drizzle 是文字 (STRING) 格式，之後分析時要轉為數字。

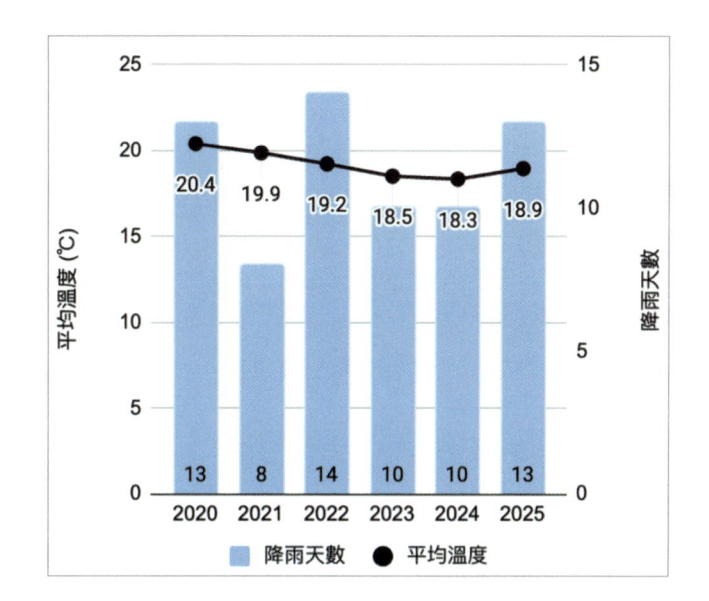

3. gsod2025 的溫度都以華氏溫度 (°F) 表示，之後要改成攝氏溫度 (°C)。
4. Stations 的 country 都以兩個字母縮寫，可以初步猜測台灣為「TW」，可以在 BigQuery 查詢確認是否正確，程式碼如下 (-- 後的內容為備註，可以不用輸入)：

```
SELECT * -- 使用 * 選擇所有欄位
FROM `bigquery-public-data.noaa_gsod.stations` -- 撈取 bigquery-public-
data 專案的 noaa_gsod 資料集的 stations 資料表的資料
WHERE country = 'TW' -- 篩選 country 的值是「TW」的項目
```

點選「查詢」並輸入程式碼後，可以點選「執行」測試，結果如下圖，共有 67 個站點，名稱、緯度 (lat) 與經度 (lon) 都非常像是台灣，因此之後可以使用此方式篩選台灣的資料。

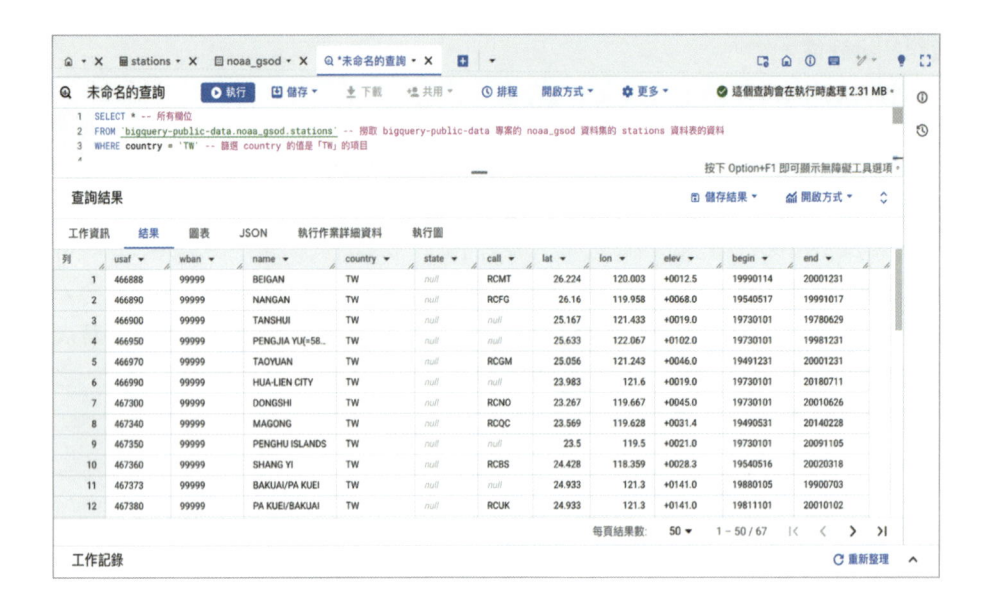

[查詢結果畫面截圖]

綜合以上，所以之後可以在 Prompt 中輸入以下內容，確保生成式 AI 的正確性：

- ☑ 輸出欄位：gsod2025.stn = stations.usaf。
- ☑ 篩選條件：stations.country 是 TW。
- ☑ 資料處理：把 gsod2025.temp、gsod2025.min、gsod2025.max 從華氏溫度轉成攝氏溫度。
- ☑ 資料處理：把 gsod2025.rain_drizzle 的 0 / 1 轉為數字。

了解資料表的結構後，下一小節將梳理整個自動化專案的步驟與作法。

> **TIPS** 資料庫中的鍵 (Key)
>
> 資料庫中的「鍵」(Key) 是用來識別和關聯資料表中記錄的重要元素，主要包括以下三種：
>
> | 種類 | 意義 | 以 noaa_gsod 為例 |
> |---|---|---|
> | 主鍵
(Primary Key) | 用來識別每一筆紀錄的欄位，所以不能重複也不能是缺值 (NULL) | stations.usaf 每筆資料都不一樣，所以是 Primary Key |
> | 唯一鍵
(Unique Key) | 與主鍵一樣不能重複，但可以是缺值 (NULL) | stations.wban 中有些氣象站沒有編號，在把缺值設為 99999 之前就是唯一鍵 |
>
> ▼ NEXT

種類	意義	以 noaa_gsod 為例
外來鍵 (Foreign Key)	建立表與表之間的關聯，參考另一個表的主鍵	gsod.station 是參考 stations 的主鍵 usaf，而在 Prompt 中可使用等號說明，例如 gsod2025.stn = stations.usaf

理解每張資料表的鍵是有效管理和使用資料庫的基礎，而在輸入 Prompt 時清楚說明每一張表的鍵 (尤其是主鍵、外來鍵) 可以提高輸出的正確性，並優化搜尋效率。

● 10.1.3　簡報模板製作與自動化流程梳理

掌握了資料表、要輸出的原始資料和圖表後，接著來規劃簡報的架構。

▶ 設計簡報模板

我們希望在每個月簡報的架構如下：

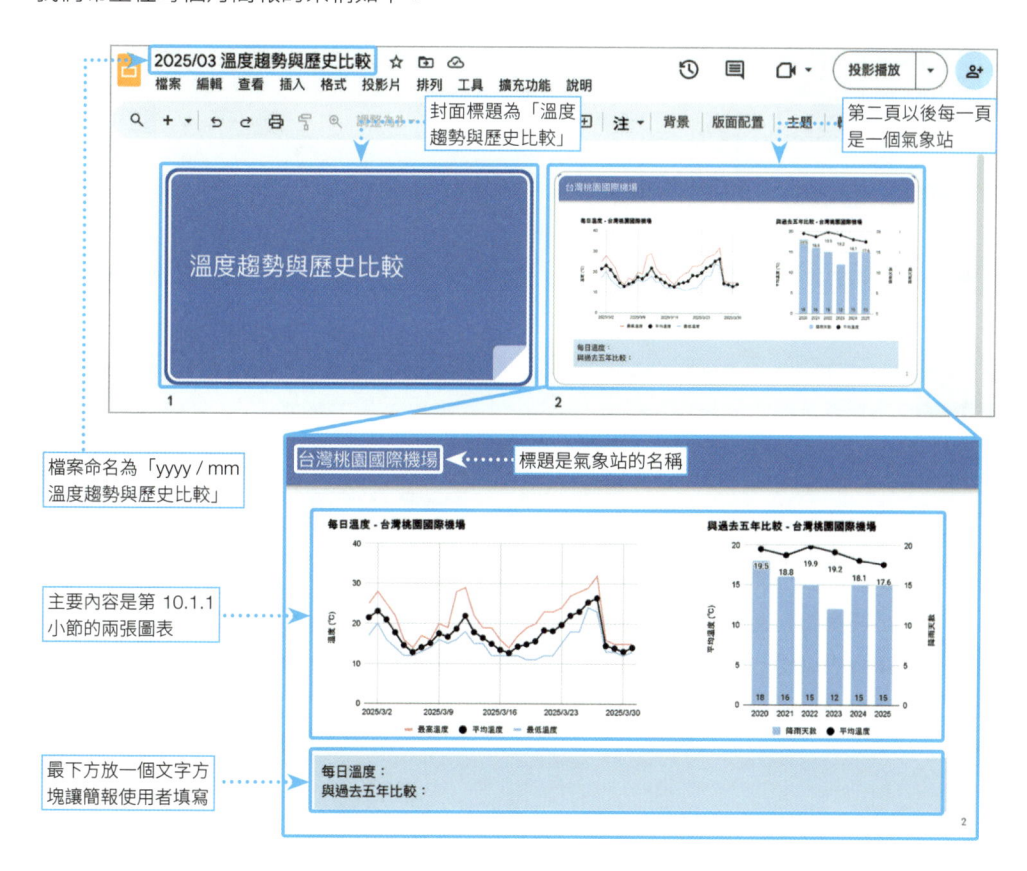

（封面標題為「溫度趨勢與歷史比較」）

（第二頁以後每一頁是一個氣象站）

（檔案命名為「yyyy / mm 溫度趨勢與歷史比較」）

（主要內容是第 10.1.1 小節的兩張圖表）

（標題是氣象站的名稱）

（最下方放一個文字方塊讓簡報使用者填寫）

每日溫度：
與過去五年比較：

在以上簡報中，因為每個月的封面標題、氣象站名稱都是固定的，所以可做成簡報模板，讓每個月 Apps Script 匯出簡報時直接建立副本，再修改檔案名稱與貼上圖表即可，統整如下表：

簡報模板內容	▪ 封面與封面標題 ▪ 第二頁之後的標題與文字方塊，預先輸入每一頁的氣象站名稱
每月 Apps Script 更新	▪ 把檔案名稱調整成指定月份 ▪ 在每一頁貼上對應氣象站的圖表

製作完的簡報模板如下圖，各位讀者可以直接複製一份完成檔案中的「每月報告模板」到自己的雲端硬碟中，以進行後續的操作：

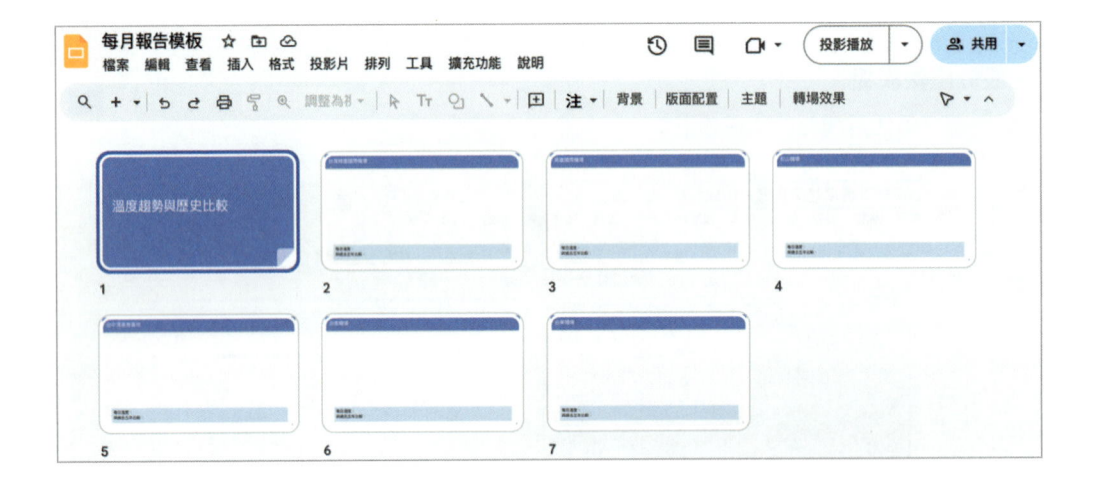

> **TIP**
> 在第 10.1.2 小節中提到資料庫一共有 67 個台灣的站點，然而實際撈取數據後會發現目前還有持續更新的站點只有 6 個，所以總共只有 7 頁簡報 (含封面)，詳細撈取數據的細節將在後續章節說明。

而之後每月 Apps Script 更新檔案名稱與圖表的程式碼將在第 10.3 節說明。以上我們已經盤點了簡報最終產出、圖表的樣式與對應的資料表、產出資料表所需的數據，在正式開始自動化之前，讓我們梳理一下製作簡報所需要的步驟與作法。

▶ 自動化流程設計

簡單來說，自動化製作每月簡報共分成三個步驟，各步驟的作法如下：

步驟	作法
產出與串接資料表	<ul><li>使用生成式 AI 撰寫 BigQuery 程式碼，產出第 10.1.1 節的「合併後原始資料」</li><li>在 BigQuery / Google Sheets 中測試是否正確</li><li>使用第 5.2.3 小節介紹的「資料 → 資料連接器 → 連接至 BigQuery」串接資料，並設定每月 5 號更新</li></ul>
↓	
使用資料表繪製圖表	把資料串接到 Google Sheets 後，使用資料表內建的「圖表」功能繪製第 10.1.1 節的兩張圖表，如下圖：
↓	
把圖表輸出到 Google 簡報	使用生成式 AI 撰寫 Apps Script 程式碼，自動執行以下內容：<ul><li>複製一份簡報模板</li><li>修改簡報檔案的名稱</li><li>在第二頁後的每一頁貼上氣象站的兩張圖表</li></ul>

而接下來第 10.2 ~ 10.4 節將分別說明以上三個步驟的作法。

10.2
產出與串接資料表

本節將透過生成式 AI 產出 BigQuery 的程式碼,將分成三輪對話完成。另外也會介紹如何在 Google Sheets 中預覽程式碼結果與除錯,以及設定自動更新的時間。而本節所有的程式碼也已放到 Apps Script 中,各位讀者可以自行使用與測試。

● 10.2.1　第一輪對話:取得 2025 年資料表

▶ 各輪對話目標確認

本節要撈取第 10.1.1 小節統整的資料,如右圖:

合併後原始資料

日期	地點	平均溫度	最高溫度	最低溫度	降雨量
2020/3/1	A				
2020/3/2	A				
...	A				
2020/3/31	A				
2021/3/1	A				
2021/3/2	A				
...	A				
2021/3/31	A				
...	A				
2025/3/1	A				
2025/3/2	A				
...	A				
2025/3/31	A				

每個欄位的判斷條件與調整細節都很多,所以在此我們分成三輪 Prompt 漸進式說明與調整,先以 2025 年的資料為主,再將資料延伸到 2020 ~ 2024 年,最後再調整資料欄位與格式的輸出細節,三輪對話的調整目標分別如右:

對話輪次	調整目標
第一輪	撈取 2025 年所需的資料,並轉換已知的格式調整
↓	
第二輪	取得 2020~2024 年的資料
↓	
第三輪	調整輸出的欄位與氣象站名稱

這個小節將先介紹第一輪對話,並介紹如何在 Google Sheets 中預覽程式碼結果與除錯,下個小節則介紹第二、三輪對話與自動更新的設定方法。

▶ 第一輪：對話與預覽結果

首先先取得 2025 年上個月的資料，Prompt 如下：

> **問**
>
> 請生成 BigQuery 程式碼，取得 bigquery-public-data.noaa_gsod 的以下資料：
>
> - 輸出欄位：gsod2025.stn = stations.usaf、station.name、gsod2025.date、gsod2025.temp、gsod2025.min、gsod2025.max、gsod2025.rain_drizzle
> - 篩選條件：stations.country 是 TW、日期要是上個月份
> - 資料處理：把 gsod2025.temp、gsod2025.min、gsod2025.max 從華氏溫度轉成攝氏溫度，gsod2025.rain_drizzle 轉為數字格式

請生成式 AI 產出 BigQuery 程式碼的方式與 Apps Script 相似，溝通要點如下：

☑ 先說明要生成 BigQuery 的程式碼，以及對應的資料集 (即 bigquery-public-data.noaa_gsod)。

☑ 在 BigQuery / SQL 中，主要包括以下幾個要素：

- **SELECT 欄位**：要輸出哪些欄位，以及細節的設定，如果有多張資料表時會使用「資料表.欄位」表示某一張資料表的特定欄位。在 Prompt 中也可以用一樣的方式表示，例如「gsod2025.stn」是指資料表 gsod2025 的 stn 欄，同時也可以說明欄位所需的轉換，例如在此把各個溫度欄位轉為攝氏溫度。
- **FROM 資料表**：從哪張資料表取得資料，原則上在 Prompt 不用特別說明，生成式 AI 就能根據輸出欄位判斷，但如果欄位來自多張資料表時，需要說明每一張表連結的欄位，也就是鍵 (key)，在此 gsod2025、station 兩張表的連接欄位分別是 stn、usaf，所以在 prompt 中使用 gsod2025.stn = stations.usaf 表示。
- **WHERE 條件**：有哪些篩選條件，在此要篩選台灣的資料，且日期是上個月份。

輸出結果如下：

```
DECLARE last_month_start DATE DEFAULT DATE_TRUNC(DATE_SUB(CURRENT_DATE(), INTERVAL 1 MONTH), MONTH);
DECLARE last_month_end DATE DEFAULT LAST_DAY(DATE_SUB(CURRENT_DATE(), INTERVAL 1 MONTH), MONTH);
```

```sql
SELECT
   gsod.stn AS station_id,
   stations.name AS station_name,
   gsod.date,
   -- 華氏轉攝氏
   ROUND(SAFE_DIVIDE((gsod.temp - 32) * 5, 9), 2) AS temp_celsius,
   ROUND(SAFE_DIVIDE((gsod.min - 32) * 5, 9), 2) AS min_temp_celsius,
   ROUND(SAFE_DIVIDE((gsod.max - 32) * 5, 9), 2) AS max_temp_celsius,
   CAST(gsod.rain_drizzle AS BIGNUMERIC) AS rain_drizzle_numeric
FROM
   `bigquery-public-data.noaa_gsod.gsod2025` AS gsod
JOIN
   `bigquery-public-data.noaa_gsod.stations` AS stations ON gsod.stn = stations.usaf
WHERE
   stations.country = 'TW' -- 篩選台灣測站
   AND gsod.date BETWEEN last_month_start AND last_month_end -- 篩選上個月的日期
ORDER BY
   gsod.date, station_name;
```

接下來把程式碼貼上至 Google Sheets 中，可以使用第 5.2.3 節的「資料 → 資料連接器 → 連接至 BigQuery」新增資料連線，如下圖：

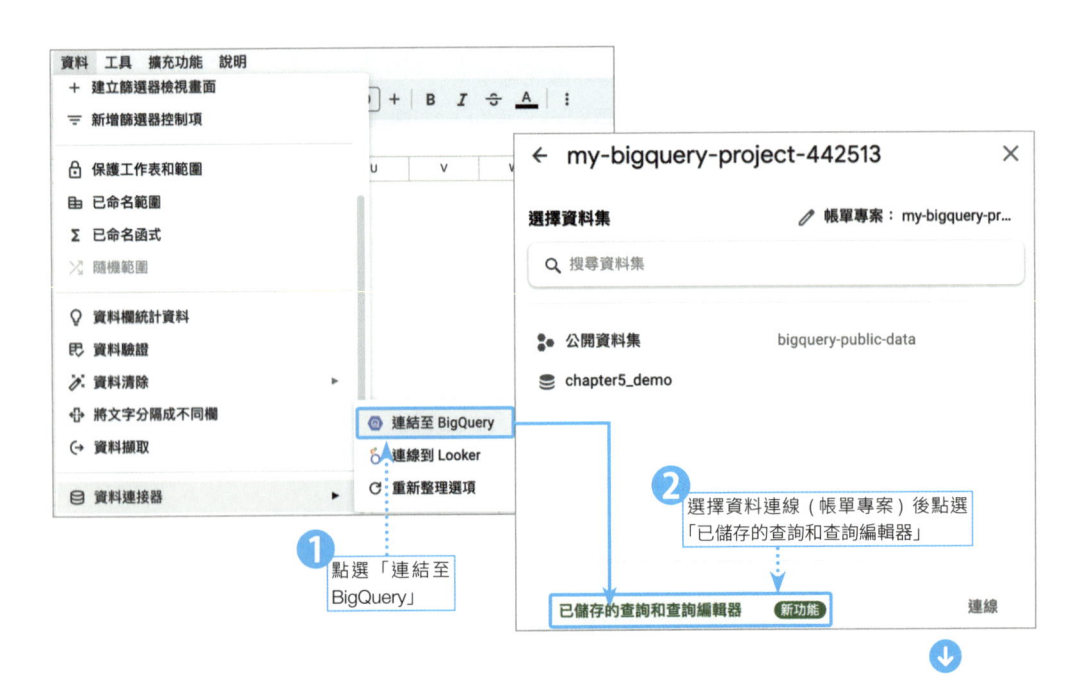

❸ 貼上程式碼

❹ 如果顯示「查詢有效」則進一步點選「預覽結果」查看輸出格式是否合預期

預覽結果與預期的相符，因此接下來把資料延伸到 2020 ~ 2024 年並進行優化。

10.2.2 第二、三輪對話：自動化所需資料

▶ 第二輪：取得 2020 ~ 2024 年資料

有了第一輪的基礎後，取得 2020 ~ 2024 年也相當簡單，Prompt 如下：

> **問**
>
> 還要取得 2020 ~ 2024 年同一個月份的資料

輸出結果如下：

```
DECLARE target_month INT64 DEFAULT EXTRACT(MONTH FROM DATE_SUB(CURRENT_DATE(), INTERVAL 1 MONTH));
DECLARE start_year INT64 DEFAULT 2020;
DECLARE end_year INT64 DEFAULT EXTRACT(YEAR FROM CURRENT_DATE()); -- 目前年份

SELECT ... -- 不變，在此省略
FROM
    -- 使用萬用字元查詢多年的 gsod 資料表
    `bigquery-public-data.noaa_gsod.gsod*` AS gsod
JOIN
    `bigquery-public-data.noaa_gsod.stations` AS stations ON gsod.stn = stations.usaf
WHERE
    -- 限制掃描的資料表年份範圍（提升效率）
    _TABLE_SUFFIX BETWEEN CAST(start_year AS STRING) AND CAST(end_year AS STRING)
    AND stations.country = 'TW' -- 篩選台灣測站
    -- 篩選出目標月份的資料
    AND EXTRACT(MONTH FROM gsod.date) = target_month
    -- 篩選出目標年份範圍的資料
    AND EXTRACT(YEAR FROM gsod.date) BETWEEN start_year AND end_year
ORDER BY
    gsod.date, station_name;
```

使用一樣的方式預覽結果後如下圖，而有 2020 ~ 2025 年的所有資訊後，接下來把欄位的名稱、氣象站的內容轉換成中文。

▶ 第三輪：優化輸出欄位與內容

雖然在第 5.2 節介紹把 Google Sheets 的資料轉為 BigQuery 的資料表時，欄位名稱只能使用英文，但在 BigQuery 輸出時可以把欄位名稱轉成中文。另外仔細觀察資料也能發現氣象站只有六個站點有資料，在此也將其翻譯成中文，讓之後繪製圖表更好懂，Prompt 也只要說明對應的中文即可，如下：

> **問**
>
> 更改輸出欄位的名稱：
> - gsod2025.stn：編號
> - station.name：名稱
> - gsod2025.date：日期

- gsod2025.temp：平均溫度
- gsod2025.min：最低溫度
- gsod2025.max：最高溫度
- gsod2025.rain_drizzle：是否降雨

另外更改 station.name 的內容：

- CHIANG KAI SHEK INTL：台灣桃園國際機場
- CHING CHUAN KANG AB：台中清泉崗基地
- FENGNIN：台東機場
- KAOHSIUNG INTL：高雄國際機場
- SUNGSHAN：松山機場
- TAINAN：台南機場

輸出結果如下 (以下為作者撰寫時生成之版本，每次生成可能有些許差異，請各位讀者稍加留意)：

```
DECLARE target_month INT64 DEFAULT EXTRACT(MONTH FROM DATE_SUB(CURRENT_DATE(), INTERVAL 1 MONTH));
DECLARE start_year INT64 DEFAULT 2020;
DECLARE end_year INT64 DEFAULT EXTRACT(YEAR FROM CURRENT_DATE());

SELECT
    gsod.stn AS 編號,
    CASE
        WHEN stations.name = 'CHIANG KAI SHEK INTL' THEN '台灣桃園國際機場'
        WHEN stations.name = 'CHING CHUAN KANG AB' THEN '台中清泉崗基地'
        WHEN stations.name = 'FENGNIN' THEN '台東機場'
        WHEN stations.name = 'KAOHSIUNG INTL' THEN '高雄國際機場'
        WHEN stations.name = 'SUNGSHAN' THEN '松山機場'
        WHEN stations.name = 'TAINAN' THEN '台南機場'
        ELSE stations.name
    END AS 名稱,
    gsod.date AS 日期,
    ROUND(SAFE_DIVIDE((gsod.temp - 32) * 5, 9), 2) AS 平均溫度,
    ROUND(SAFE_DIVIDE((gsod.min - 32) * 5, 9), 2) AS 最低溫度,
    ROUND(SAFE_DIVIDE((gsod.max - 32) * 5, 9), 2) AS 最高溫度,
    CAST(gsod.rain_drizzle AS BIGNUMERIC) AS rain_drizzle_numeric AS 是否降雨
FROM ...  -- 不變，在此省略
WHERE ... -- 不變，在此省略
ORDER BY
    日期, 名稱;
```

然而，把程式碼貼上後會顯示下圖的錯誤：

會造成以上錯誤是因為在 BigQuery 要把輸出欄位轉換成中文時，前後要加上反引號 (`) 識別名稱，而把所有欄位都加上反引號後就能成功執行，預覽結果如下圖：

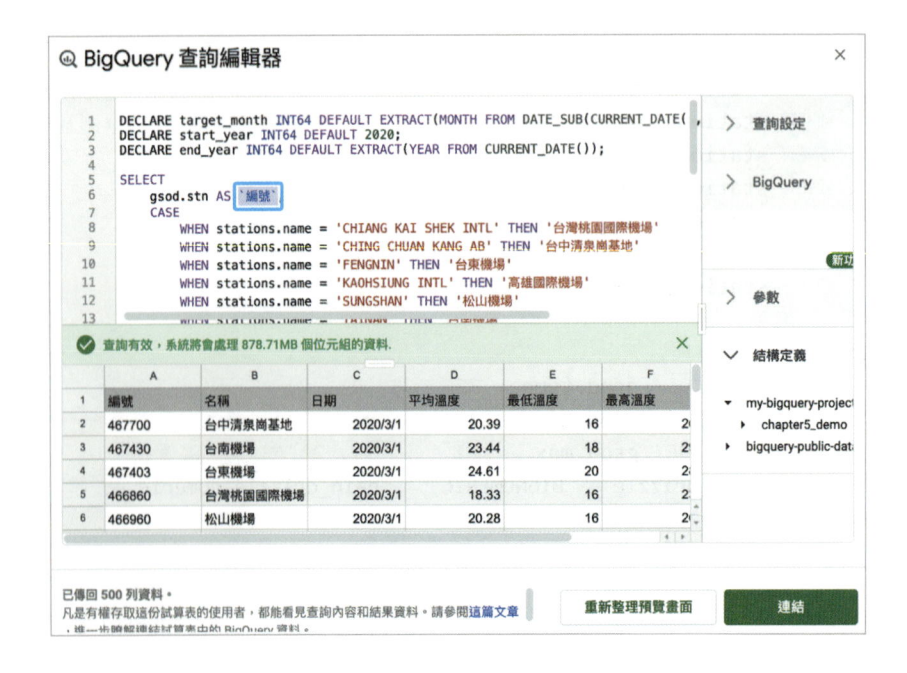

歷經三輪對話後，我們已經完成所需的資料，所以可以點選「連結」將資料匯出到 Google Sheets 中，會出現「連結試算表」並顯示資料的預覽畫面，如下圖：

編號	名稱	日期	平均溫度	最低溫度	最高溫度	是否降雨
467700	台中清泉崗基地	2020/3/1	20.39	16	26	0
467430	台南機場	2020/3/1	23.44	18	29	0
467403	台東機場	2020/3/1	24.61	20	28	1
466860	台灣桃園國際機場	2020/3/1	18.33	16	23	1
466960	松山機場	2020/3/1	20.28	16	26	0
467400	高雄國際機場	2020/3/1	24.83	21	29	0
467700	台中清泉崗基地	2020/3/2	18.06	14	24	0
467430	台南機場	2020/3/2	21.56	17	27	0
467403	台東機場	2020/3/2	20.67	17	24	1
466860	台灣桃園國際機場	2020/3/2	17	16	19	0

此時距離資料自動化只剩最後一步——設定每個月重新整理的時間，步驟如下圖：

❶ 點選「安排重新整理時間」

❷ 設定每個月 5 號凌晨 1:00~2:00 重新整理，並勾選「重新整理時不包含預覽」

設定重新整理時間
GMT+08:00．根據這份試算表中設定的時區

重複間隔：
1　個月

重複日期：
第 5 天 ✕　　新增日期

重複時段：
凌晨1:00 - 凌晨2:00

開始日期
2025年4月15日

▼ 進階
☑ 重新整理時不包含預覽

將以你的身分執行。

❸ 點選「儲存」

10-21

完成設定後,就能在試算表上方看到下次更新的時間,如下圖:

| 連結試算表 1 | 重新整理選項 | 下次重新整理時間: 5月5日, 1-2 上午 編輯 |
| 圖表 | 資料透視表 | 函式 | 擷取 | 計算結果欄 | 欄統計資料 |

> **TIP**
>
> 在上圖把重新整理時間設為每個月 5 號凌晨 1:00～2:00 且不重新整理預覽,原因如下:
> - **每個月 5 號**:一般來說資料越早更新越好,但避免在更新時資料還不完整,通常不會直接設定在每個月 1 號。
> - **凌晨 1:00~2:00 更新**:為了避免在尖峰時段更新資料而影響使用,通常把資料更新的時間設定在較少人使用的凌晨時段。
> - **不重新整理預覽**:「預覽」的目的是釐清資料的型態與欄位,並不會影響圖表資料與後續的分析,而 BigQuery 每次更新資料都會消耗額度,每個月的免費額度有限,所以在此勾選能節省查詢額度。

10.3 使用資料表繪製圖表

有了資料表後,本節將使用連結試算表中的「圖表」功能製作第 10.1.1 小節的兩張圖表,設定的方法和第 3 章介紹的圖表一樣直觀簡單!另外,因為六個氣象站的圖表作法相同,可以直接複製貼上,所以本節會以台灣桃園國際機場為例,最後再說明複製圖表時要注意的事項。

● 10.3.1 圖表一:每日溫度

可以分成以下三個步驟完成:

1. 點選連結資料表中的「插入『圖表』」並選擇圖表的位置,如下圖:

插入圖表後右方的圖表編輯器會有「設定」和「自訂」兩個部分,分別用來設定資料欄位和圖表格式,與一般的圖表相同。

2. 在「設定」中設定圖表欄位：設定完成的結果如圖，包括以下項目：

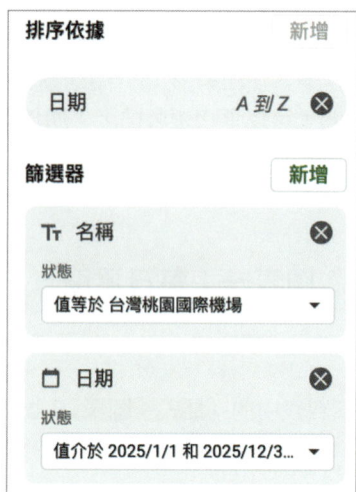

- **圖表類型**：選擇「折線圖」。
- **X 軸**：選擇「日期」。
- **系列**：也就是圖表的資料是哪個欄位，在此選擇「最高溫度、平均溫度、最低溫度」三項，都選擇「總和」。
- **排序依據**：在此設定「日期從 A 到 Z」排序，就能依序顯示日期。
- **篩選器**：在此要篩選桃園機場 2025 年的資料，所以包括兩項篩選條件：
  (1) 名稱值 等於 台灣桃園國際機場。
  (2) 日期值 介於 2025 / 1 / 1 和 2025 / 12 / 31 之間。

以上設定完後，需點選<mark>圖表編輯器右下方</mark>或<mark>圖表左下方</mark>的「套用」，如右圖，此時 BigQuery 會開始撈取資料並轉換成指定的圖表，另外如果之後調整圖表的各項欄位時也會需要重新套用。

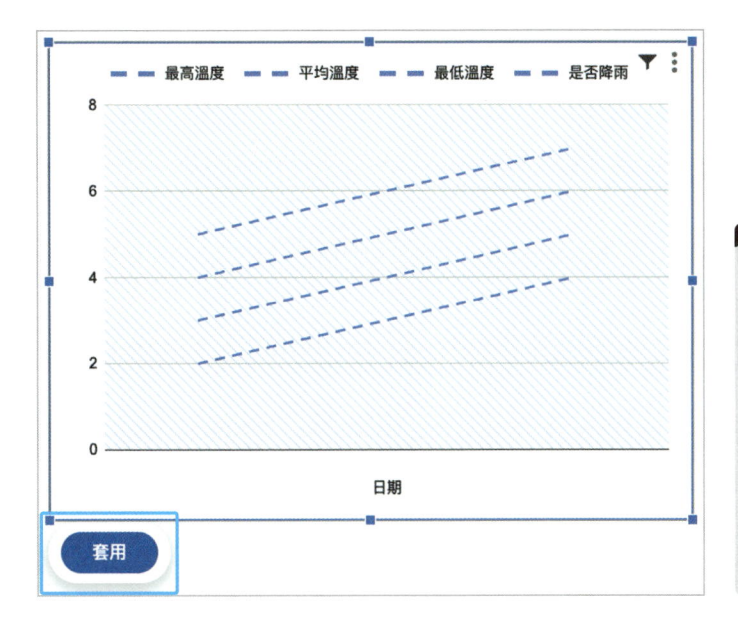

> **TIP**
> 在此將篩選日期整個 2025 年而非 2025 年 3 月，是因為等 BigQuery 更新下個月資料時，如果只篩選 3 月則要把每張圖表手動改成 2025／4／1～2025／4／30 才能顯示結果，但篩選整個 2025 年則不用重新設定，只需要一年調整一次即可。

3. 在「自訂」中設定圖表欄位：和一般的圖表相同，可以在圖表編輯器的「自訂」設定圖表的外觀，在此內容包括：

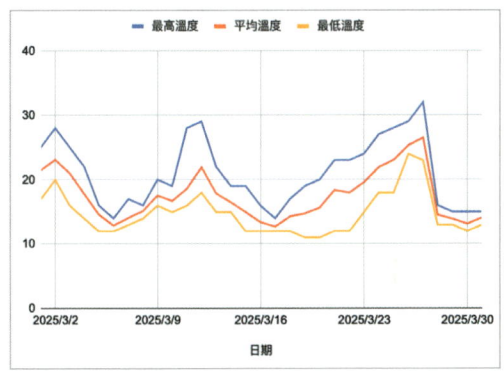

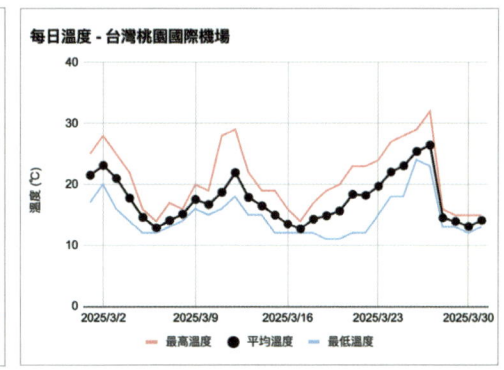

- **圖表標題**：輸入「每日溫度 - 台灣桃園國際機場」並設為黑色、粗體、字體大小 16。
- **軸標題**：移除水平軸標題，並把垂直軸標題設為「溫度 (°C)」。
- **系列**：把三個系列的線條顏色分別調整為「淺紅色 2、黑色、淺藍色 2」，並將平均溫度設定「圓形」、大小「7px」的資料點。
- **圖例**：位置改為「底部」。

完成之後先不要急著複製其他五個氣象站的圖表，等到第 10.4 節把圖表貼到簡報後再複製，原因會在之後一併說明。

10.3.2　圖表二：與過去五年比較

與圖表一樣可以分成以下三個步驟完成：

1. 點選連結資料表中的「插入『圖表』」並選擇圖表的位置，在此不重複說明。
2. 在「設定」中設定圖表欄位：設定完成的結果如右圖，包括以下項目：

- **圖表類型**：因為包括長條圖與折線圖，所以選擇「組合圖」，因為長條圖只有降雨天數一項，所以不用選擇堆疊方式。
- **X 軸**：選擇「日期」，把分組依據設為「年」讓圖表顯示每一年匯總的結果。
- **系列**：包括「平均溫度、是否降雨」兩項，其中「平均溫度」要選擇「平均」(3 月每一天平均溫度的平均)、「是否降雨」則選擇「總和」計算整個月有幾天下雨。
- **排序依據**：選擇「日期從 A 到 Z」排序。
- **篩選器**：新增「名稱值 等於 台灣桃園國際機場」即可。

完成以上設定後一樣點選「套用」，接下來設定圖表的外觀。

3. 在「自訂」中設定圖表欄位：和一般的圖表相同，可以在圖表編輯器的「自訂」設定圖表的外觀，在此內容包括：

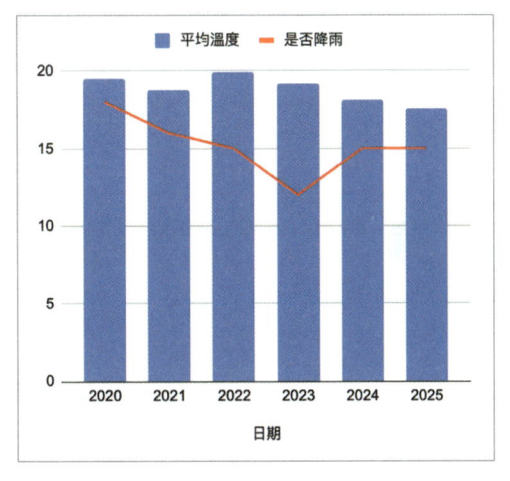

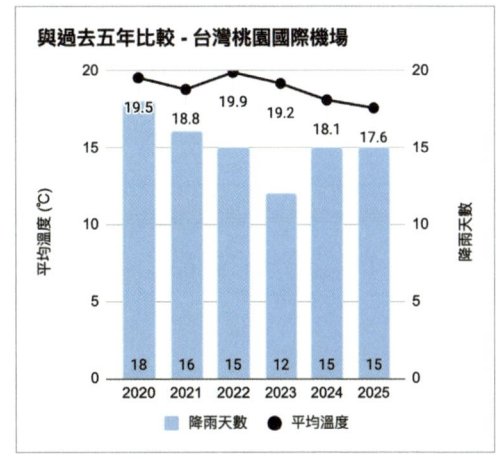

- **系列 - 是否降雨**：改為「直條圖」並設為「右軸」，填滿顏色設為「淺藍色 2」，同時增加資料標籤，位置為「內部基底」。
- **系列 - 平均溫度**：改為「折線圖」、填滿顏色設為「黑色」並設定「圓形」、大小「7px」的資料點，同時增加資料標籤，位置「靠下」，並將數字格式設為「其他自訂格式：0.0」(顯示到小數點後一位)。
- **圖表標題**：輸入「與過去五年比較 - 台灣桃園國際機場」並設為黑色、粗體、字體大小 16。
- **軸標題**：移除水平軸標題，並把垂直軸標題設為「平均溫度 (°C)」、右側垂直軸標題設為「降雨天數」。
- **圖例**：位置改為「底部」，此外點兩下「是否降雨」的圖例就能在圖表編輯器中把文字標籤重新設定成「降雨天數」。

到這裡我們已經完成桃園機場的兩張圖表，下一節我們會使用 Apps Script 把圖表貼上到簡報中。

10.4
將圖表輸出至 Google 簡報

本節將介紹如何每個月自動製作有圖表的簡報，包括建立副本、重新命名、在指定位置貼上圖表等步驟，一共會分成三輪對話，而詳細的程式碼已經放到完成版的 Apps Script 中供各位讀者參考。

● 10.4.1　第一輪對話：貼上第一頁圖表

▶ 各輪對話目標確認

本節的最終目標是讓 Apps Script 可以自動產出下圖的簡報，每一頁包括一個氣象站的 2 張圖表，總共會有 12 張圖表。

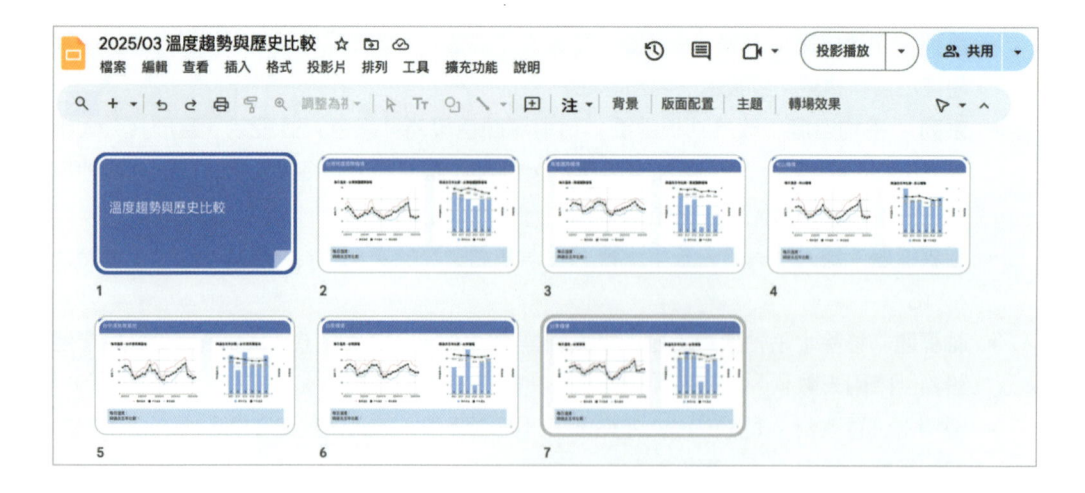

在此我們會跟成三輪 Prompt 漸進式完成與調整，首先先在模板中完成第 2 頁桃園機場的投影片，再用一樣的方式完成剩下 5 頁，最後再改用副本製作整份簡報。三輪對話的調整目標分別如右：

對話輪次	調整目標
第一輪	完成簡報一頁投影片
↓	
第二輪	用相同的方法完成其他頁投影片
↓	
第三輪	建立並完成全新的簡報檔案

而在對話開始之前，必須先在 Google 簡報中測試圖表適合的大小與版型並記錄下來，步驟如下：

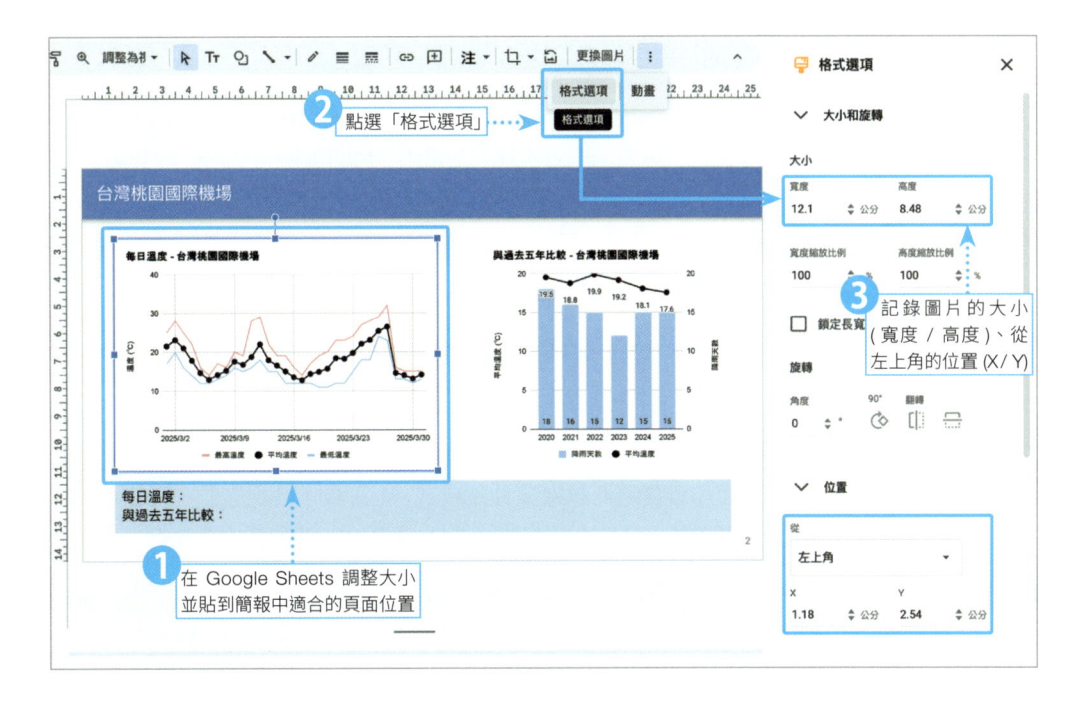

[圖示：Google 簡報中調整圖表大小與位置的操作示範]
① 在 Google Sheets 調整大小並貼到簡報中適合的頁面位置
② 點選「格式選項」
③ 記錄圖片的大小（寬度／高度）、從左上角的位置 (X/Y)

而記錄兩張圖表在簡報的位置與大小後，之後在對話就能直接貼到想要的位置囉！

▶ 失敗的第一輪：基本需求提供

確定要貼上的位置後，接下來向生成式 AI 清楚說明要貼上的圖片來源 (連結、工作表) 與位置 (簡報連結、哪一頁、兩張圖片的位置)，Prompt 示範如下：

> **問**
>
> 請生成 Apps Script 程式碼，使用相同的方式把 Google Sheets (ID = 1HNmBPbVyFs7jmiOhc7-h5GORx4Xe52H2rOR8XNR74JU) 的「圖表」工作表中前兩張圖放到 Google 簡報 (ID = 15ucxgzBK_GwOlB7ALgOxMr-6poL1MWKlW-ymR-8ViWU) 的第二頁中
>
> 其中圖表在簡報中的位置如下：
>
> - 第一張：寬度 12.1 公分、高度 8.48 公分、位置從左上角 X = 1.18 公分、Y = 2.54 公分
> - 第二張：寬度 9.28 公分、高度 8.48 公分、位置從左上角 X = 14.93 公分、Y = 2.54 公分

10-29

尋找上述簡報 ID 的作法和 Google Sheets 相同，各位讀者可換成自己的檔案 ID，後續不再贅述。而 Prompt 輸出結果如下：

```javascript
function insertChartsToSlides() {
  // 指定 Google Sheets 和 Google 簡報的 ID
  const spreadsheetId = '1HNmBPbVyFs7jmi0hc7-h5GORx4Xe52H2rOR8XNR74JU';
  const presentationId = '15ucxgzBK_GwOlB7ALgOxMr-6poL1MWKIW-ymR-8ViWU';

  // 開啟 Google Sheets 和 Google 簡報
  const spreadsheet = SpreadsheetApp.openById(spreadsheetId);
  const presentation = SlidesApp.openById(presentationId);
  // ... (以下省略)
}
```

然而實際執行時結果如下圖，並沒有辦法成功貼上兩張圖，此時我們可以將錯誤資訊（圖片框框處）複製貼上詢問。然而作者實際測試過多種生成式 AI 工具，發現它們在產出 Apps Script 程式碼時往往難以正確除錯，只有少數模型 (如 DeepSeek) 偶爾能成功執行。

造成這種情況的原因之一，是目前主流語言模型為了提升通用性，訓練資料涵蓋大量公開來源如 GitHub、Stack Overflow 等。雖然這些資料豐富多元，但對於某些特定領域 (如 Apps Script 的簡報圖表操作) 來說，涵蓋深度與一致性可能不足，進而影響輸出準確度。

所以我們若能將輸入 Prompt 限定在特定官方資料的語境內，例如直接把 Apps Script 的官方文件內容貼給 AI，然後明確請它根據文件說明來寫程式碼，這樣就能提高成功機率。

▶ 成功的第一輪：提供更多線索

如果我們在 Google 輸入關鍵字「Google Apps Script 簡報貼上圖表」可以查到官方說明文件，如下圖。進入後可以搜尋圖表相關的方法，就能找到下圖兩項最符合需求的項目，點擊後便能出現 Prompt 中的網址並複製囉！

修改後的 Prompt 如下：

> **問**
>
> https://developers.google.com/apps-script/reference/slides/slide?hl=zh-tw#insertSheetsChartAsImage(EmbeddedChart,Number,Number,Number,Number)
>
> 上面網址說明如何使用 Apps Script 操作 Google 簡報。
>
> 請生成 Apps Script 程式碼，使用相同的方式把 Google Sheets (ID = 1HNmBPbVyFs7jmiOhc7-h5GORx4Xe52H2rOR8XNR74JU) 的「圖表」工作表中前兩張圖放到 Google 簡報 (ID = 15ucxgzBK_GwOlB7ALgOxMr-6poL1MWklW-ymR-8ViWU) 的第二頁中
>
> 其中圖表在簡報中的位置如下：
>
> - 第一張：寬度 12.1 公分、高度 8.48 公分、位置從左上角 X = 1.18 公分、Y = 2.54 公分
> - 第二張：寬度 9.28 公分、高度 8.48 公分、位置從左上角 X = 14.93 公分、Y = 2.54 公分

而上述的 Prompt 輸出如下：

```
function insertChartsToSlidesUsingInsertSheetsChartAsImage() {
  // ...（不變，在此省略）

  // 將公分轉換為點（1 公分約等於 28.3465 點）
  const cmToPoints = 28.3465;

  // 插入第一個圖表到簡報中
  const chart1 = charts[0];
  const left1 = 1.18 * cmToPoints;
  const top1 = 2.54 * cmToPoints;
  const width1 = 12.1 * cmToPoints;
  const height1 = 8.48 * cmToPoints;
  slide.insertSheetsChartAsImage(chart1, left1, top1, width1, height1);
  Logger.log('第一個圖表已插入。');

  // 插入第二個圖表到簡報中（與第一張圖表類似，省略）
  Logger.log('程式碼執行完成。');
}
```

而複製並執行上述程式碼後，Apps Script 可以順利運作，執行結果如右圖：

執行記錄		
上午9:13:20	通知	開始執行
上午9:13:22	資訊	第一個圖表已插入。
上午9:13:23	資訊	第二個圖表已插入。
上午9:13:23	資訊	程式碼執行完成。
上午9:13:24	通知	執行完畢

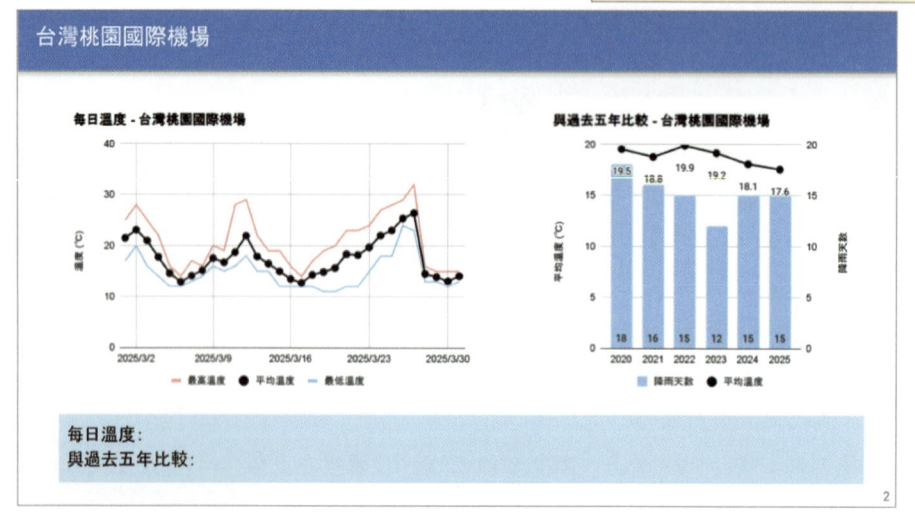

而下一小節，我們進一步製作剩餘氣象站的圖表並貼到簡報中。

10-32

10.4.2　第二、三輪對話：自動生成簡報

▶ **第二輪：貼上其他圖表**

在 10.3.1 節繪製完第一張圖表後，並沒有複製其他氣象站的圖表，主要原因有兩個：

- ☑ <mark>統一圖表大小</mark>：先調整成要貼在簡報的大小後再一次複製，可以避免先複製後需要逐張調整且大小可能不一的情形。
- ☑ <mark>避免順序混淆</mark>：在上一小節的 Apps Script 中可以發現以下段落：

```javascript
// 取得工作表中的所有圖表
const charts = chartSheet.getCharts();
...
// 插入第一個圖表到簡報中
const chart1 = charts[0];
...
slide.insertSheetsChartAsImage(chart1, left1, top1, width1, height1);
Logger.log('第一個圖表已插入。');

// 插入第二個圖表到簡報中
const chart2 = charts[1];
...
slide.insertSheetsChartAsImage(chart2, left2, top2, width2, height2);
Logger.log('第二個圖表已插入。');
```

Apps Script 會一次抓取工作表中的所有圖表，再依圖表製作的順序 (charts[0]、charts[1]) 插入到簡報中。

而調整完圖表大小也了解 Apps Script 的運作原理後，接下來可以依簡報的順序複製完成剩餘的圖表，步驟大致如下：

1. 複製並貼上圖表。
2. 點兩下圖表，進入圖表編輯器的「設定」，將篩選器的「名稱」改為另一個氣象站。
3. 在「自訂」中把圖表的標題改為另一個氣象站。

而完成所有圖表後，就能夠請生成式 AI 把所有的圖表一次貼上，Prompt 如下：

> **問**
>
> Google Sheets 的圖表有 12 張，把簡報第 2～7 頁每一頁依序放兩張圖表，圖表大小和位置跟第一二張相同。

因為第一輪已完整說明圖表的來源，所以第二輪只要簡短說明即可，輸出結果如下：

```javascript
function insertMultipleChartsToSlides() {
  // ...（與前兩輪相似，在此省略）
  // 依序處理前 12 張圖表
  while (chartIndex < 12 && slideIndex < 8) {
    // 取得當前頁面（在此省略）
    // 插入第一張圖表到當前頁面
    if (chartIndex < 12) {
      const chartToInsert1 = charts[chartIndex];
      slide.insertSheetsChartAsImage(chartToInsert1, chart1Left, chart1Top, chart1Width, chart1Height);
      Logger.log(`第 ${chartIndex + 1} 張圖表已插入到第 ${slideIndex + 1} 頁。`);
      chartIndex++;
    }
    // 插入第二張圖表到當前頁面（在此省略）
    // 移動到下一頁
    slideIndex++;
  }

  Logger.log('程式碼執行完成。');
}
```

而複製並執行上述程式碼後，Apps Script 也能順利運作，讓簡報模板的每一頁都會出現兩張圖表，而且簡報與 Google Sheets 順序相同，如下圖：

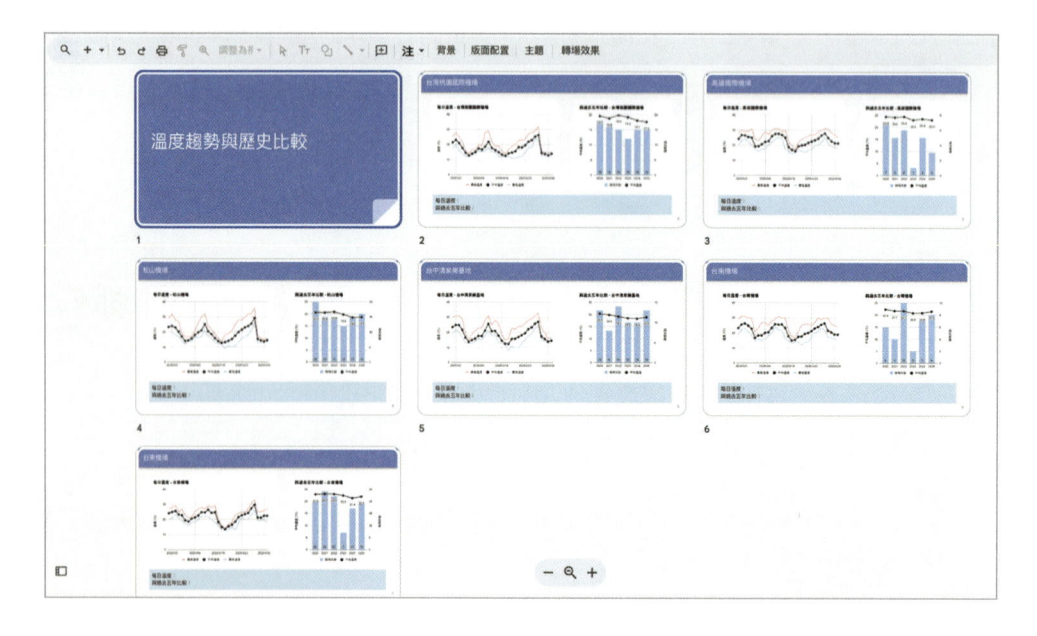

有完整的簡報內容後，最後一輪對話讓 Apps Script 複製一份簡報模板，並把圖表貼在每個月新建立的簡報中！

> **TIP**
> 因為前兩輪對話都是在模板中測試，但第三輪要複製模板的副本，所以在下一輪 Prompting 前請先把簡報模板每一頁的圖表刪除。

▶ 第三輪：完成新的簡報檔

最後一輪對話中我們要讓 Apps Script 每個月先複製一份模板簡報，再把圖表貼到新的檔案中。而在此之前，請各位先新增一個空白的資料夾並複製 ID／網址。複製後可以輸入以下 Prompt：

> **TIP**
> 資料夾 ID 的位置與 Google Sheets／簡報相同，皆為網址的中間部分，例如本章範例的「每月報告」資料夾網址為 https://drive.google.com/drive/folders/1QgrotZPYCG-rZ_ge5qH3g2CFG-F95OKY?usp=drive_link，ID 就是中間的「1QgrotZPYCG-rZ_ge5qH3g2CFG-F95OKY」。

> **問**
> 在雲端硬碟資料夾 (ID = 1QgrotZPYCG-rZ_ge5qH3g2CFG-F95OKY) 中建立一份 Google 簡報 (ID = 15ucxgzBK_GwOlB7ALgOxMr-6poL1MWKIW-ymR-8ViWU) 的副本，並重新命名為「YYYY／MM 溫度趨勢與歷史比較」，其中 YYYY／MM 是上個月的月份，建立後把 Google Sheets 的 12 張圖表用剛剛的方式放到 Google 簡報第 2~7 頁。

此輪對話除了要的溝通要點如下：

- ☑ 先說明簡報模板的 ID、要建立副本的位置 (資料夾 ID／網址) 及副本的檔案名稱 (包括 YYYY／MM 的定義)。
- ☑ 除了建立副本外，其他部分都與第二輪對話相似，因此可以直接說明「用剛剛的方式」。

而 Prompt 的輸出結果如下頁所示：

```
function duplicateAndInsertCharts() {
  // 以下僅顯示重要的程式執行的步驟,程式碼省略
  // 1. 雲端硬碟資料夾 ID 和原始簡報 ID
  // 2. 取得上個月的年份和月份
  // 3. 取得雲端硬碟資料夾 & 原始簡報檔案
  // 4. 建立副本
  // 5. 開啟 Google Sheets
  // 6. 設定圖表大小、位置 (將公分轉換為點、第一張圖表的位置和大小、第二張圖表的位置和大小)
  // 7. 從簡報的第二頁開始插入圖表
  Logger.log('程式碼執行完成。');
}
```

而複製並執行上述程式碼後,可以發現目標資料夾中多了一份名為「YYYY / MM 溫度趨勢與歷史比較」簡報檔 (YYYY / MM 是上個月的月份),簡報中包括七頁投影片,第 2 ~ 7 頁有每個氣象站的兩張圖表。

至此,我們已經能使用 Apps Script 自動產出完整的簡報,讓負責簡報的人員可以直接根據投影片中的圖表,在下方補充文字說明與解釋內容。最後,我們只需在 Apps Script 中設定觸發條件,讓系統能在每月 5 日的凌晨 2:00 ~ 3:00 間,自動執行 duplicateAndInsertCharts 函式,完成整體簡報的自動化流程,如下圖:

> **TIP**
> 在第 10.2.2 小節中把 BigQuery 自動重新整理的時間設為凌晨 1:00 ~ 2:00，但實際上可能在任何一分鐘更新。而為了避免 Apps Script 在更新簡報時 BigQuery 圖表還沒更新，通常會錯開更新的時間，所以在此設為 2:00 ~ 3:00 更新。

以上為本章所有的內容，完整介紹了 Google Sheets 自動串接 BigQuery、Google 簡報與資料夾，各位讀者不妨試試看搭配生成式 AI 完成以下幾個練習，讓自己的程式與自動化能力更上一層樓吧！

- [x] Google 搜尋「BigQuery 公開資料集」查看 BigQuery 的其他公開資料集，並找自己有興趣的 1 ~ 2 個題目，使用生成式 AI 搭配產出 BigQuery 程式碼完成一些分析。
- [x] 使用生成式 AI 讓 Apps Script 自動化完成更多 Google 簡報的功能，例如輸入文字內容、調整格式等。
- [x] 詢問生成式 AI 如何讓 duplicateAndInsertCharts 變得更簡潔易懂。

MEMO